U0010141

台灣自然圖鑑 026

THE BUTTERFLIES OF TAIWAN | 灰蝶 中

徐堉峰 著

臺灣蝴蝶圖鑑

晨星出版

作者序

本書上冊內容包括蝶類中的弄蝶科、鳳蝶科及粉蝶科，本冊則介紹灰蝶科。這個科的蝴蝶物種多樣性非常高，與下冊將論及的蛺蝶科難分軒輊，兩者已知的種類都在6000種以上，而這兩個科目前的分析資料多半認為兩科互為姐妹群。灰蝶科由於包括許多體型小而色彩灰暗的種類，所以也常常被叫作小灰蝶科。也正因為體型小，牠們的存在往往容易被忽略，使得許多種類很晚被發現。以臺灣來說，目前最晚近被發現的錦平折線灰蝶直到2005年才被發現，延至2009年才正式發表，而2006年才正式記載的密紋波灰蝶也遲至2003年其存在才被注意到。與這些情形對比，體型大的鳳蝶在臺灣最晚發現的原生種則要回溯到二十世紀七零年代。筆者在美國求學期間有一回到新墨西哥州阿布奎基市開美國鱗翅學會年會，在那裡遇見專門從事美洲熱帶灰蝶分類研究的史密斯森研究中心（Smithsonian Institution）的Robert Robbins博士，他的一席談話令人印象深刻。他說有一年到亞馬遜河流域採灰蝶標本做研究，結果一天採到兩百多隻灰蝶，竟然沒有兩隻是相同的！灰蝶科種類之多由此可見一斑。

灰蝶科種類體型通常比較小，這或許和牠們的食性與生態棲位選擇之演化趨勢高度相關。其他科蝶類幼蟲大多數取食植物的葉片，也就是植物的營養器官，但是灰蝶科幼蟲則多以植物的花、果等繁殖器官為食，這樣的食性很可能引發一系列各式各樣特殊的演化適應。常常飼養並觀察灰蝶科幼蟲的朋友一定會注意到牠們取食的花、果容易腐敗，而當食物腐壞後，還沒充分取食的飢餓幼蟲往往便自相殘殺互噬，這種特性使灰蝶成為蝶類中肉食性傾向最強的一類。

事實上，有許多灰蝶在生活史的一部分或全部幼蟲期是完全肉食性的，取食蚜蟲、介殼蟲、螞蟻幼蟲等，這在蝴蝶世界裡獨樹一幟。植物花、果雖然營養價值要比莖、葉來得高，但是卻有出現時間與季節都受限的問題，體型小而成熟時間快速顯然有利解決這個問題，這可以說明灰蝶為何通常體型不大。利用植物花、果的另一個問題是食用富含營養食材的幼蟲本身便成為捕食及寄生性昆蟲覬覦的對象，灰蝶幼蟲因此演化出較厚的表皮，並產生能分泌蜜露的蜜腺和各種能和螞蟻作種間訊息傳遞的「喜蟻構造」來和原本是危險獵食動物的螞蟻作利益交換。這種關係進一步演變後兩者間形成各種類型的交互作用，包括共生、寄生，甚至反過來成為螞蟻幼蟲捕食性天敵的情形都可以見到。可以這樣說，就生態關係上的多樣性而言，灰蝶顯然遠比其他只以植物為幼蟲食物的蝴蝶類群來得複雜得多，牠們的物種多樣性也很可能是所有蝶類科中最高的。

特殊的食性加上複雜的生態關係使灰蝶在保育上比起其他蝴蝶的保護可能要有更多的考量。許多種類常常在寄主植物仍然存在的情形下，因為寄主植物開花、結果物候失調或共生螞蟻關係出了狀況而導致滅絕。昔日棲息在美國加州舊金山沙丘地、翅膀有著湛藍光澤並點綴著雪白斑點的優雅種類 *Glaucopsyche xerces*（則西思戈灰蝶）便在戰火囂天的第二次世界大戰期間，於1943年因美軍軍事設施的擴充而滅絕，牠們的寄主植物在原棲地至今繁茂生長，說明牠們的消失有寄主植物以外的因素。為了憑弔這種可愛的小蝴蝶，國際無脊椎動物保育組織甚至便以牠為名，稱為則西思學會（Xerces Society）。在臺灣，被認為可能已經滅絕的蝴蝶當中便有好幾種是灰蝶。灰蝶往往因為體型小受到忽略，而在不經意中消逝，但是只要留心觀察便會發現牠們多半嬌豔美麗，而牠們複雜的生態需求更說明牠們的存在可以充分反映環境健康，希望大家可以藉由本書更加認識並保護這些有如精靈或寶石般的小蝴蝶。

徐堉峰

於臺北市師大分部 2012. 12. 12.

令人引以為傲的臺灣蝴蝶圖鑑

在年初的一個聚會中，堉峰略帶喜悅地告訴我：「老師，出版社找我出蝴蝶圖鑑，目前正進入編輯排版之中，您能不能為我寫個序？」

聽到這個消息，我十分高興，因為出版一本完整的臺灣蝴蝶圖鑑一直是堉峰多年來的心願；而這也令我回想起這一位從小學起便開始「迷」蝴蝶，卻曾因此耽誤學校功課而遭禁養毛毛蟲的童年往事；還好，之後在姑姑的疏通和全力支持下，他仍繼續「玩」蝴蝶。上了國中，堉峰一有空閒便抱著日本學者白水隆教授的「原色臺灣蝶類大圖鑑」苦讀，後來竟然連日文也無師自通；到了高中，堉峰由玩家變成道道地地的專家，也和當時不少日本學者、專家進行交流。儘管在他個人求學過程中有些波折，但堉峰對所熱愛蝴蝶的研究卻不因此而中斷。在大學時堉峰進我研究室後如魚得水，也協助我進行蝴蝶研究，而且以一位大學還沒畢業的學生，在畢業前已在日文、中文期刊發表多篇正式的期刊論文，這種成果，的確令人刮目相看。大學畢業之後，堉峰負笈美國求學，但每一回國，仍會回研究室協助帶研究生，也分享他的研究經歷和成果。在著名的美國加州大學柏克萊分校取得博士學位之後，堉峰返國求職，先在彰師大服務，之後如願進入國立臺灣師範大學生命科學系任教。在此過程中堉峰仍協助我指導多位研究生，並在臺大出版中心共同出版「鳳翼蝶衣──海峽兩岸鳳蝶工筆彩繪圖鑑」。然而，讓他縈繫於心的是出版一本臺灣人自己執筆的臺灣蝴蝶圖鑑。儘管從日治時代起便有臺灣蝴蝶圖鑑的出版，但有關蝴蝶的中文名稱由於翻譯和長年誤用，堉峰覺得有必要加以整理和釐清，所以在這本圖鑑中的中文種名是以一位真正做臺灣蝴蝶研究學者所提出的，令人耳目一新。但為了和往昔習慣用名連貫，在中文名稱中他也列入過去種名的稱謂。另外，為了製作好這本圖鑑，堉峰除了新做標本拍攝之外，也借拍不少國內和日本標本館的藏品，當然也借拍國內外部分藏家的標本；這種執著的敬業精神，值得肯定。還有，堉峰本身是分類、演化及生態學者，所以對於種名的考證，以及對每一種的形態描述、重要特徵、大小、雌雄區別、模式種、標本產地、學名與英文名、習性及幼蟲寄主植物等，也都做了最詳細的整理和介紹。

「青出於藍，勝於藍」，身為堉峰的老師，看到這本由臺灣學者自拍自寫的臺灣蝴蝶圖鑑，我與有榮焉！也期待學界先進、後學，和民間許許多多蝴蝶達人能給這一位長久以來一直腳踏實地，默默耕耘臺灣蝴蝶研究的學者更多的肯定和鼓勵。同時也恭喜堉峰的媽媽、姑姑和夫人：這本蝴蝶圖鑑的出版，不但是徐家之光，也是臺灣之光！

國立臺灣大學昆蟲學系教授

楊平世 謹識 2013.01.09

蝶は身近で触れることのできる可憐で美しい生き物である。また、彼らは自然の健康度を知るバロメーターと見なされ、レッドデータブックでも筆頭に挙げられる重要な対象の一群でもある。しかし、蝶の愛好家や研究家は少なくないが、プロフェッショナルに行っている研究者はたいへん少なく、その中の一人が徐堉峰博士である。私は彼とは十数年以上前から交流があるが、彼の蝶学におけるめざましい進展ぶりに日々目を見張っている。その彼がこのたび台湾産蝶類の図鑑を出版されることとなった。彼は、生態図鑑など数冊をすでに出版されているが、種の同定に役立つ本格的な図鑑は今回がはじめてであろう。私は、彼から送られてきた本書の校正刷りの一部を見て驚いた。使われている標本は完全標本ばかりで、きわめて美しい仕上がりである。また、generalな部分で使用されている形態図や写真も精緻な出来映えである。彼は、もともと蝶の分類学者であるから学名をはじめ形態的な特徴はきわめて正確である。さらに、分布や生態情報も最新の正確な情報に基づいて簡潔にまとめられている。サイズ(前翅長)、発生時期、生息標高などもイラストを使って学生や一般の自然愛好家にもわかりやすく示されている。

台湾の蝶の同定を行う一般の愛好者、さらには最新の台湾産蝶類の情報を知りたい専門家にも、座右の書として本書を強く推薦する。

九州大学名誉教授・前日本蝶類学会会長 矢田 脩 2013. 01. 11.

Butterflies are lovely and beautiful creatures, and we are able to come in contact with them in our daily life. Moreover, they are considered indices to assess the health conditions of nature and listed at the top of the Red Data Lists as one of the most important groups. Although there are tremendous number of amateur butterfly lovers and researchers, professional researchers of the group are scarce. Dr. Yu-Feng Hsu is one of such experts. We have been known of with each other for more than a decade, and I have been astonished by his achievement and progress in Lepidopterology. Now he is going to publish a new book on Taiwanese butterflies. Dr. Hsu already published several books including those of butterfly life histories, but this probably is the first book of his as an identification tool for Taiwanese butterflies. I was really surprised to see a part of proofs sent by him. All the specimens are in perfect condition, and the print is extremely beautiful. Drawings and figures used in general parts are precisely prepared. He is a systematist in the first place, and, therefore, scientific names and morphological descriptions are accurate. In addition, distributions and life histories are brief but thoroughly compiled. Wing length, flight season, and habitat elevation are illustrated so that students and general naturalists can understand them easily. I strongly recommend that not only the general butterfly lovers who need the identification tool but also expert researchers who want to update the information on Taiwanese butterflies should have this book nearby.

Osamu Yata Professor Emeritus, Kyushu University and Ex-president, Butterfly Society of Japan (Teinopalpus) 矢田 脩

English translation by Dr. Hideyuki Chiba (Bishop Museum, Honolulu, Hawaii)

如何使用本書

本套圖鑑以棲息在臺灣本島及附屬離島的蝴蝶種類為主，中冊針對灰蝶作分屬及分種介紹，內容包括各

臺灣特有亞種　臺灣特有種

中文名
使用能反映分類地位的中文名稱

模式產地
指種小名或亞種名的具名模式標本的來源產地。

主文
詳述蝶種雌、雄形態特徵，成蝶生態習性，雌雄蝶區分要點及相似種比較。

灰蝶科

尖灰蝶屬

尖灰蝶

Amblopala avidiena y-fasciata (Sonan)

模式產地：*avidiena* Hewitson, 1877：中國；*y-fasciata* Sonan, 1929：臺灣。

英文名｜Chinese Hairstreak

別　名｜歪紋小灰蝶、丫灰蝶、丫紋灰蝶

形態特徵 Diagnostic characters

雌雄斑紋相同。軀體背側呈褐色，腹側呈紅褐色帶灰白色。前翅翅形接近直角三角形而於翅端作截狀，前緣略呈弧形。後翅形狀特異，前緣作直線狀而稍凹入，並與外緣間成一明顯角度，外緣突出呈圓弧形，1A+2A脈末端突出成一尖細之葉狀尾突。翅背面底色黑褐色，前、後翅均有金屬光澤明顯的靛藍色亮紋，前翅前側有橙色斑。翅腹面底色於前翅外緣及後翅呈紅褐色，前翅除外緣以外呈灰色。前翅沿外緣有一白線。後翅中央有細帶紋，概形彷彿「Y」字形。緣毛紅褐色。

生態習性 Behaviors

一年一代。成蝶飛行活潑敏捷，雄蝶有溼地吸水行為。以蛹態休眠越冬。

雌、雄蝶之區分 Distinctions between sexes

雌蝶翅幅較寬闊，前翅外緣輪廓彎曲弧度較大。

近似種比較 Similar species

在臺灣地區無類似的種類。

分布 Distribution	棲地環境 Habitats	幼蟲寄主植物 Larval hostplants
在臺灣地區分布於臺灣本島中海拔地區。其他分布區域包括華南、華西、華東、喜馬拉雅等地區。	落葉闊葉林、常綠闊葉林。	豆科Fabaceae之合歡*Albizia julibrissin*。取食部位是新芽、幼葉。

110

幼蟲寄主植物
以作者研究室資料庫數據、可靠文獻為主。

科、各屬之形態特性及概要，以及各種的學名有效名、中文及英文名清單、形態特徵及變異、寄主植物及生態習性簡述、棲地類型及成蟲出現時期等。

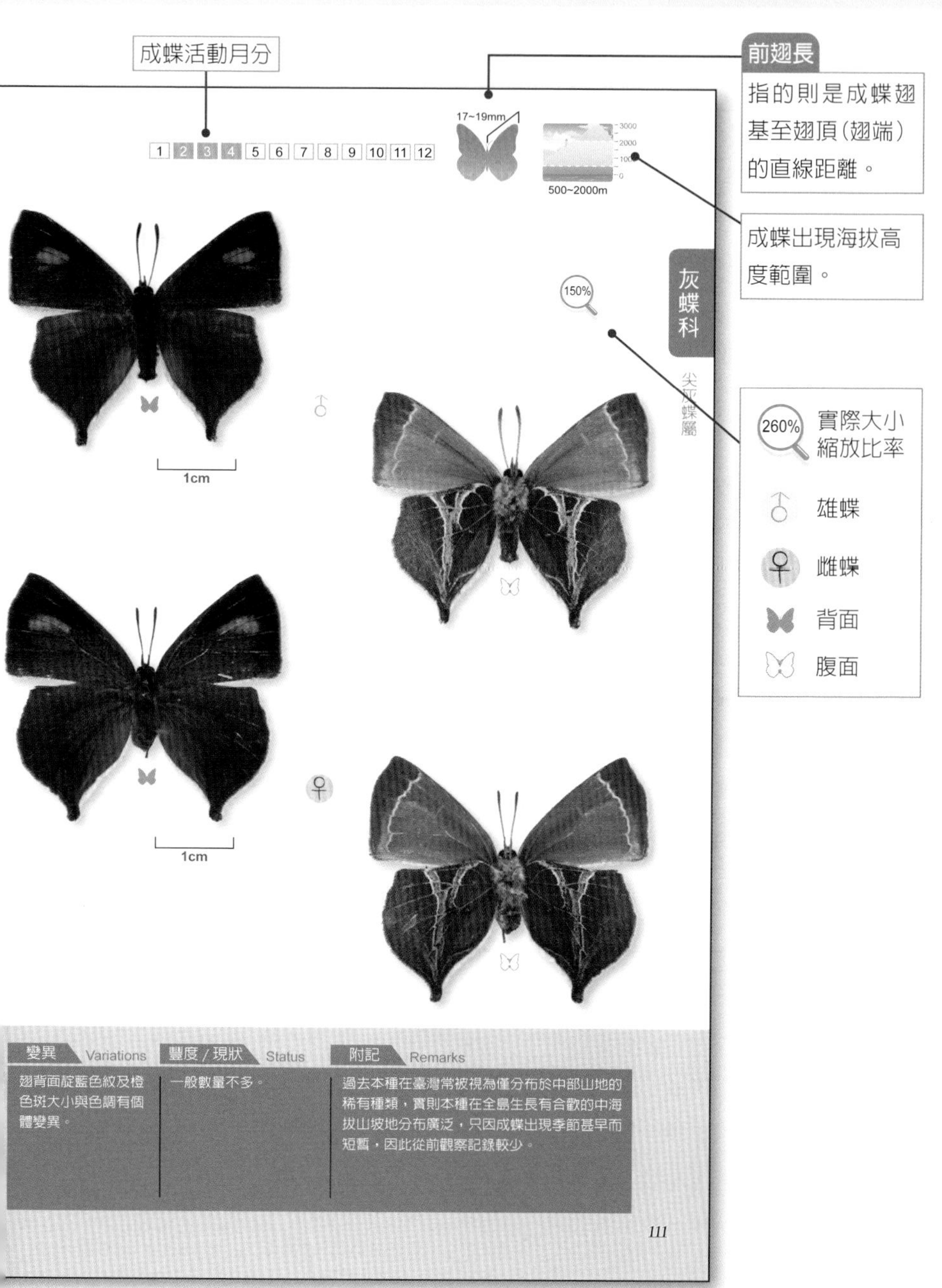

目錄

Lycaenidae 灰蝶科

灰蝶科可能是蝶類當中物種多樣性最高的一科，英籍學者Vane-Wright認為它可能占所有蝴蝶種類的40%。牠們的體型一般較小，因此也被稱為「小灰蝶科」。英文中把這類蝴蝶統稱為Blues、Coppers、Hairstreaks及Metalmarks。Blues泛指藍灰蝶類灰蝶，因為牠們翅背面多呈藍色；Coppers指主要分布於北半球、稱為lycaenine lycaenids的灰蝶，

成蝶形態特徵 Diagnosis for adults

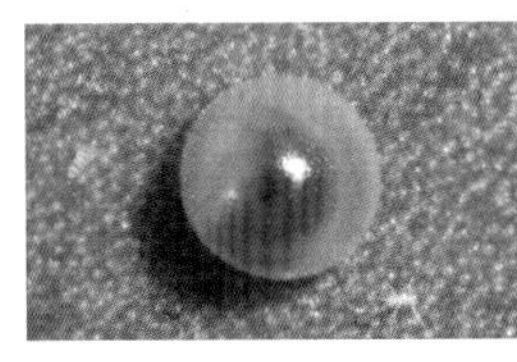

大明橘葉上之銀紋尾蜆蝶卵Egg of *Dodona eugenes* on *Myrsine sequinii*（新北市石碇區二格山，600m，2009. 11. 09.）。

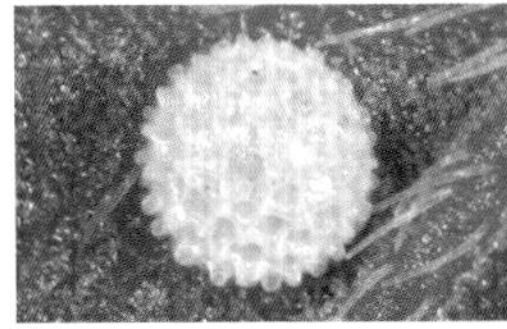

細梗山螞蟥新葉上之上藍丸灰蝶卵Egg of *Pithecops fulgens urai* on *Desmodium laxum* subsp. *leptopum*（新北市烏來區福山，500m，2008. 05. 30.）。

灰蝶成蝶體型一般較小，其中包括世界上體型最小的蝶種。牠們大部分種類翅背面與腹面斑紋、色彩不同。灰蝶的頭部狹窄，觸角基部距離近。複眼光滑或具毛。雄蝶前足跗節常癒合，雌蝶則否。前翅部分徑脈癒合而呈叉狀。前翅有一條臀脈，後翅則有兩條臀脈。前翅中室封閉，後翅中室開放或封閉，後翅常具尾突。成蝶的雌雄二型性在部分種類很發達。有些種類的雄蝶具有性標。

幼生期 Immatures

灰蝶的卵多半呈半球形或圓餅形，表面常有花樣繁多的刻紋及突起，由於精孔常深陷，因此頗爲醒目。卵通常產在寄主植物體上，也有隱藏在樹皮裂縫、花苞間隙等隱蔽場所的情形。卵單產及一次產數粒的種類均有之。幼蟲通常呈蛞狀，前、後兩端較窄，有些種類體表在特定位置長有肉突。大部分類群休息時頭部收藏於前胸下方。幼蟲表皮遠較其他科蝶類厚實，表皮上長有稀疏或緻密的刺毛。許多種類的灰蝶幼蟲於第七腹節背側中央具有一稱爲蜜腺（DNO，dorsal honey gland / Newcomer's organ）的器官，而於第八腹節背側兩邊各

牠們多以蓼科植物為幼蟲寄主植物；Hairstreaks係指分布以森林性為主、翅腹面常有細線紋的一群稱為thecline lycaenids的灰蝶；Metalmarks則指蜆蝶類（riodinids），這類蝴蝶主要分布於美洲，擁有許多具燦爛金屬光澤的種類。灰蝶科有許多種類在後翅CuA_1脈末端具有尾突。灰蝶科呈泛世界性分布，多樣性最高的區域是在熱帶地區，但是溫、寒帶地區也有許多種類棲息。世界上的灰蝶至少有300至400餘屬，6000種以上。目前有部分意見認為蜆蝶類（小灰蛺蝶）可以被包含在灰蝶科內，此種觀點尚有討論空間，但是蜆蝶類無疑與灰蝶科親緣關係很接近。灰蝶科的亞科分類目前僅有初步親緣關係分析，因此將來無疑會作進一步修訂。Ackery et al.（1998）將灰蝶科分為五亞科，分別是錦灰蝶亞科Poritiinae、雲灰蝶亞科Miletinae、銀灰蝶亞科Curetinae、灰蝶亞科Lycaeninae及蜆蝶亞科Riodininae。臺灣地區棲息著60餘屬110餘種灰蝶。

具一可伸縮之器官，稱爲觸手器（TOs，tentacle organs / eversible tentacles），另有一些細小的皮腺生於前胸、第七、八腹節等處，稱爲圓頂腺（PCOs，pore coupolas / perforated cupolas）。這些器官均與和螞蟻的互利共生關係與互動有關，統稱爲喜蟻器（myrmecophilous organs）。灰蝶幼蟲多以寄主植物之繁殖器官如花、果等爲食，也有以新芽、幼葉爲食者。灰蝶蛹多半呈橢圓形、腹面扁平。大部分種類蛹體裸露在外，以縊蛹方式附著，於尾端及胸部分別有絲線連結，但是有部分類群具有大型盤狀懸垂器，以之附著在物體上，胸部則無絲線環繞。灰蝶蛹的化蛹位置在枝、葉、樹皮上、落葉下、土壤細縫間及石頭下等處所。

灰蝶科脈相圖（翠灰蝶）

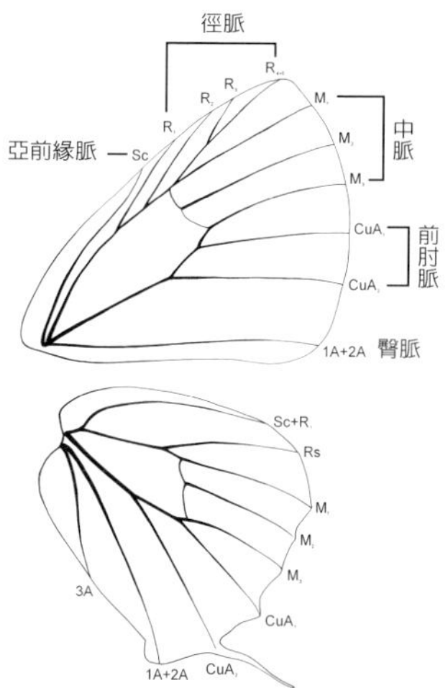

幼蟲食性 Larval Hosts

極其多樣化，主要以雙子葉植物爲幼蟲寄主，亦有專食單子葉植物及裸子植物者，甚至有取食蕨類、地衣的種類。另外有許多類群、種類爲肉食性，以蚜蟲、介殼蟲、葉蟬、螞蟻幼蟲等爲食。少部分種類呈廣食性，能利用許多不同科的植物。

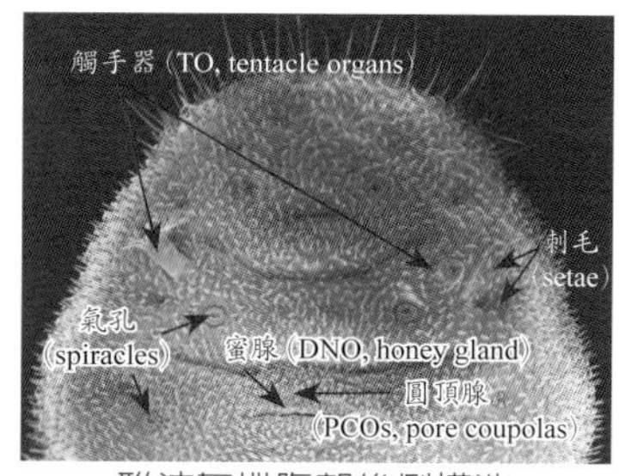

雅波灰蝶腹部後側構造

蚜灰蝶屬 *Taraka* Doherty, 1889

模式種 Type Species｜*Miletus hamada* Druce, 1875，即蚜灰蝶*Taraka hamada* (Druce, 1875)。

形態特徵與相關資料 Diagnosis and other information

小型灰蝶。複眼無毛。口吻細小。下唇鬚細長。足被毛，雄蝶前足跗節癒合，末端下彎、尖銳。脛節略呈橢圓形，無脛節距。下唇鬚略微不對稱。體背側呈黑褐色，腹側則呈白色。翅背面黑褐色，常有白紋。翅腹面白色，上有黑褐色斑點。雌雄二型性不發達。

本屬有3種，分布於東亞與東南亞。

成蝶吸食蚜蟲分泌物，通常只出現在幼蟲食餌蚜蟲發生的場所。

幼蟲捕食蚜蟲並吸食蚜蟲分泌物。

臺灣地區有一種。

- *Taraka hamada thalaba* Fruhstorfer, 1923（蚜灰蝶）

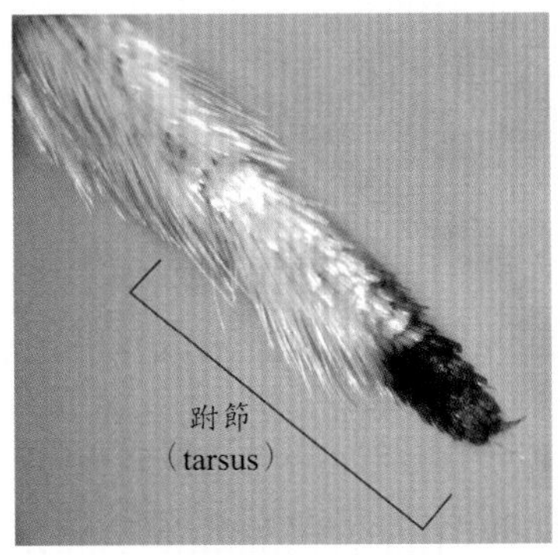

蚜灰蝶雄蝶左前足足端

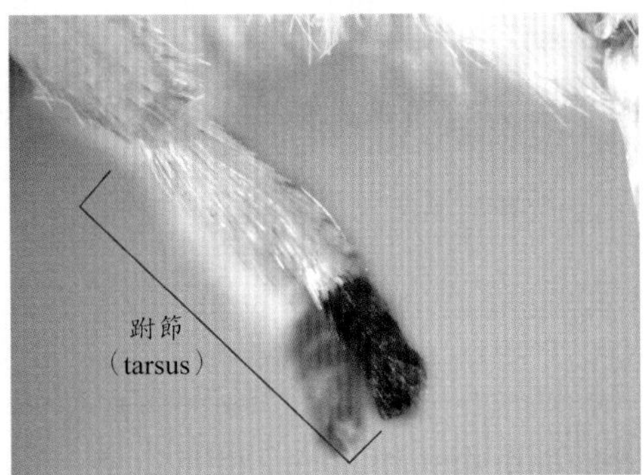

蚜灰蝶雌蝶左前足足端

蚜灰蝶

Taraka hamada thalaba Fruhstorfer

模式產地：*hamada* Druce, 1875：日本；*thalaba* Fruhstorfer, 1923：臺灣。

英 文 名｜Forest Pierrot

別　　名｜棋石小灰蝶

形態特徵 Diagnostic characters

雌雄斑紋相似。軀體腹面白色，背面黑褐色。前翅翅形接近三角形，前緣弧形。後翅扇形。翅背面底色黑褐色，翅面中央常有程度不等之白紋。翅腹面斑紋可由翅背面透視。翅腹面底色白色，上綴黑色斑點。緣毛黑褐色與白色相間。

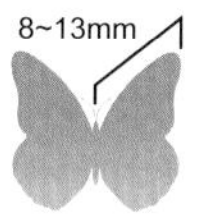

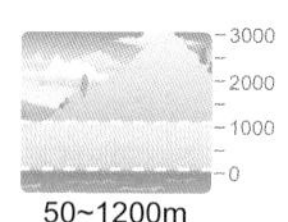

生態習性 Behaviors

一年多代。多半棲息在有其幼蟲食餌蚜蟲棲息之樹林。成蝶飛行緩慢，雄蝶午後於林內空曠處作領域占有。成蝶吸食蚜蟲分泌物。

雌、雄蝶之區分 Distinctions between sexes

雄蝶前翅翅頂較雌蝶尖。雄蝶前翅外緣近直線狀，雌蝶則呈圓弧狀。雄蝶前足跗節癒合。

♂

1cm

♂

1cm

分布 Distribution

分布於臺灣本島低、中海拔地區，以中南部較為常見。其他亞種分布於中國大陸東南半壁、朝鮮半島、日本、中南半島、北印度、喜馬拉雅、華萊士線以西之東南亞等地區。

棲地環境 Habitats

常綠闊葉林、竹林。

幼蟲食物 Larval food

已知幼蟲以寄生於竹葉上的常蚜科(Aphididae)之*Melanaphis*屬蚜蟲及扁蚜科(Hormaphidae)之竹葉扁蚜*Astegopteryx bambusifoliae*及其分泌物為食。

近似種比較 Similar species

在臺灣地區無類似種類，僅森灰蝶與本種翅紋略為相似，不過森灰蝶翅腹面斑紋較稀疏，而且前翅翅基沒有斑紋。

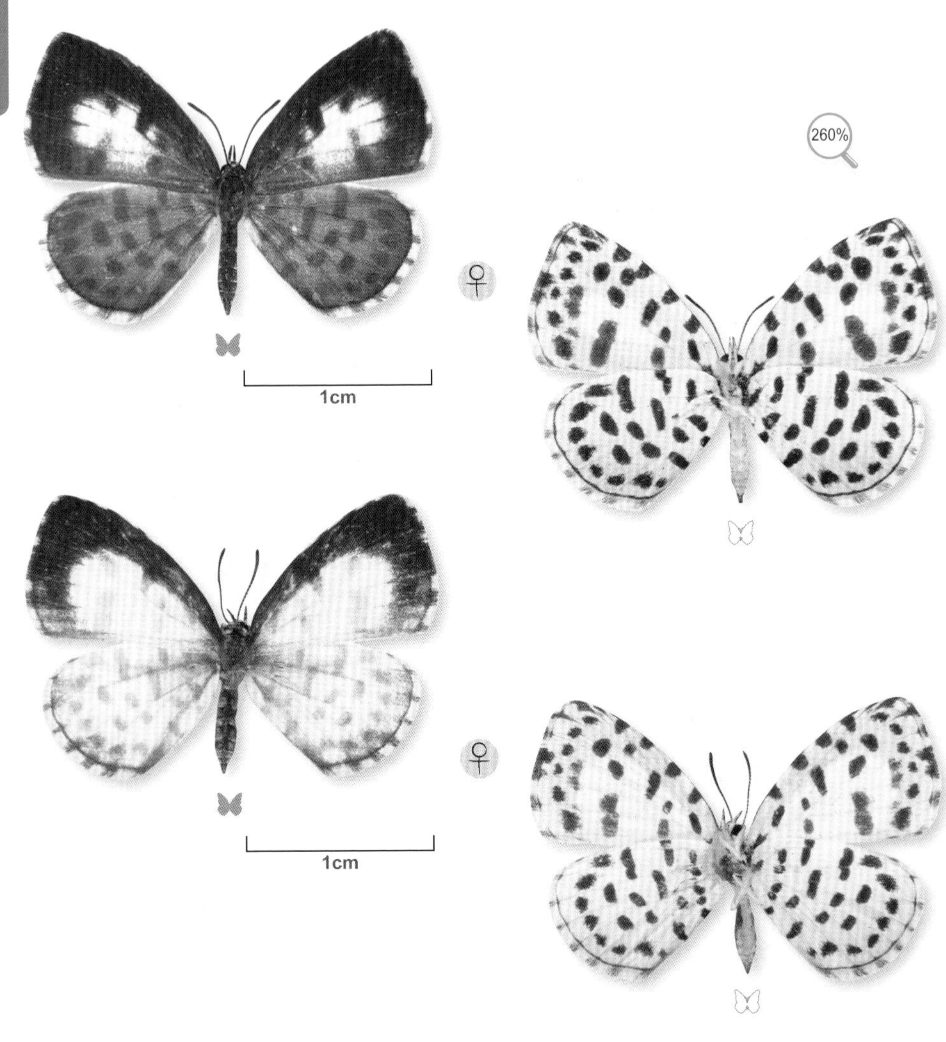

變異 Variations	豐度／現狀 Status	附記 Remarks
翅背面之白紋及翅腹面之黑色斑點個體變異顯著。	除了幼蟲食餌蚜蟲棲息處有時發生密度高以外，通常數量不多。	本種是臺灣地區少數純肉食性蝶種之一，其數量受其幼蟲食餌蚜蟲族群數量的影響而有明顯波動。 臺灣的族群目前視為特有亞種，但是與鄰近地區的族群無甚差別。

熙灰蝶屬 *Spalgis* Moore, 1879

模式種 Type Species | *Geridus epeus* Westwood, [1851]，即熙灰蝶*Spalgis epeus*（Westwood, [1851]）。

形態特徵與相關資料 Diagnosis and other information

小型灰蝶。觸角短，長度不及前翅長1／2。複眼無毛。口吻細小。下唇鬚扁平。雄蝶前足跗節癒合，末端下彎、尖銳。翅背面褐色。翅腹面灰色，上有彎曲波狀細紋。雌雄二型性不發達。活個體複眼呈現綠色或黃綠色光澤。蛹以背側斑紋有如「猿面」而著稱。

本屬有5種，分布於非洲區、東洋區及澳洲區。

成蝶吸食介殼蟲分泌物，通常只出現在幼蟲食餌介殼蟲發生的場所。

幼蟲捕食介殼蟲並吸食介殼蟲分泌物，且會以身上刺毛收集介殼蟲分泌之蟲蠟塗敷體表。

臺灣地區有一種。

- *Spalgis epeus dilama*（Moore, 1878）（熙灰蝶）

熙灰蝶下唇鬚腹面觀

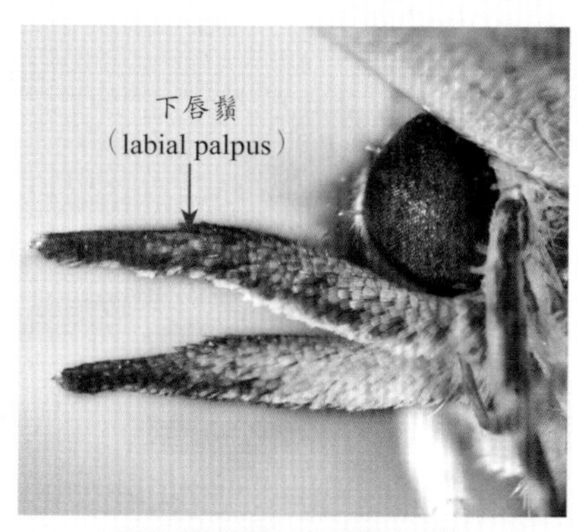

熙灰蝶雌蝶下唇鬚側面觀

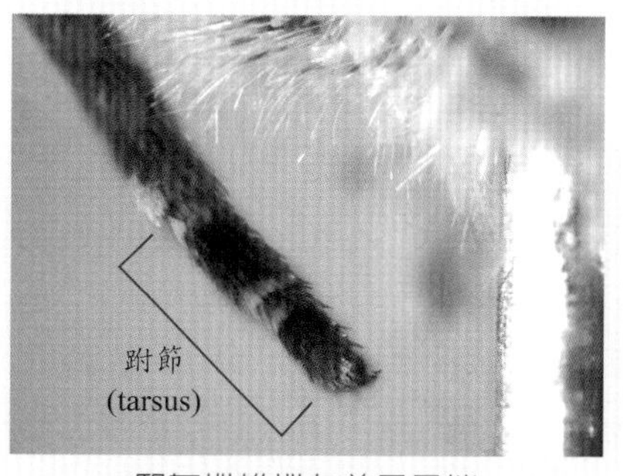

熙灰蝶雄蝶左前足足端

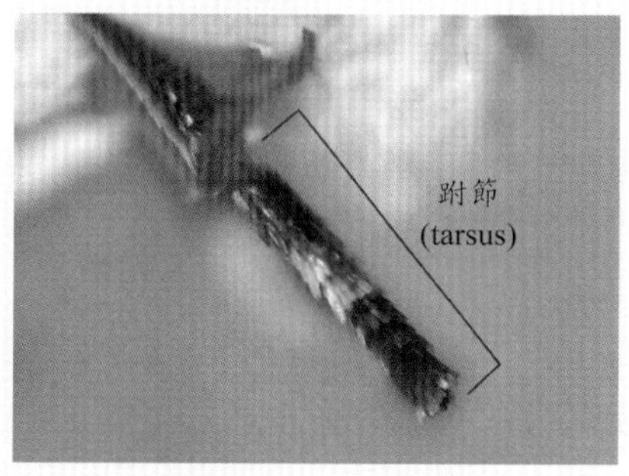

熙灰蝶雌蝶左前足足端

熙灰蝶

Spalgis epeus dilama (Moore)

灰蝶科 熙灰蝶屬

▍模式產地：*epeus* Westwood, [1851]：印度；*dilama* Moore, 1878：臺灣。

英文名	Apefly
別　名	白紋黑小灰蝶

形態特徵 Diagnostic characters

雌雄斑紋相似。軀體腹面灰色，背面褐色。前翅翅形接近三角形，前緣略呈弧形。後翅扇形。翅背面底色褐色，中室外側有一黃色或黃白色斑紋。翅腹面底色灰色，上綴暗色波狀細紋，中室外側有一黃白色斑點。緣毛淺褐色。

生態習性 Behaviors

一年多代。棲息在有其幼蟲食餌粉介殼蟲棲息之樹林。成蝶飛行活潑靈巧，雄蝶會於樹梢林作領域占有。成蝶吸食介殼蟲分泌物。

雌、雄蝶之區分 Distinctions between sexes

雄蝶前翅翅頂較雌蝶尖。雄蝶前翅外緣近直線狀，雌蝶則呈圓弧狀。雄蝶前足跗節癒合。

近似種比較 Similar species

在臺灣地區無類似種類。

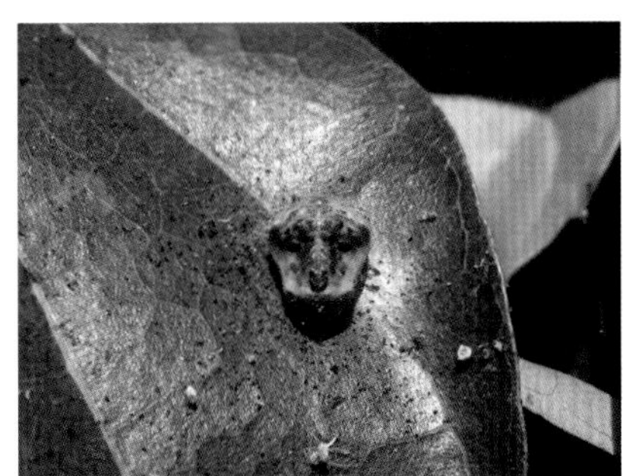

有猿面蛹之稱的熙灰蝶蛹 "Monkey face" *pupa* of *Spalgis epeus dilama*（臺南市六甲鄉南元農場，2012. 12. 29.）。

分布 Distribution

在臺灣地區主要分布於南部低海拔地區，日治時代在中部埔里附近也有記錄，但是當地已多年沒有觀察記錄。其他分布區域涵蓋東洋區大部分地區及澳洲區西、北部之許多島嶼。

棲地環境 Habitats

常綠闊葉林、海岸林。

幼蟲食物 Larval food

目前在臺灣地區已經鑑定的食餌包括粉蚧科（Pseudococcidae）的血桐粉蚧（野桐粉介殼蟲）*Planococcus macarangae*、鳳梨嫡粉蚧（鳳梨嫡粉介殼蟲）*Dysmicoccus brevipes*及美地綿粉蚧（美地綿粉介殼蟲）*Phenacoccus madeirensis*，此外應可以取食許多不同種粉蚧。

1 2 3 4 5 6 7 8 9 10 11 12

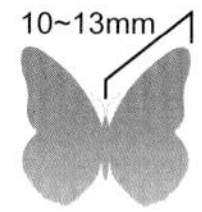

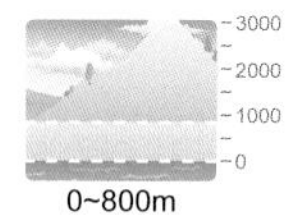

1cm

♂

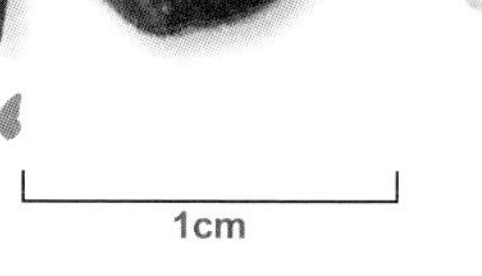

♀

變異 Variations

低溫期個體有在前翅腹面出現一片暗色紋的傾向。

豐度／現狀 Status

通常數量不多。

附記 Remarks

本種是臺灣地區少數純肉食性蝶種之一，其數量受幼蟲食餌粉介殼蟲類族群數量的影響而變動。

臺灣的族群雖然被視為特有亞種，但其形態特徵與鄰近族群殊無二致。

本種的種小名常誤拼寫為 *epius*。

銀灰蝶屬 *Curetis* Hübner, [1819]

模式種 Type Species | *Papilio aesopus* Fabricius, 1781，該分類單元現下被視為是*Papilio thetis* Drury, [1773]（即印度銀灰蝶*Curetis thetis*（Drury, [1773]））的同物異名。

形態特徵與相關資料 Diagnosis and other information

中型灰蝶。複眼具毛。觸角鞭節基部有3、4小節生有一環疏毛。下唇鬚第三節扁平。雄蝶前足跗節癒合，末端下彎、尖銳。基節向下突出。部分種類之中、後足脛節具有不明顯端距。翅背面底色暗褐色。翅腹面底色銀白色，上面常有模糊的褐色線紋。雌雄二型性頗為明顯，雄蝶的翅背面有鮮豔的橙紅色斑紋，而雌蝶的翅背面則有白色或淺橙色斑紋。雄蝶於第二腹節背板具有一對毛筆器，不用時收起向後置於第三腹節背板兩側延伸出之「U」形凹槽中。幼蟲第八腹節具有一對管狀肉質突起，能從中伸出水螅狀構造，其功能尚未充分瞭解，一種說法認為可以釋放類似螞蟻警戒費洛蒙的物質驅使螞蟻趕走寄生性天敵。

本屬約有18種，主要分布於東洋區，也見於舊北區之華北及日本，以及澳洲區之新幾內亞與所羅門群島。

成蝶吸食動物屍體與糞便、汗液、腐敗物及花蜜。

幼蟲以豆科Fabaceae植物為寄主植物。

臺灣地區有兩種。

- *Curetis acuta formosana* Fruhstorfer, 1908（銀灰蝶）
- *Curetis brunnea* Wileman, 1909（臺灣銀灰蝶）

臺灣地區

檢索表 銀灰蝶屬

Key to species of the genus *Curetis* in Taiwan

❶ 雄蝶於前、後翅背面均具鮮明橙紅色紋，橙紅色紋邊緣界限明顯；雌蝶後翅背面斑紋主要呈白色，不向外緣延伸 .... *acuta*（銀灰蝶）

雄蝶翅背面橙紅色紋不鮮明，於前翅幾乎消失，後翅橙紅色紋向外緣擴散，邊緣界限不明顯；雌蝶後翅背面斑紋明顯帶藍灰色，且向外緣延伸 .... *brunnea*（臺灣銀灰蝶）

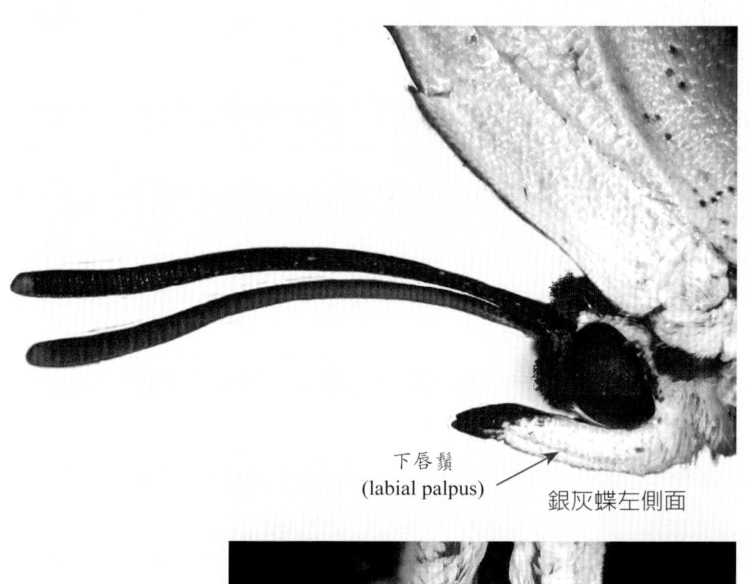

銀灰蝶左側面

小顎外葉(口吻)
(galea / proboscis)

銀灰蝶雄蝶口吻

銀灰蝶雄蝶右前足足端

銀灰蝶雌蝶右前足足端

銀灰蝶

Curetis acuta formosana Fruhstorfer

模式產地：*acuta* Moore, 1877：上海；*formosana* Fruhstorfer, 1908：臺灣。

英 文 名	Angled Sunbeam
別　　名	銀斑小灰蝶、銀背小灰蝶、尖翅銀灰蝶

形態特徵 Diagnostic characters

雌雄斑紋相異。軀體腹面銀白色，背面黑褐色。前翅翅形接近三角形。後翅半圓形或橢圓形，外緣中央向外突出成一角度，其後方有時略呈波狀，肛角呈角狀。翅背面底色黑褐色，雄蝶於前、後翅翅面均有橙紅色斑，雌蝶則有略帶藍灰色之白斑。翅腹面底色銀白色，上有黑褐色鱗片散布，前、後翅均沿外緣有一列黑褐色小點。緣毛部分黑褐色，部分白色。

生態習性 Behaviors

一年多代。成蝶飛行迅速、有力，會吸食動物屍體與糞便、汗液、腐敗物，有時也吸食花蜜。

雌、雄蝶之區分 Distinctions between sexes

雄蝶翅背面之斑紋呈橙紅色，雌蝶則呈白色。雄蝶前足跗節癒合。

近似種比較 Similar species

在臺灣地區與本種類似的種類只有臺灣銀灰蝶一種。本種雄蝶翅背面之橙紅色斑紋較發達，在前、後翅均鮮明，臺灣銀灰蝶雄蝶則否。本種雌蝶翅背面之斑紋呈白色，僅略帶藍灰色，臺灣銀灰蝶雌蝶之斑紋則明顯偏藍灰色。

分布 Distribution	棲地環境 Habitats	幼蟲寄主植物 Larval hostplants
分布於臺灣本島低、中海拔地區。其他亞種分布於中國大陸南部、朝鮮半島、日本、中南半島、印度等地區。	常綠闊葉林。	幼蟲以老荊藤 *Milletia reticulata*、山葛 *Pueraria montana*、水黃皮 *Pongamia pinnata* 等豆科Fabaceae植物為寄主植物。取食部位是新芽、幼葉、花及花苞。

1 2 3 4 5 6 7 8 9 10 11 12

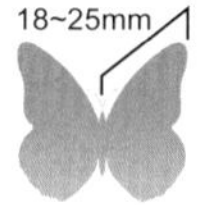

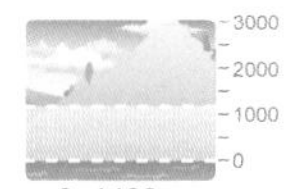

1cm

♂

高溫型（雨季型）

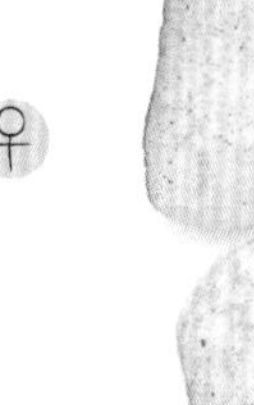

♀

1cm

低溫型（乾季型）

♀

1cm

變異 Variations

高溫期之個體翅形較圓、翅背面之斑紋較不發達。低溫期之個體翅形稜角較多，而且翅背面之斑紋比較發達。

豐度／現狀 Status

通常數量不多。

附記 Remarks

部分研究者認為日本八重山群島的族群屬於臺灣亞種ssp. *formosana*，此說尚有討論餘地。

臺灣銀灰蝶

Curetis brunnea Wileman

模式產地：*brunnea* Wileman, 1909：臺灣。

英文名 Formosan Sunbeam

別　名 臺灣銀斑小灰蝶、褐翅銀灰蝶

形態特徵 Diagnostic characters

雌雄斑紋相異。軀體腹面銀白色，背面黑褐色。前翅翅形接近三角形。後翅接近半圓形，外緣中央略微向外突出，肛角稍呈角狀。翅背面底色黑褐色，雄蝶於後翅翅面有模糊的橙紅色斑。雌蝶則在前、後翅均有明顯帶藍灰色之白斑。翅腹面底色銀白色，上有黑褐色鱗片散布，前、後翅均沿外緣有一列黑褐色小點。緣毛部分黑褐色，部分白色。

生態習性 Behaviors

一年多代。成蝶飛翔快速、有力，好吸食動物屍體、糞便、汗液及其他腐敗物。

雌、雄蝶之區分 Distinctions between sexes

雄蝶翅背面之斑紋呈橙紅色，雌蝶則呈白色與藍灰色。雄蝶前足跗節癒合。

近似種比較 Similar species

在臺灣地區與本種類似的種類只有銀灰蝶一種。本種雄蝶翅背面之橙紅色斑紋較黯淡，在前翅幾乎完全消失，銀灰蝶雄蝶則前、後翅均有鮮明的橙紅色斑紋。本種雌蝶翅背面之斑紋明顯帶藍灰色並向外緣擴散，銀灰蝶雌蝶之斑紋則以白色為主，而且不向外緣擴散。

分布 Distribution	棲地環境 Habitats	幼蟲寄主植物 Larval hostplants
分布於臺灣本島低、中海拔地區，北部罕見。	常綠闊葉林。	豆科Fabaceae之疏花魚藤*Derris laxiflora*。取食部位是新芽、幼葉、花及花苞。

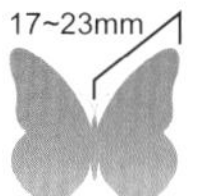

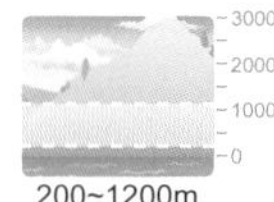

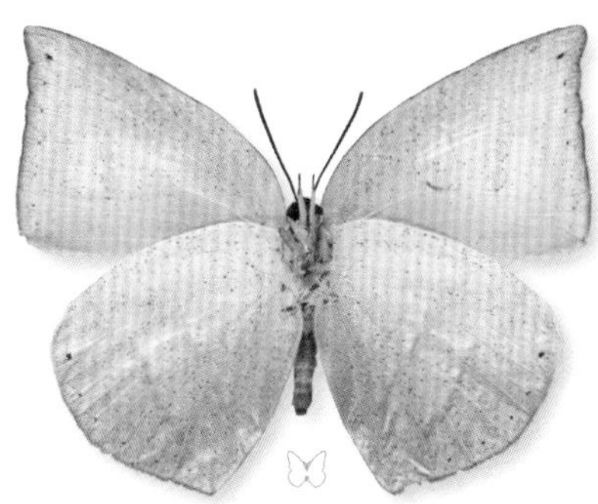

變異 Variations	豐度／現狀 Status	附記 Remarks
低溫期的個體翅形前翅翅頂突出之傾向明顯、翅背面之斑紋比較發達。	一般數量頗少。	本種之寄主植物分布廣泛而數量多，但本種卻頗為少見，原因不明。

日灰蝶屬 *Heliophorus* Geyer, [1832]

模式種 Type Species | *Heliophorus belenus* Geyer, 1832，該分類單元現在被視為是 *Polyommatus epicles* Godart, [1824]（即斜斑日灰蝶 *Heliophorus epicles*（Godart, [1824]））的同物異名。

形態特徵與相關資料 Diagnosis and other information

中小型灰蝶。複眼光滑。下唇鬚被毛。雄蝶前足跗節癒合，末端截斷狀。翅背面底色黑褐色，其上在雄蝶有金屬光澤明顯的藍、紫、綠，甚至金色之斑塊，在雌蝶則於前翅有一橙色或紅色斑塊。後翅沿外緣有一列橙色或紅色紋。翅腹面底色黃色，上面有細小的黑褐色及白色斑點與線紋。後翅 CuA_2 脈末端有一尾突。雌雄二型性頗為明顯。雌蝶種間翅紋差異小，不易鑑定。

本屬約有12種，主要分布於東洋區及東洋區與舊北區之交會地帶，向南最遠分布至印尼爪哇。

成蝶吸食花蜜與動物糞便、腐敗物等。

幼蟲以蓼科Polygonaceae植物為寄主植物。

臺灣地區有一種。

- *Heliophorus ila matsumurae*（Fruhstorfer, 1908）（紫日灰蝶）

紫日灰蝶

Heliophorus ila matsumurae (Fruhstorfer)

模式產地：*ila* de Nicéville, 1895：蘇門答臘；*matsumurae* Fruhstorfer, 1908：臺灣。

英 文 名 | Restricted Purple Sapphire

別　　名 | 紅邊黃小灰蝶、紅緣黃小灰蝶、濃紫彩灰蝶

形態特徵 Diagnostic characters

雌雄斑紋相異。軀體腹面白色，背面黑褐色。前翅翅形接近直角三角形，前緣及外緣略呈弧形。後翅近扇形，CuA_2脈末端有一明顯尾突。翅背面底色黑褐色，後翅外緣有一列紅色弦月紋，雄蝶於前翅基部及後翅後半部有深紫色亮斑，雌蝶則於前翅有一橙色帶狀斑。翅腹面底色黃色，前、後翅偏外側有一列細小短線紋，前翅及後翅前段呈黑褐色，後段呈白色。前、後翅均沿外緣有一列鑲白色紋的紅色斑帶。緣毛黑褐色與白色相間。

生態習性 Behaviors

一年多代。成蝶飛行活潑敏捷，喜歡吸食花蜜，也會吸食動物屍體與糞便。有時也到溼地吸水。

雌、雄蝶之區分 Distinctions between sexes

雄蝶翅背面之斑紋為深紫色亮紋，雌蝶則為橙色帶狀斑。

近似種比較 Similar species

在臺灣地區沒有與本種類似的種類。

分布 Distribution

在臺灣地區普遍分布於臺灣本島全島平地至中海拔地區，馬祖地區曾發現不同亞種之個體。其他亞種分布於中國大陸南部、北印度、中南半島、蘇門答臘等地區。

棲地環境 Habitats

常綠闊葉林、海岸林、果園、農田、鄉村荒地。

幼蟲寄主植物 Larval hostplants

蓼科Polygonaceae之火炭母草*Polygonum chinense*，也有在同科的羊蹄屬*Rumex*植物產卵的觀察。取食部位是葉片。

♂

♀

變異 Variations	豐度／現狀 Status	附記 Remarks
除了雌蝶前翅背面橙色帶狀斑的大小與色調略有變化以外，變異不顯著。	本種是數量豐富的常見種。	臺灣亞種的亞種名*matsumurae*係紀念亞洲昆蟲學先驅松村松年博士。 馬祖地區發現的本種族群之雄蝶後翅背面紅色弦月紋較不發達，屬於分布於中國大陸南部之亞種ssp. *chinensis* Fruhstorfer, 1908（模式產地：華西[四川]）。

1 2 3 4 5 6 7 8 9 10 11 12

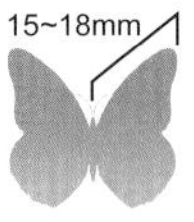

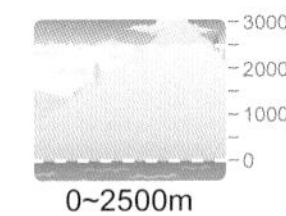

馬祖產華南亞種

♂

紫灰蝶屬 *Arhopala* Boisduval, 1832

模式種 Type Species | *Arhopala phryxus* Boisduval, 1832，該分類單元現在被視為是安汶紫灰蝶*Arhopala thamyras* Linnaeus, 1758的一亞種。

形態特徵與相關資料 Diagnosis and other information

體型變化大，由小型至相當大型的種類均存在，特別大型的種類大小可及中型蛺蝶。體相當粗壯，背側呈褐色，腹側呈白色、灰白色或淺褐色。複眼光滑，下唇鬚第三節扁平。雄蝶前足跗節癒合，末端鈍。翅面底色褐色，於背側有金屬色斑紋，通常雄蝶光澤較強。後翅CuA_2脈末端常有一尾突。部分種類於後翅臀區具葉狀突，其上常有黑色眼斑。雌雄二型性頗為明顯。由於交尾器構造單調，種間差異不大，而部分種類交尾器形態有種內變異，加上有些種類翅紋具有多型性或多表現性，使本屬成員鑑定困難。

本屬多樣性極高，成員在200種以上，主要分布於東洋區及澳洲區，但也有少數種類棲息在舊北區之東北亞。由於分類難度高，種級分類及高階分類都還有很多待解決的疑問。早期挑戰此複雜類群之研究始於Bethune-Baker (1903)，經Corbet (1941，1946) 整理，而由Evans (1957) 分割為*Narathura* Moore,1879、*Arhopala*、*Aurea* Evans, 1957、*Pachala* Moore, 1882及*Flos* Doherty, 1889五屬。不過此處理未受多數近代研究者青睞，近代主要相關著作仍支持Corbet (1946) 之處置，將上述之大多數類群歸於*Arhopala*屬內。Parsons (1999) 更進一步認為*Mahathala* Moore, 1878、*Thaduka* Moore, 1879、*Nilasera* Moore, 1881、*Apporasa* Moore, 1884、*Satadra* Moore, 1884、*Darasana* Moore, 1884、*Acesina* Moore, 1884均應併入*Arhopala*屬。Megens et al (2004) 利用分子及形態資料所作的初步親緣關係分析也發現目前定義的紫灰蝶屬不是單系群，至少要合併一些其他屬才合理。

成蝶訪花性弱，會吸食動物糞便、樹液，也會至溼地吸水。

幼蟲寄主植物非常多樣化，以多科闊葉樹為寄主植物，包括殼斗科Fagaceae、桃金孃科Myrtaceae、千屈菜科Lythraceae、使君子科Combretaceae、桑寄生科Loranthaceae、茜草科Rubiaceae、樟科Lauraceae、馬鞭草科Verbenaceae、梧桐科Sterculiaceae、大戟科Euphorbiaceae、紫草科

Boraginaceae、錦葵科Malvaceae、無患子科Sapindaceae、蕁麻科Urticaceae等。有些種類食性頗為專一，也有些種類食性極雜。

臺灣地區記錄有七種，但是其中的拉瑪紫灰蝶*Arhopala rama*（Kollar）及三尾紫灰蝶*A. abseus*（Hewitson）在臺灣的記錄有疑問，本書暫不包含之。

- *Arhopala ganesa formosana* Kato, 1930（蔚青紫灰蝶）
- *Arhopala birmana asakurae*（Matsumura, 1910）（小紫灰蝶）
- *Arhopala japonica*（Murray, 1875）（日本紫灰蝶）
- *Arhopala paramuta horishana* Matsumura, 1910（暗色紫灰蝶）
- *Arhopala bazalus turbata* Butler, [1882]（燕尾紫灰蝶）

臺灣地區

檢索表　紫灰蝶屬

Key to species of the genus *Arhopala* in Taiwan

❶ 後翅臀區具葉狀突 .... *bazalus*（燕尾紫灰蝶）
　後翅臀區無葉狀突 .... ❷

❷ 翅腹面斑紋鑲白線 .... ❸
　翅腹面斑紋沒有鑲白線 .... ❹

❸ 後翅CuA_2脈末端有尾突 .... *birmana*（小紫灰蝶）
　後翅CuA_2脈末端無尾突 .... *ganesa*（蔚青紫灰蝶）

❹ 後翅背面藍紫色紋由翅基延伸至翅幅1／2以上；後翅中央斑帶形成一連續斑帶 .... *japonica*（日本紫灰蝶）
　後翅背面藍紫色紋由翅基延伸不及翅幅1／2；後翅中央斑帶於M_1脈分斷 .... *paramuta*（暗色紫灰蝶）

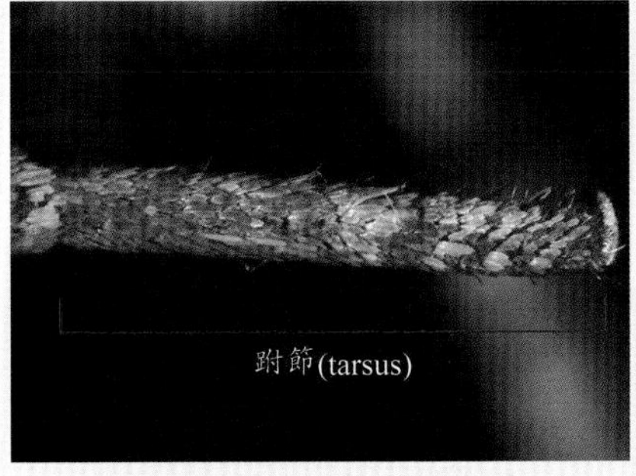

燕尾紫灰蝶雄蝶左前足足端

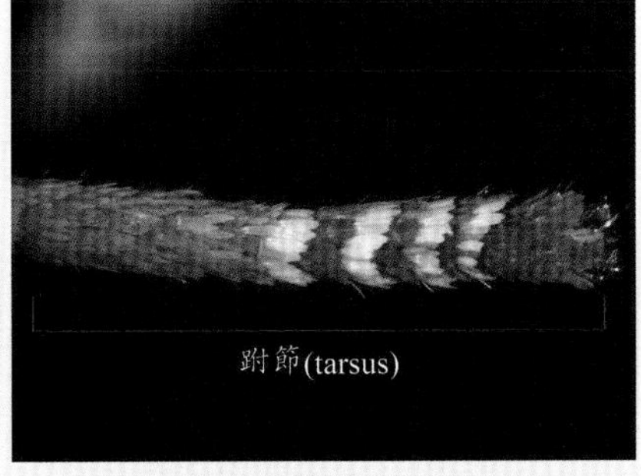

燕尾紫灰蝶雌蝶左前足足端

蔚青紫灰蝶

Arhopala ganesa formosana Kato

▍模式產地：*ganesa* Moore, 1857：印度；*formosana* Kato, 1930：臺灣。

英文名｜Tailless Oakblue / Tailless Bushblue

別　名｜白底青小灰蝶、白背青小灰蝶、俳灰蝶

形態特徵 Diagnostic characters

雌雄斑紋相似。軀體背側呈褐色，腹側呈白色。前翅翅形接近直角三角形，前緣、外緣均稍呈弧形。後翅頗圓。翅背面底色黑褐色，翅面有淺藍色亮鱗分布。翅腹面底色褐色，前、後翅各有一些鑲白線之褐色斑紋及一鑲白線之褐色中央縱走斑帶。翅腹面白紋發達，於後翅甚至斑紋及斑帶內部亦白化。前、後翅沿外緣有一波狀線及一列黑點。緣毛於背面主要呈褐色，腹面主要呈白色。

生態習性 Behaviors

一年的世代數尚未明瞭。成蝶飛行活潑敏捷，訪花性不明顯。以成蟲態過冬。

雌、雄蝶之區分 Distinctions between sexes

雌蝶後翅背面淺藍色紋通常較雄蝶發達，並且常於前翅有白紋。

近似種比較 Similar species

在臺灣地區與本種最類似的種類是小紫灰蝶，但是小紫灰蝶後翅有尾突、腹面白色紋不如本種發達。另外，小紫灰蝶雄蝶翅背面金屬色斑呈深紫色，本種則呈淺藍色。

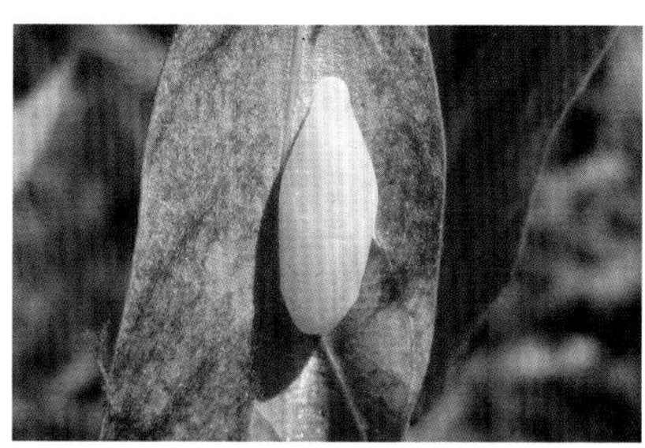

捲斗櫟新葉上之蔚青紫灰蝶蛹Pupa of *Arhopala ganesa formosana*（宜蘭縣員山鄉雙連埤，700m，2011. 05. 18.）。

分布 Distribution	棲地環境 Habitats	幼蟲寄主植物 Larval hostplants
在臺灣地區分布於臺灣本島中海拔地區。其他分布區域包括華西、喜馬拉雅、北印度等地區。	常綠闊葉林。	殼斗科Fagaceae之狹葉櫟*Quercus stenophylloides*、赤皮*Q. gilva*及捲斗櫟*Q. pachyloma*。取食部位是新芽、幼葉。

1 2 3 4 5 6 7 8 9 10 11 12

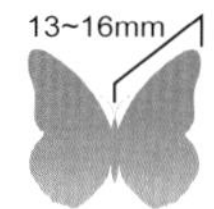

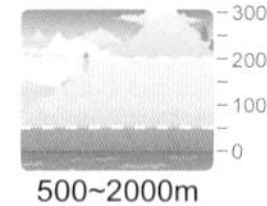

1cm

♂

1cm

變異 Variations	豐度／現狀 Status	附記 Remarks
翅背面淺藍色紋大小有個體變異。早春出現之個體腹面色彩較黯淡。	一般數量少。	過去常被視為獨立種的「南湖白底青小灰蝶」*Arhopala nankoshana*（Shimonoya & Murayama, 1976）（模式產地：臺灣）與本種之區別僅在於翅腹面色彩較深，這與本種越冬結束後於早春出來活動的個體殊無二致，應是長時間存活致使翅面鱗片剝落造成的結果，本書將之視為蔚青紫灰蝶低溫期老舊個體，因此不單獨為文說明。

小紫灰蝶

Arhopala birmana asakurae (Matsumura)

模式產地：*birmana* Moore, 1883：緬甸；*asakurae* Matsumura, 1910：臺灣。

英文名	Burmese Oakblue / Burmese Bushblue
別　名	朝倉小灰蝶、黑俳灰蝶

形態特徵 Diagnostic characters

雌雄斑紋相異。軀體背側呈褐色，腹側呈白色。前翅翅形接近直角三角形，前緣、外緣均稍呈弧形。後翅頗圓，CuA_2脈末端有明顯之細尾突。翅背面底色黑褐色，翅面有藍紫色亮鱗分布。翅腹面底色褐色，前、後翅各有一些鑲白線之褐色斑紋及一鑲白線之褐色中央縱走斑帶。前翅腹面CuA_1及CuA_2室有明顯白紋，後翅翅面有濃淡不均之白紋分布。前、後翅沿外緣有由雙重波狀線組成之紋列。緣毛褐色。

生態習性 Behaviors

一年多代。成蝶飛行活潑敏捷，訪花性不明顯。

雌、雄蝶之區分 Distinctions between sexes

雄蝶翅背面之金屬色鱗片呈深紫色，分布面積較雌蝶廣，於前翅超過翅面1／2面積。雌蝶則金屬色鱗片色調呈淺藍色，而於前翅小於翅面1／2面積。另外，雌蝶前翅背面金屬色斑塊外端有白紋，雄蝶則否。

近似種比較 Similar species

在臺灣地區與本種最類似的種類是蔚青紫灰蝶，但是蔚青紫灰蝶後翅無尾突，而且腹面白色紋明顯較本種發達。此外，蔚青紫灰蝶雄蝶翅背面金屬色斑呈淺藍色，本種則呈深紫色。

分布 Distribution	棲地環境 Habitats	幼蟲寄主植物 Larval hostplants
在臺灣地區分布於臺灣本島中、南部低海拔地區。其他分布區域包括華東、華南、華西、阿薩密、喜馬拉雅、中南半島北部等地區。	常綠闊葉林。	殼斗科Fagaceae之捲斗櫟*Quercus pachyloma*與青剛櫟*Q. glauca*。取食部位是新芽、幼葉。

1 2 3 4 5 6 7 8 9 10 11 12

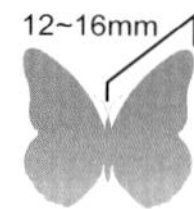

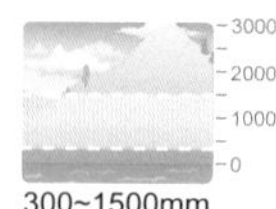

1cm

1cm

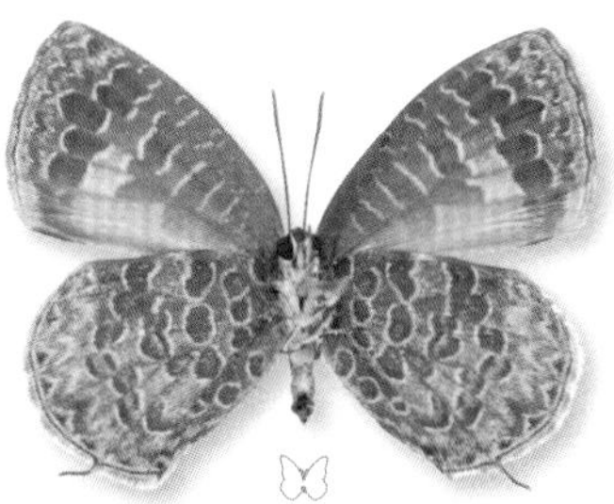

變異 Variations	豐度／現狀 Status	附記 Remarks
低溫期個體腹面白紋較發達，雌蝶背面藍色紋亦較發達。	一般數量不多。	本種之種小名*birmana*意指緬甸，亞種名*asakurae*則指早期在臺灣經營昆蟲標本產業的日籍人士朝倉喜代松。

日本紫灰蝶

Arhopala japonica (Murray)

▎模式產地：*japonica* Murray, 1875：日本。

英文名｜Japanese Oakblue

別　名｜紫小灰蝶、日本嬈灰蝶

形態特徵 Diagnostic characters

雌雄斑紋相異。軀體背側呈褐色，腹側呈白色。前翅翅形接近直角三角形而於翅頂有一小突起，前緣及外緣略呈弧形。後翅頗圓，CuA_2脈末端有一小尾突，通常僅勉強可辨，也有較長而明顯的個體。翅背面底色黑褐色，前、後翅均有大面積藍紫色亮鱗覆蓋，僅於外緣留下黑褐色邊。翅腹面底色淺褐色，前、後翅各有一些褐色斑紋及一褐色中央縱走斑帶，後翅中央斑帶形成一連續斑帶。沿外緣有一鑲波狀線之暗色帶。緣毛褐色。

生態習性 Behaviors

一年多代。成蝶飛行活潑敏捷，訪花性不明顯，會吸食動物糞便、樹液、水分。

雌、雄蝶之區分 Distinctions between sexes

雄蝶翅背面之金屬色斑塊呈靛藍色，幅度寬而分布範圍明顯超出前翅中室，雌蝶則斑塊呈淺藍色，幅度窄而分布範圍通常只及於中室端。

近似種比較 Similar species

在臺灣地區與本種最類似的種類是暗色紫灰蝶，不過本種翅背面之金屬色斑塊色調較淺、後翅腹面中央斑帶較靠內側且成一連續斑帶。

分布 Distribution	棲地環境 Habitats	幼蟲寄主植物 Larval hostplants
在臺灣地區普遍分布於臺灣本島全島平地至中海拔地區。其他分布區域包括朝鮮半島南部及日本等地區。	常綠闊葉林。	青剛櫟*Quercus glauca*、赤皮*Q. gilva*、毽子櫟*Q. sessilifolia*、狹葉櫟*Q. stenophylloides*及捲斗櫟*Q. pachyloma*等殼斗科Fagaceae植物。取食部位是新芽、幼葉。

17~21mm

0~1600m

160%

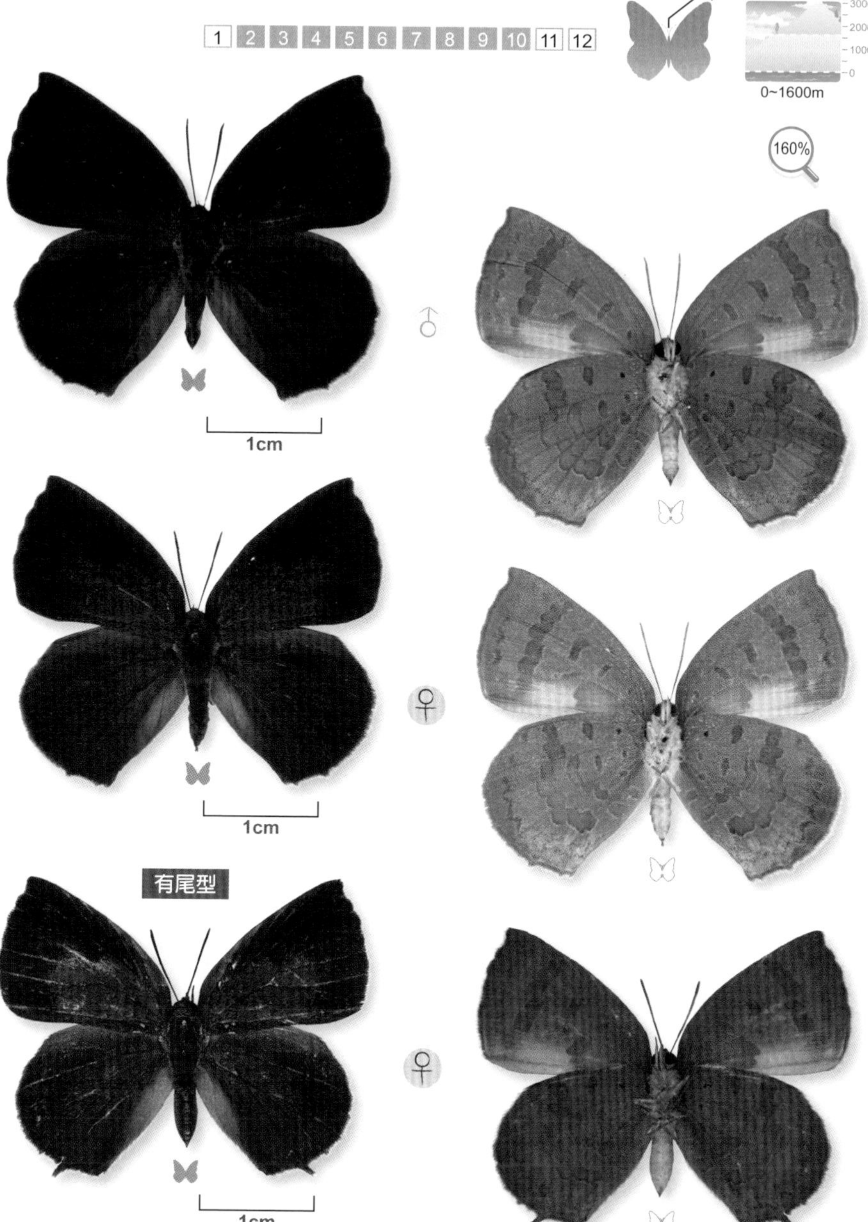

變異 Variations

除了少數個體後翅有尾突以外變異不顯著。有尾突的個體多見於雌蝶，且尾突長短不定。

豐度 / 現狀 Status

目前數量尚多。

附記 Remarks

臺灣的族群有時被視為獨立亞種而稱為ssp. *kotoshona* Sonan,1940（模式產地：臺灣蘭嶼）。耐人尋味的是，*kotoshona*的模式標本是蘭嶼唯一的日本紫灰蝶記錄。事實上，由於蘭嶼島上並無殼斗科植物分布，該島不可能有穩定的日本紫灰蝶族群棲息。從而*kotoshona*的模式標本可能是源自臺灣本島的偶產個體。
臺灣地區的拉瑪紫灰蝶*A. rama*（Kollar,1842）（模式產地：喜馬拉雅）記錄很可能指的是尾突明顯的本種個體。

暗色紫灰蝶

Arhopala paramuta horishana Matsumura

| 模式產地：*paramuta* de Nicéville, 1883：錫金；*horishana* Matsumura, 1910：臺灣。

英文名 | Hooked Oakblue

別　名 | 埔里紫小灰蝶、小嬈灰蝶

形態特徵 Diagnostic characters

雌雄斑紋相異。軀體背側呈褐色，腹側呈白色。前翅翅形接近直角三角形而於翅頂略為突出，前緣及外緣略呈弧形。後翅頗圓，翅脈末端有不明顯之細小突起。翅背面底色黑褐色，前、後翅均有深色之藍紫色亮鱗覆蓋，前翅明顯較後翅幅度寬。翅腹面底色淺黃褐色，前、後翅各有一些褐色斑紋及一褐色中央縱走斑帶，後翅中央斑帶於M_1脈分斷成前短後長兩段。沿外緣有一鑲波狀線之暗色帶。緣毛褐色。

生態習性 Behaviors

一年多代。成蝶飛行活潑敏捷，訪花性不明顯。

雌、雄蝶之區分 Distinctions between sexes

雄蝶前翅背面之金屬色鱗片呈暗藍紫色，分布超過翅幅寬度一半以上。雌蝶則金屬色鱗片色調較淺，分布幅度不及翅幅寬度一半。

近似種比較 Similar species

在臺灣地區與本種最類似的種類是日本紫灰蝶，不過本種翅背面之金屬色斑塊色調較深、後翅腹面中央斑帶較靠外側，而且於M_1脈分斷為二。另外，本種後翅背面之金屬色斑塊範圍遠較日本紫灰蝶小，僅位於翅基附近。

分布 Distribution	棲地環境 Habitats	幼蟲寄主植物 Larval hostplants
在臺灣地區主要分布於臺灣本島中、南部低至中海拔地區。其他分布區域包括華東、華南、華西、阿薩密、喜馬拉雅及中南半島北部等地區。	常綠闊葉林。	殼斗科Fagaceae之臺灣栲*Castanopsis formosana*。取食部位是新芽、幼葉。

1 2 3 4 5 6 7 8 9 10 11 12

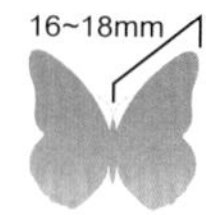

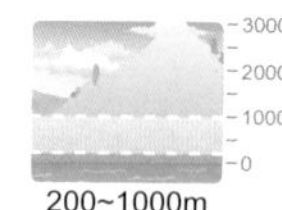

1cm

♂

1cm

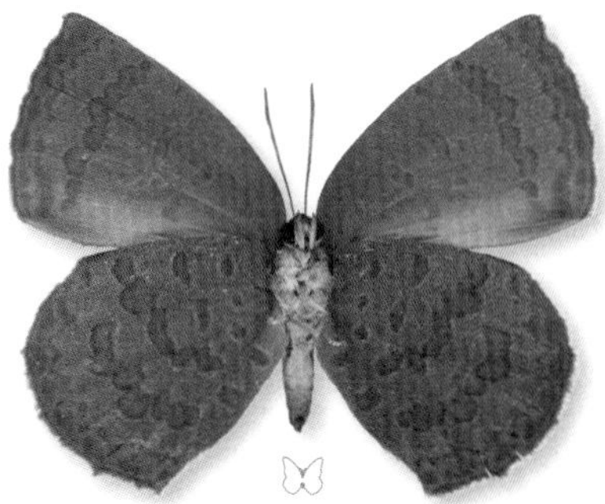

變異 Variations	豐度 / 現狀 Status	附記 Remarks
不顯著。	一般數量頗少。	臺灣亞種之亞種名*horishana*意指臺灣中部南投「埔里社」。

燕尾紫灰蝶

Arhopala bazalus turbata Butler

模式產地：*bazalus* Hewitson, 1862：印度；*turbata* Butler, [1882]：日本。

英文名｜Powdered Oakblue

別　名｜紫燕小灰蝶、百嬈灰蝶

形態特徵 Diagnostic characters

雌雄斑紋相異。軀體背側呈褐色，腹側呈白色。前翅翅形接近直角三角形，前緣略呈弧形，外緣前端稍向內彎。後翅頗圓，CuA_2 脈末端有明顯之尾突，臀區處有葉狀突。翅背面底色黑褐色，雄蝶翅面有暗藍紫色亮斑，雌蝶有寶藍色亮斑。翅腹面底色淺黃褐色，前、後翅各有一些褐色斑紋及一褐色中央縱走斑帶，後翅後半部底色特別暗，有如陰影。沿外緣有一鑲波狀線之暗色帶。緣毛褐色。

生態習性 Behaviors

一年多代。成蝶飛行活潑敏捷，訪花性不明顯。冬季時成蝶會聚集越冬。

雌、雄蝶之區分 Distinctions between sexes

雄蝶翅背面之金屬色斑呈暗藍紫色，分布翅面之大部分。雌蝶則金屬色斑色調呈明亮之寶藍色，分布幅度遠較雄蝶小，尤其在後翅僅於翅基附近，有時甚至消失。

近似種比較 Similar species

在臺灣地區，日本紫灰蝶與暗色紫灰蝶均與本種有些相似，不過這兩種紫灰蝶後翅腹面後半部均無本種具有之暗化傾向，後翅臀區也均無葉狀突。

分布 Distribution	棲地環境 Habitats	幼蟲寄主植物 Larval hostplants
在臺灣地區分布於臺灣本島低至中海拔地區。其他分布區域包括華東、華南、華西、阿薩密、喜馬拉雅、中南半島、蘇門答臘、爪哇等地區。	常綠闊葉林。	三斗石櫟*Lithocarpus hancei*、大葉石櫟*L. kawakamii*、臺灣石櫟*L. formosanus*、青剛櫟*Quercus glauca*、臺灣栲*Castanopsis formosana*等殼斗科Fagaceae植物。取食部位是新芽、幼葉。

18~23mm

160%

1cm

♂

1cm

♀

變異 Variations

低溫期個體後翅斑紋有色彩淡化的傾向。

豐度／現狀 Status

一般數量不多。

附記 Remarks

一般認為本種幼蟲主要以石櫟類植物為食，但是實際上殼斗科內許多種類都會被利用為幼蟲寄主食物。

凹翅紫灰蝶屬 *Mahathala* Moore, 1878

模式種 Type Species | *Amblypodia ameria* Hewitson, 1862，即凹翅紫灰蝶*Mahathala ameria* (Hewitson, 1862)。

形態特徵與相關資料 Diagnosis and other information

中型灰蝶。本屬除了翅形以外特徵與紫灰蝶屬*Arhopala*相同。體粗壯，背、腹側呈褐色。前翅外緣前段略呈波狀，於CuA_2脈末端突出。後翅前緣內凹，尾突末端膨大成葉狀，臀區有葉狀突。

本屬有2～3種，分布於東洋區。部分研究者認為本屬應併入紫灰蝶屬。

成蝶棲息在常綠闊葉林內，訪花性弱。

幼蟲寄主植物為大戟科Euphorbiaceae植物。

臺灣地區有一種。

- *Mahathala ameria hainani* Bethune-Baker, 1903（凹翅紫灰蝶）

凹翅紫灰蝶

Mahathala ameria hainani Bethune-Baker

模式產地：*ameria* Hewitson, 1862：印度；*hainani* Bethune-Baker, 1903：臺灣。

英文名 | Falcate Oakblue

別名 | 凹翅紫小灰蝶、瑪灰蝶

形態特徵 Diagnostic characters

雌雄斑紋相同。軀體背側呈褐色，腹側呈淺褐色或灰褐色。前翅翅形接近三角形，翅頂略突出，CuA_2脈末端突出呈角狀，其前方略呈波狀。後翅頗圓，CuA_2脈末端有明顯之葉狀尾突，臀區有圓弧形葉狀突。翅背面底色黑褐色，翅面有藍紫色亮鱗分布。翅腹面底色淺褐色，後翅基部附近色彩特別深，前、後翅各有一褐色中央縱走斑帶，於前翅縱走而前段內曲，於後翅則排列成圓弧形橫帶。另前翅中室有三枚鑲白線斑紋，後翅翅基有雲狀紋。前、後翅沿外緣各有一模糊紋列。緣毛褐色。

生態習性 Behaviors

一年多代。成蝶飛行活潑敏

分布 Distribution	棲地環境 Habitats	幼蟲寄主植物 Larval hostplants
在臺灣地區分布於臺灣本島低至中海拔地區。其他分布區域包括華東、華南、華西、阿薩密、喜馬拉雅、中南半島、蘇門答臘、爪哇等地區。	常綠闊葉林、海岸林。	大戟科Euphorbiaceae之扛香藤*Mallotus repandus*。取食部位是新芽、幼葉。

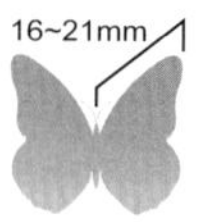

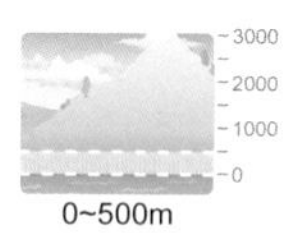

捷，訪花性不明顯。幼蟲有明顯的造巢習性，將葉片兩邊邊緣向下拉，並縫合成巢。

雌、雄蝶之區分 Distinctions between sexes

難以藉由斑紋區分雌雄，可靠的判定有賴檢查前足跗節，癒合而無正常爪的是雄蝶，沒有癒合而有正常爪的是雌蝶。

近似種比較 Similar species

本種在飛行時姿態與日本紫灰蝶、暗色紫灰蝶相似，但是本種特殊的後翅翅形讓本種很容易鑑定。

150%

♂

1cm

♀

1cm

變異 Variations

低溫期個體翅腹面斑紋模糊，使後翅外側淺色部分與內側深色部分對比明顯。

豐度／現狀 Status

目前數量尚多。

附記 Remarks

本種臺灣亞種之亞種名*hainani*意指海南島，該分類單元的模式產地卻在臺灣，應是原命名者將兩地混淆所致。

焰灰蝶屬 *Japonica* Tutt, [1907]

模式種 Type Species | *Dipsas saepestriata* Hewitson, [1865]，即柵紋焰灰蝶 *Japonica saepestriata* (Hewitson, [1865])。

形態特徵與相關資料 Diagnosis and other information

中型灰蝶。頭部小型，複眼疏被毛。下唇鬚第三節末端尖。雌雄兩性前足跗節均具5節小跗節（此特徵在翠灰蝶族Theclini少見）。軀體背側呈橙色，腹側呈白色。翅面底色橙色，腹面有白色或黑褐色條紋或線紋。後翅CuA_2脈末端有一尾突。雌雄二型性缺乏或不顯著。

本屬約有4種，主要分布於東洋區及東洋區與舊北區之交會地帶，向北最遠分布至俄國阿穆爾。

成蝶訪花性弱，通常棲息在樹冠上。

幼蟲寄主植物是殼斗科Fagaceae植物。

臺灣地區有一種。

• *Japonica patungkoanui* Murayama, 1956（臺灣焰灰蝶）

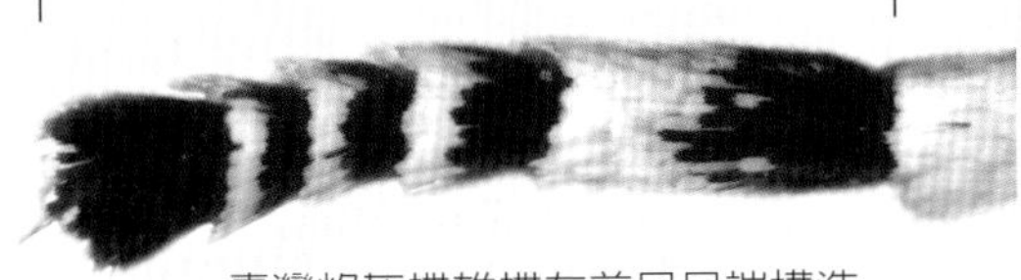

臺灣焰灰蝶雄蝶左前足足端構造

臺灣焰灰蝶雄蝶腹端構造

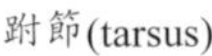

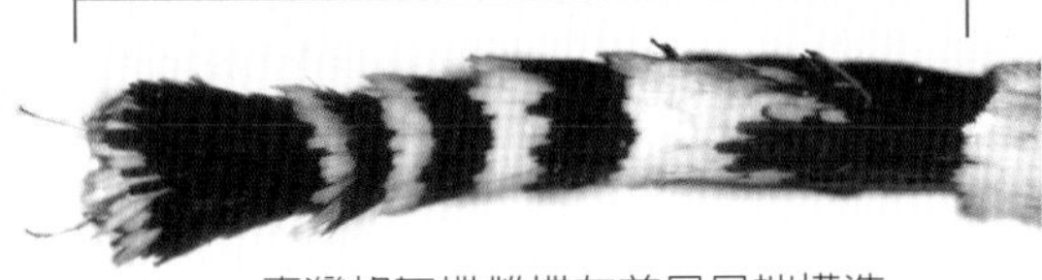

臺灣焰灰蝶雌蝶左前足足端構造

臺灣焰灰蝶雌蝶腹端構造

臺灣焰灰蝶

Japonica patungkoanui Murayama, 1956

模式產地：*patungkoanui* Murayama, 1956：臺灣。

英文名 | Taiwan Flamed Hairstreak

別　名 | 紅小灰蝶、高砂紅小灰蝶、黃灰蝶

形態特徵 Diagnostic characters

雌雄斑紋相似。軀體背側呈橙色，腹側呈白色。前翅翅形接近三角形。後翅近扇形，CuA_2脈末端有明顯之尾突。翅背面底色橙色，翅腹面斑紋可由背面隱約透視，翅頂有明顯之黑褐色紋。翅腹面底色橙色，前、後翅各有一對白色線紋，前翅者細而模糊，後翅者較粗而鮮明。沿翅外緣的斑帶由各翅室外側之白線、黑線及黑色小點組成，於後翅CuA_1室最鮮明，沿前翅外緣之紋列大部分消失，僅餘CuA室之白線與黑線。前翅中室端有一對白色短線。前翅緣毛橙色，後翅緣毛主要呈白色。

生態習性 Behaviors

一年一化，成蝶通常於闊葉林樹冠上棲息、活動。偶爾可見訪殼斗科植物的花。冬季以卵態越冬，卵產於幼蟲寄主休眠芽基部。本種雌蝶會利用腹端動作括取枝條表面附著物等物質隱藏卵粒。

雌、雄蝶之區分 Distinctions between sexes

雌蝶前翅外緣弧形彎曲程度較大，使翅形看來較圓。另外，雌蝶翅背面之黑褐色紋通常較發達。最可靠的鑑定方式是檢視腹端交尾器。

近似種比較 Similar species

在臺灣地區只有珂灰蝶與本種略為相似，不過兩者翅腹面斑紋差別明顯，區分並不困難，珂灰蝶翅腹面僅有一條白線且前翅腹面中室端無紋。

分布 Distribution	棲地環境 Habitats	幼蟲寄主植物 Larval hostplants
分布於臺灣本島中海拔地區。	常綠闊葉林。	以殼斗科Fagaceae的櫟屬*Quercus*植物為幼蟲寄主，包括狹葉櫟*Q. stenophylloides*、錐果櫟*Q. longinus*、毽子櫟*Q. sessilifolia*及青剛櫟*Q. glauca*等。取食部位是新芽、幼葉。

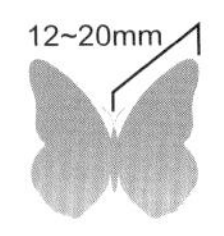

160%

♂

♀

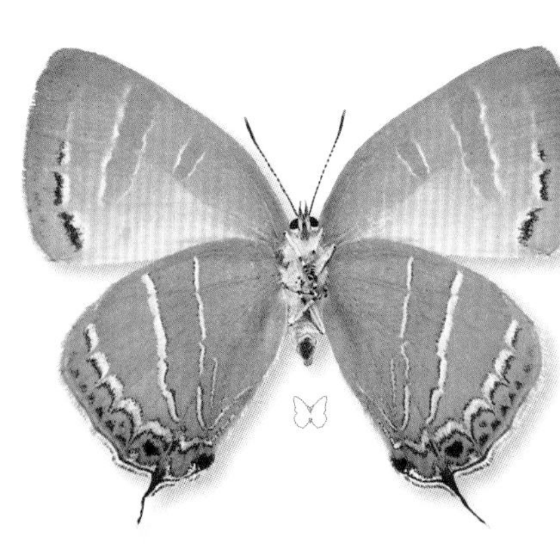

變異 Variations	豐度／現狀 Status	附記 Remarks
不顯著。	目前數量尚多。	本種長期被視為分布於西藏至日本的焰灰蝶 *Japonica lutea*（Hewitson, [1865]）（模式產地：日本）的亞種，近年才處理為不同種。

赭灰蝶屬 *Ussuriana* Tutt, [1907]

模式種 Type Species | *Thecla michaelis* Oberthür, 1880，即赭灰蝶 *Ussuriana michaelis* (Oberthür, 1880)。

形態特徵與相關資料 Diagnosis and other information

中大型灰蝶。複眼光滑。下唇鬚第三節短小。雌雄兩性前足跗節均具5節小跗節。軀體背側呈黃色或褐色，腹側呈白色。翅背面底色橙黃色，腹面底色黃色。後翅CuA_2脈末端有一尾突。雌蝶產卵器特化為針狀。雌雄二型性顯著。

本屬成員有4～5種，主要分布於東洋區及東洋區與舊北區之交會地帶，向北最遠分布至俄國烏蘇里。

成蝶通常棲息在寄主植物附近。

幼蟲寄主植物是木犀科Oleaceae植物。

臺灣地區有一種。

- *Ussuriana michaelis takarana*（Araki & Hirayama, 1941）（赭灰蝶）

臺灣梣上之赭灰蝶幼蟲 Larva of *Ussuriana michaelis takarana* on *Fraxinus insularis*（新竹縣尖石鄉秀巒，900m，2011. 03. 29.）。

落葉間之赭灰蝶蛹Pupa of *Ussuriana michaelis takarana* in debris（新竹縣尖石鄉秀巒，900m，2011. 04. 15.）。

赭灰蝶

Ussuriana michaelis takarana (Araki & Hirayama)

模式產地：*michaelis* Oberthür, 1880：烏蘇里；*takarana* Araki & Hirayama, 1941：臺灣。

英文名 | Ussuri Hairstreak

別名 | 寶島小灰蝶、寶島灰蝶。

形態特徵 Diagnostic characters

雌雄斑紋相異。軀體背側呈橙黃色或褐色，腹側呈白色。前翅翅形接近三角形，前緣及外緣稍呈弧形。後翅扇形，CuA_2脈末端有尾突。翅背面底色橙黃色，覆明顯之褐色紋，尤以雄蝶為著，前翅CuA_2室末端有一明顯黑褐色斑點。翅腹面底色黃色。前、後翅外側各有一列白紋，其外側於前翅CuA_2室及後翅CuA_1室各有一黑褐色斑紋。臀區亦有一黑褐色斑紋。前翅緣毛白色，於翅脈端褐色。

生態習性 Behaviors

一年一化，成蝶通常於崩塌地棲息、活動。冬季以卵態越冬，卵產於幼蟲寄主植物樹幹裂縫內。

雌、雄蝶之區分 Distinctions between sexes

雄蝶腹部背側及翅背面之黑褐色紋均明顯較雌蝶發達。

近似種比較 Similar species

在臺灣地區無類似種。

分布 Distribution	棲地環境 Habitats	幼蟲寄主植物 Larval hostplants
在臺灣地區分布於臺灣本島低、中海拔地區。臺灣以外分布於中國大陸東南半壁、朝鮮半島、烏蘇里、中南半島北部等地區。	溪谷崩塌地、常綠闊葉林。	木犀科Oleaceae的臺灣梣*Fraxinus insularis*。取食部位是新芽、幼葉。

1 2 3 4 5 6 7 8 9 10 11 12

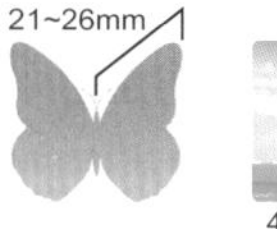

1cm

♂

1cm

♀

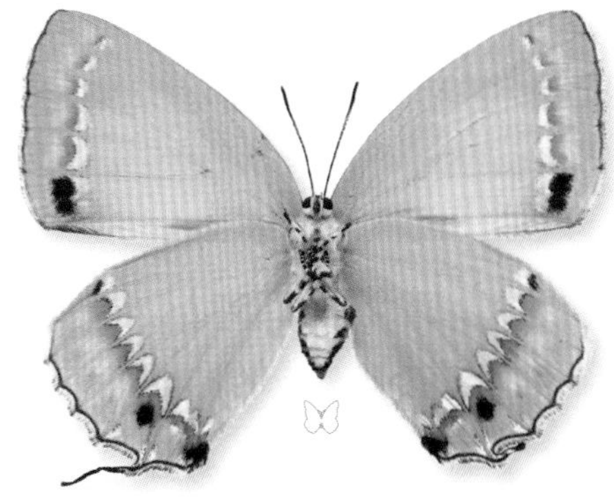

變異 Variations	豐度／現狀 Status	附記 Remarks
翅背面黑褐色紋發達程度有個體變異。	數量稀少。	臺灣的族群過去常被視為特有種，近年的研究則多認為係赭灰蝶亞種。

墨點灰蝶屬 *Araragi* Sibatani & Ito, 1942

模式種 Type Species | *Thecla enthea* Janson, 1877，即墨點灰蝶 *Araragi enthea* (Janson, 1877)。

形態特徵與相關資料 Diagnosis and other information

中、小型灰蝶。複眼幾近光滑。下唇鬚第三節末端尖。雄蝶前足跗節癒合，末端下彎、略呈鉤狀。軀體背側黑褐色，腹側白色。翅背面底色黑褐色，腹面白色而有黑色或褐色斑，前翅M_2及M_3斑紋向外側偏移。後翅CuA_2脈末端有一尾突。雄蝶交尾器背兜中央有突起。雌雄二型性不顯著。

成蝶通常在寄主植物附近活動。

幼蟲寄主植物是胡桃科Juglandaceae植物。

臺灣地區有一種。

- *Araragi enthea morisonensis*（M. Inoue, 1942）（墨點灰蝶）

墨點灰蝶

Araragi enthea morisonensis (M. Inoue)

模式產地：*enthea* Janson, 1877：日本；*morisonensis* M. Inoue, 1942：臺灣。

英文名 | Walnut Hairstreak

別名 | 長尾小灰蝶、瀨灰蝶。

形態特徵 Diagnostic characters

雌雄斑紋相似。軀體背側呈褐色，腹側呈白色。前翅翅形接近直角三角形，前緣稍呈弧形。後翅近扇形，CuA_2脈末端有明顯尾突。翅背面底色褐色，前翅中央有淺色紋。腹面底色白色，上綴小黑斑，於後翅後半部較模糊。臀區附近有橙色斑紋，且於CuA_1室有黑斑。前翅緣毛褐色，後翅外緣毛褐色、內緣毛白色。

生態習性 Behaviors

一年一化，成蝶通常棲息在幼蟲寄主植物上。冬季以卵態越冬，卵產於幼蟲寄主植物枝條上。

分布 Distribution	棲地環境 Habitats	幼蟲寄主植物 Larval hostplants
在臺灣地區分布於臺灣本島中部中海拔地區。臺灣以外分布於華東、華中、華西、華北、華東北、烏蘇里、朝鮮半島及日本等地區。	常綠闊葉林。	胡桃科之野核桃*Juglans cathayensis*。取食部位是新芽、幼葉。

1 2 3 4 5 6 7 8 9 10 11 12

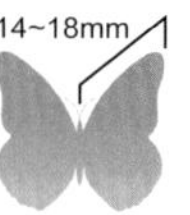

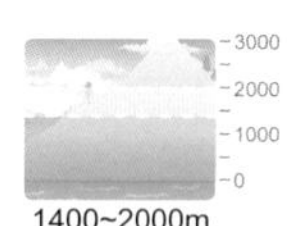

雌、雄蝶之區分 Distinctions between sexes

雌蝶前翅背面之淺色紋較雄蝶鮮明。雄蝶前足跗節癒合，雌蝶則否。

近似種比較 Similar species

在臺灣地區無近似種。

200%

♂

♀

變異 Variations	豐度／現狀 Status	附記 Remarks
除了雌蝶前翅白紋有個體差異以外，不顯著。	本種在臺灣分布區域窄而數量不多。	臺灣的亞種是所有墨點灰蝶族群中黑色斑點減退程度最明顯者。

珂灰蝶屬 *Cordelia* Shirôzu & Yamamoto, 1956

模式種 Type Species | *Dipsas comes* Leech, 1890，即珂灰蝶*Cordelia comes* (Leech, 1890)。

形態特徵與相關資料 Diagnosis and other information

中小型灰蝶。複眼無毛。下唇鬚第三節末端尖。雄蝶前足跗節癒合，末端下彎、尖銳。軀體背側呈橙色，腹側呈白色。翅面底色橙色，腹面有一白色線紋。後翅CuA_2脈末端有一尾突。雌雄二型性缺乏或不顯著。

本屬依研究者對屬及種範圍意見之不同，處理為2～3種，分布於東洋區及東洋區與舊北區之交會地帶，向北最遠分布至俄國阿穆爾。

成蝶通常在寄主植物附近活動。

幼蟲寄主植物是樺木科Betulaceae植物。

臺灣地區有一種。

- *Cordelia comes wilemaniella*（Matsumura, 1929）（珂灰蝶）

珂灰蝶雄蝶左前足足端

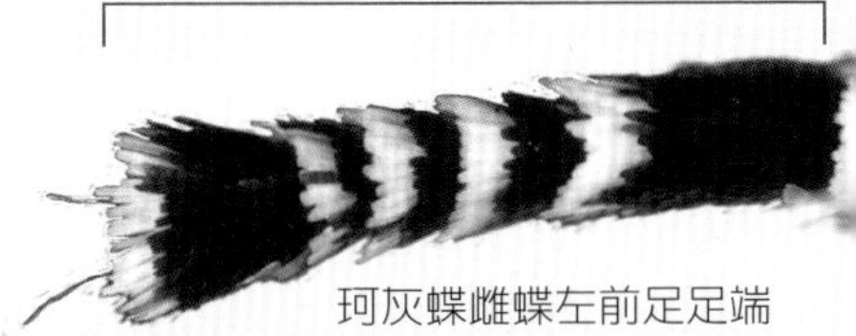

珂灰蝶雌蝶左前足足端

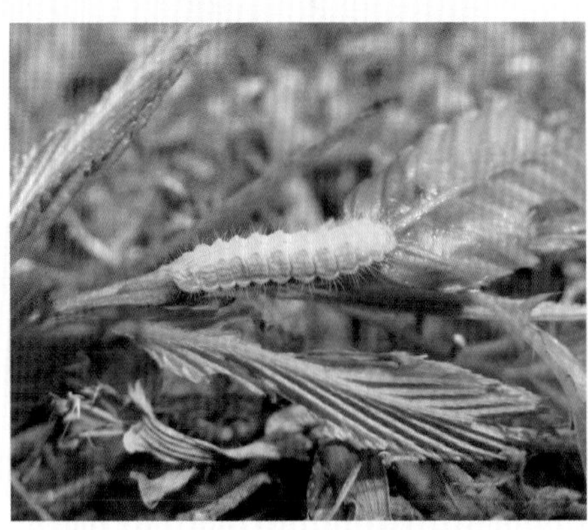

阿里山千金榆上之珂灰蝶幼蟲Larva of *Cordelia comes wilemaniella* on *Carpinus kawakamii*（南投縣仁愛鄉能高越嶺道，1600m，2012. 02. 21.）。

珂灰蝶*Cordelia comes wilemaniella*（南投縣仁愛鄉能高越嶺道，1600m，2012. 07. 24.）。

珂灰蝶

Cordelia comes wilemaniella (Matsumura)

模式產地：*comes* Leech, 1890：湖北；*wilemaniella* Matsumura：臺灣。

別　　名｜臺灣紅小灰蝶。

形態特徵 Diagnostic characters

雌雄斑紋相似。軀體背側呈橙色，腹側呈白色。前翅翅形接近三角形，前緣及外緣呈弧形。後翅頗圓，CuA_2脈末端有短尾突。翅面底色橙色，背面翅頂有明顯之黑褐色紋，腹面前、後翅各有一白色曲線。後翅沿翅外緣有由拱形白線、外側白線紋及紅紋組成的斑帶，$Sc+R_1$及CuA_1室紅紋內有黑斑。前翅緣毛褐色，後翅外緣毛褐色、內緣毛白色。

生態習性 Behaviors

一年一化，成蝶通常於闊葉林棲息、活動。冬季以卵態越冬，卵產於幼蟲寄主植物細枝下側。

雌、雄蝶之區分 Distinctions between sexes

雌蝶除了翅背面之黑褐色紋及後翅腹面沿外緣斑帶內黑紋較發達外，與雄蝶難以區分。雄蝶前足跗節癒合，雌蝶則否。

近似種比較 Similar species

在臺灣地區只有臺灣焰灰蝶與本種略為相似，但臺灣焰灰蝶體型較大、翅腹面有兩條白色線紋，而且前翅腹面中室端有一對白色短線。

分布 Distribution	棲地環境 Habitats	幼蟲寄主植物 Larval hostplants
分布於臺灣本島中部中海拔地區。臺灣以外分布於華東、華南、華西及緬甸北部等地區。	常綠闊葉林。	樺木科Betulaceae之阿里山千金榆*Carpinus kawakamii*。取食部位是新芽、幼葉。

1 2 3 4 5 6 7 8 9 10 11 12

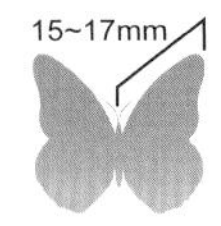

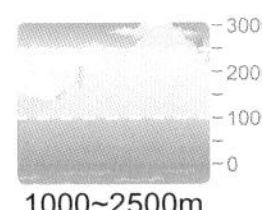

♂

1cm

♀

1cm

變異 Variations

不顯著。

豐度／現狀 Status

本種分布區域窄而數量不多。

附記 Remarks

臺灣的族群長期被視為*comes*的亞種。小岩屋（2007）根據雄蝶抱器形狀及幼蟲顏色認為臺灣的族群可以被視為特有種。此說尚待進一步驗證，本書暫保留原來的處理。

折線灰蝶屬 *Antigius* Sibatani & Ito, 1942

模式種 Type Species | *Thecla attilia* Bremer, 1861，即折線灰蝶 *Antigius attilia* (Bremer, 1861)。

形態特徵與相關資料 Diagnosis and other information

中小型灰蝶。複眼幾近光滑。下唇鬚第三節頗細長。雄蝶前足跗節癒合，末端下彎、末端尖。軀體背側黑褐色，腹側白色。翅背面底色黑褐色，腹面白色而有黑褐條紋，黑褐條紋於後翅CuA_2室反折為「V」字形。後翅CuA_2脈末端有一尾突。雄蝶交尾器背兜左右稍不對稱。雌雄二型性不顯著。

本屬有5種，分布於舊北區東部及東洋與舊北區交會地帶。

成蝶通常在闊葉林樹冠活動。

幼蟲寄主植物是殼斗科Fagaceae植物。

臺灣地區有兩種。

- *Antigius attilia obsoletus*（Takeuchi, 1929）（折線灰蝶）
- *Antigius jinpingi* Hsu, 2009（錦平折線灰蝶）

臺灣地區

檢索表 折線灰蝶屬

Key to species of the genus *Antigius* in Taiwan

❶ 後翅腹面翅基無黑色斑點，中央黑褐色條紋沒有於CuA_2脈分斷 .... *attilia*（折線灰蝶）

後翅腹面翅基具三枚黑色斑點，中央黑褐色條紋於CuA_2脈分斷 .... *jinpingi*（錦平折線灰蝶）

折線灰蝶

Antigius attilia obsoletus (Takeuchi)

模式產地：*attilia* Bremer, 1861：阿穆爾；*obsoletus* Takeuchi, 1929：臺灣。

英文名 | Attilia Oak Hairstreak

別　名 | 水色長尾小灰蝶、青灰蝶。

形態特徵 Diagnostic characters

雌雄斑紋相似。軀體背側呈褐色，腹側呈白色。前翅翅形接近直角三角形，前緣稍呈弧形。後翅近扇形，CuA_2脈末端有明顯尾突。翅背面底色褐色，後翅沿外緣有一列白紋。腹面底色呈白色，略泛青色，前、後翅中央有一褐色條紋，於後翅反曲成為「V」字形，並且常消退而模糊。前、後翅中室端有褐色短線紋，於後翅常消退。前、後翅沿外緣有褐色斑列，於後翅連成一模糊曲帶。臀區附近有橙黃色斑紋，且於CuA_1室有黑斑。前翅緣毛褐色，後翅緣毛白色。

生態習性 Behaviors

一年一化，成蝶通常棲息在幼蟲寄主植物上。冬季以卵態越冬，卵產於幼蟲寄主植物枝條樹皮裂縫中。

雌、雄蝶之區分 Distinctions between sexes

雄蝶前足跗節癒合，雌蝶則否。

近似種比較 Similar species

在臺灣地區與本種外觀相似的種類包括夸父璀灰蝶與阿里山鐵灰蝶，以及同屬的錦平折線灰蝶。其中錦平折線灰蝶因後翅腹面黑褐色條紋呈斷線狀，反而容易區別。夸父璀灰蝶與阿里山鐵灰蝶後翅背面缺乏本種擁有的白紋。夸父璀灰蝶後翅腹面亞外緣斑列內側有格外鮮明之黑褐色帶紋，而阿里山鐵灰蝶後翅腹面呈銀白色，均可與本種區分。

分布 Distribution

在臺灣地區分布於臺灣本島中部中海拔地區。臺灣以外分布於華東、華中、華西、華北、華東北、烏蘇里、朝鮮半島及日本等地區。

棲地環境 Habitats

常綠闊葉林。

幼蟲寄主植物 Larval hostplants

在臺灣地區的已知寄主是殼斗科Fagaceae之栓皮櫟*Quercus variabilis*。取食部位是新芽、幼葉。

1 2 3 4 5 6 7 8 9 10 11 12

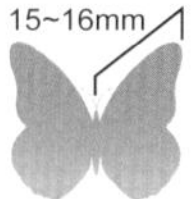

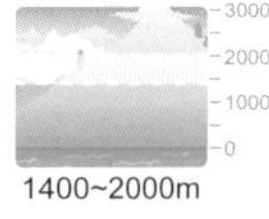

♂

♀

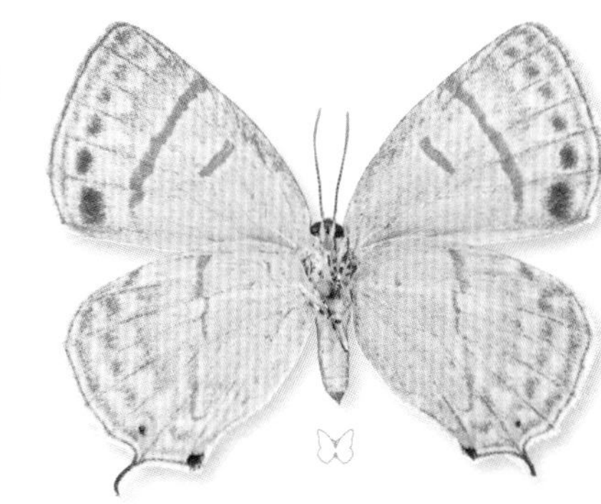

變異 Variations

後翅背面白紋發達程度有個體變異。

豐度／現狀 Status

本種在臺灣分布區域狹窄而數量稀少。部分過去有記錄之棲地如南投縣梅峰、松崗一帶近年沒有記錄，疑已絕跡。

附記 Remarks

臺灣的亞種是世界上所有折線灰蝶族群中黑色條紋與斑點減退程度最明顯者。

錦平折線灰蝶

Antigius jinpingi Hsu

▌模式產地：*jinpingi* Hsu, 2009：臺灣。

英 文 名	Jinping's Oak Hairstreak
別　　名	蘇氏青灰蝶

形態特徵 Diagnostic characters

雌雄斑紋相似。軀體背側呈褐色，腹側呈白色。前翅翅形近扇形，前緣及外緣呈弧形。後翅近扇形，CuA_2脈末端有明顯尾突。翅背面底色褐色，後翅沿外緣有一列模糊白紋。腹面底色呈白色，前、後翅中央有一黑褐色條紋，均於CuA_2脈分斷並內偏，並於後翅A_1室反曲成為「V」字形。後翅腹面翅基有三只黑色斑點。前、後翅中室端有褐色短線紋。前、後翅沿外緣有黑褐色斑列，於後翅細小而模糊。臀區附近有黑色與橙黃色小紋，於CuA_1室有由黑斑與橙黃色環形成之眼狀斑。緣毛褐色與白色。

生態習性 Behaviors

一年一化，成蝶通常棲息在常綠闊葉林樹冠上。

雌、雄蝶之區分 Distinctions between sexes

雄蝶前足跗節癒合，雌蝶則否。

近似種比較 Similar species

在臺灣地區與本種外觀最相似的種類是同屬的折線灰蝶，但是後者之後翅腹面基部沒有黑色斑點，且後翅中央黑褐色條紋沒有於CuA_2脈處分斷。

分布 Distribution	棲地環境 Habitats	幼蟲寄主植物 Larval hostplants
目前已知的棲地只有其模式產地南臺灣霧臺地區。	常綠闊葉林。	尚未明悉，無疑以殼斗科Fagaceae植物為幼蟲寄主。

1 2 3 4 5 6 7 8 9 10 11 12

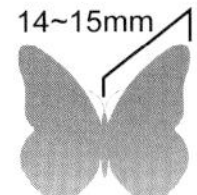

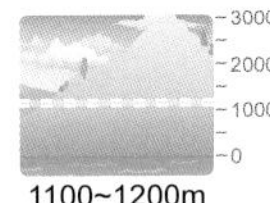

♂

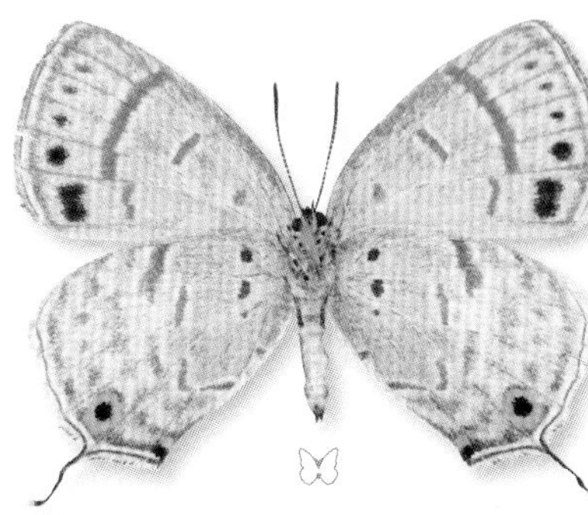

♀

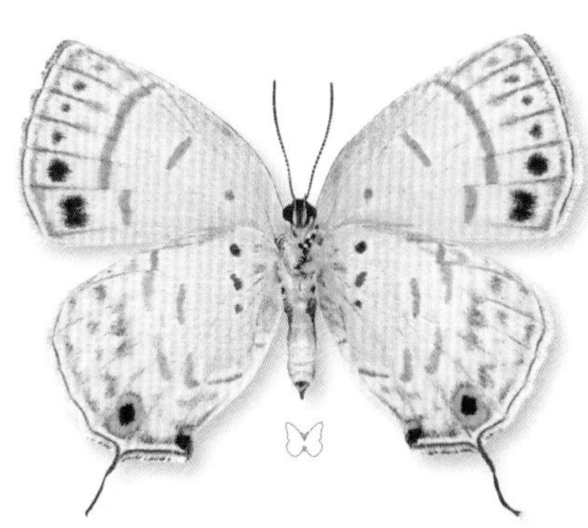

變異 Variations

資料不足。

豐度／現狀 Status

數量非常稀少。

附記 Remarks

本種是臺灣產翠灰蝶族最新發現的種類，其種小名即以發現者蘇錦平先生為名。

線灰蝶屬 *Wagimo* Sibatani & Ito, 1942

模式種 Type Species｜*Thecla signata* Butler, [1882]，即線灰蝶*Wagimo signata* (Butler, [1882])。

形態特徵與相關資料 Diagnosis and other information

中小型灰蝶。複眼疏被毛。下唇鬚第三節短小。雄蝶前足跗節癒合，末端下彎、尖銳。軀體背側黑褐色，腹側白色。翅背面底色黑褐色，上有金屬光澤明顯的藍、紫色斑紋。腹面底色褐色或黃褐色，上綴白色線紋。後翅CuA_2脈末端有一尾突。幼蟲第8腹節後端向兩側張出。雌雄二型性不顯著。

成蝶通常在闊葉林樹冠活動。

幼蟲寄主植物是殼斗科Fagaceae植物。

臺灣地區有一種。

• *Wagimo insularis* Shirôzu, 1957（臺灣線灰蝶）

臺灣線灰蝶

Wagimo insularis Shirôzu

模式產地：*insularis* Shirôzu, 1957：臺灣。

英文名｜Multi-line Hairstreak

別　名｜翅底三線小灰蝶

形態特徵 Diagnostic characters

雌雄斑紋相似。軀體背側呈褐色，腹側呈白色。前翅翅形近三角形，前緣呈弧形。後翅近扇形，CuA_2脈末端有明顯尾突。翅背面底色褐色，前翅有一片金屬光澤明顯之淺藍紫色紋。腹面底色呈褐色，前、後翅中央有一由雙白線組成之條紋，均於CuA_2脈分斷並內偏，並於後翅1A+2A室反曲成為「V」字形。後翅腹面翅基另有數條白色線紋。前中室端有雙白線組成之短條。前、後翅沿外緣有雙重白短線紋列。臀區附近有黑色與橙色小紋，於CuA_1室有由黑斑與橙色環形成之眼狀斑。緣毛褐色與白色。

生態習性 Behaviors

一年一化，成蝶通常棲息在

分布 Distribution

分布於臺灣本島中、南部中海拔地區。臺灣以外已知產地僅有四川北部地區。

棲地環境 Habitats

常綠闊葉林。

幼蟲寄主植物 Larval hostplants

殼斗科Fagaceae之狹葉櫟*Quercus stenophylloides*。取食部位是新芽、幼葉。

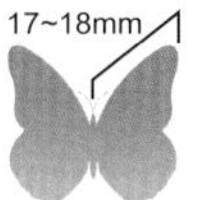

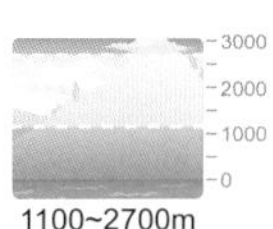

常綠闊葉林樹冠上。冬季以卵態休眠越冬，卵產於寄主植物休眠芽基部。

雌、雄蝶之區分 Distinctions between sexes

雄蝶前足跗節癒合，雌蝶則否。

近似種比較 Similar species

在臺灣地區沒有近似種。

160%

♂

♀

變異 Variations

不顯著。

豐度／現狀 Status

數量稀少。

附記 Remarks

本種長期被視為是華西線灰蝶*Wagimo sulgeri* (Oberthur, 1908)（模式產地：西藏[四川康定地區]）之亞種，小岩屋（1999）指出本種與華西線灰蝶不同種。小岩屋（2007）隨後發現四川北部亦有本種族群存在，並指出該族群特徵與臺灣族群有異。

瓏灰蝶屬 *Leucantigius* Shirôzu & Murayama, 1951

模式種 Type Species | *Thecla atayalica* Shirôzu & Murayama, 1943，即瓏灰蝶*Leucantigius atayalica* (Shirôzu & Murayama, 1943)。

形態特徵與相關資料 Diagnosis and other information

中小型灰蝶。複眼疏被毛。下唇鬚第三節短小。雄蝶前足跗節癒合，末端下彎、稍成鉤狀。軀體背側黑褐色，腹側白色。翅背面底色黑褐色，腹面底色白色，上綴黑褐色線紋。後翅CuA_2脈末端有一尾突。雌雄二型性不顯著。

成蝶在闊葉林樹冠活動。

幼蟲寄主植物是殼斗科Fagaceae植物。

單種屬，臺灣地區有分布。

- *Leucantigius atayalicus*（Shirôzu & Murayama, 1943）（瓏灰蝶）

瓏灰蝶

Leucantigius atayalicus (Shirôzu & Murayama)

模式產地：*atayalicus* Shirôzu & Murayama, 1943：臺灣。

英文名	Atayalian Hairstreak
別名	姬白小灰蝶、璐灰蝶

形態特徵 Diagnostic characters

雌雄斑紋相似。軀體背側呈褐色，腹側呈白色。前翅翅形近直角三角形，前緣及外緣呈弧形。後翅近扇形，CuA_2脈末端有明顯尾突。翅背面底色褐色，前翅時有白紋，後翅沿外緣有一列外側鑲白線，內側鑲白紋之模糊黑斑。腹面底色呈白色，前、後翅中央有雙重褐色線組成之帶紋，於CuA_2室反曲折向內緣。前翅腹面翅基有一枚、後翅腹面翅基有三枚由雙重褐色線組成之短條。前翅中室端亦有一由雙重褐色線組成之短條。前、後翅沿外緣有褐色斑列。臀區附近有黑色與橙黃色小紋，於CuA_1室有由黑斑與橙黃色環形成之眼狀斑。緣毛白色。

生態習性 Behaviors

一年一化，成蝶通常棲息在常

分布 Distribution	棲地環境 Habitats	幼蟲寄主植物 Larval hostplants
在臺灣地區分布於臺灣本島低、中海拔地區。臺灣以外分布於華東、華中、海南等地區。	常綠闊葉林。	殼斗科Fagaceae之青剛櫟*Quercus glauca*及錐果櫟*Q. longinux*。取食部位是新芽、幼葉。

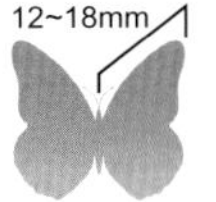

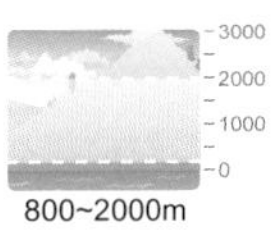

綠闊葉林樹冠上。冬季以卵態在較粗枝條之下側越冬。幼蟲有明顯之造巢習性，會將葉片連綴成形如辣椒的巢並隱藏其中。

雌、雄蝶之區分 Distinctions between sexes

雄蝶前足跗節癒合，雌蝶則否。雌蝶前翅白紋明顯較雄蝶發達，前翅外緣圓弧程度亦較顯著。

近似種比較 Similar species

在臺灣地區只有朗灰蝶與本種外觀略為相似，但是後者翅背面不呈褐色。

190%

♂

1cm

♀

1cm

變異 Variations

前翅白紋顯著程度變化大，尤其是在雌蝶。

豐度／現狀 Status

目前數量尚多，但是棲地呈不連續分布。

附記 Remarks

本種之種小名係以臺灣原住民族泰雅族為名。

朗灰蝶屬 *Ravenna* Shirôzu & Yamamoto, 1956

模式種 Type Species｜*Zephyrus niveus* Nire, 1920，即朗灰蝶 *Ravenna nivea* (Nire, 1920)。

形態特徵與相關資料 Diagnosis and other information

中大型灰蝶。複眼疏被毛。下唇鬚第三節細小。雄蝶前足跗節癒合，末端下彎、稍成鉤狀。軀體背側褐色，腹側白色。雄蝶翅背面淺紫色，雌蝶翅背面白紋發達，兩者均腹面底色均呈白色，上綴黑褐色線紋。後翅CuA_2脈末端有一尾突。雌雄二型性顯著。

成蝶在闊葉林間活動，多於陰天及黃昏出沒。

幼蟲寄主植物是殼斗科Fagaceae植物。

單種屬，臺灣地區有分布。

・*Ravenna nivea*（Nire, 1920)（朗灰蝶）

朗灰蝶

Ravenna nivea (Nire)

▍模式產地：*nivea* Shirôzu & Murayama, 1943：臺灣。

英文名	Nivea Hairstreak
別　名	冷灰蝶、白小灰蝶。

形態特徵 Diagnostic characters

雌雄斑紋相異。軀體背側呈褐色，腹側呈白色。前翅翅形近直角三角形，前緣及外緣呈弧形。後翅近扇形，CuA_2脈末端有明顯尾突。雄蝶翅背面底色淺紫色，上有白紋，雌蝶翅背面底色白色，前翅翅端及外緣有寬黑邊，後翅沿外緣有一列黑褐色紋。腹面底色呈白色，前、後翅中央有雙重褐色線組成之帶紋，於後翅CuA_2脈分斷、內偏，於CuA_2室反曲折向內緣。後翅腹面翅基附近有數只褐色短線紋。前翅中室端有一由雙重褐色線組成之短條。前、後翅沿外緣有斷斷續續之褐色斑列。臀區附近有黑色與橙黃色小紋，於CuA_1室有由黑斑與橙黃色環形成之眼狀斑。緣毛白色。

分布 Distribution

在臺灣地區分布於臺灣本島低、中海拔地區。臺灣以外分布於華東、華中、華西、越南等地區。

棲地環境 Habitats

常綠闊葉林。

幼蟲寄主植物 Larval hostplants

青剛櫟*Quercus glauca*、錐果櫟*Q. longinux*及毽子櫟*Q. sessilifolia*等殼斗科Fagaceae植物。取食部位是新芽、幼葉。

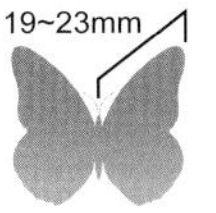

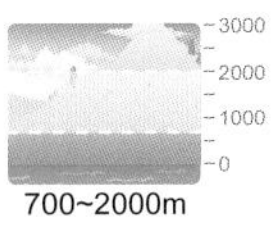

生態習性 Behaviors

一年一化，成蝶棲息在常綠闊葉林內。冬季以卵態在寄主植物休眠芽基部越冬。幼蟲有將葉片絨毛沾附在身上隱藏的習性。

雌、雄蝶之區分 Distinctions between sexes

雄蝶前足跗節癒合，雌蝶則否。雌蝶翅背面白底黑紋，雄蝶則為紫底白紋。

近似種比較 Similar species

在臺灣地區只有瓏灰蝶與本種外觀較為相近，但是本種通常體型較大，而且雌雄蝶翅背面斑紋均與瓏灰蝶迥異。

150%

♂

1cm

♀

1cm

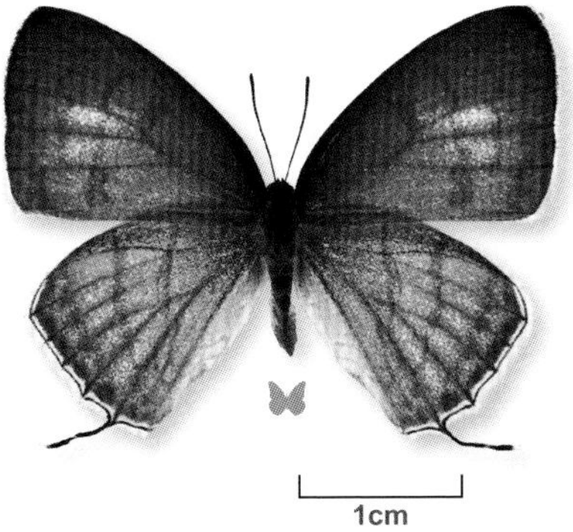

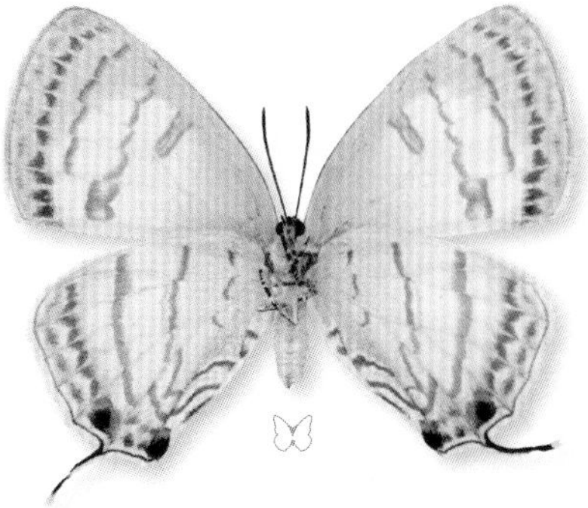

變異 Variations

雄蝶翅背面白紋及雌蝶翅背面黑褐色紋個體變異顯著。

豐度／現狀 Status

目前數量尚多。

附記 Remarks

本種與瓏灰蝶均曾被認為是臺灣特有種，不過後來都在中國大陸南部被發現。
由於成蝶活動條件特殊，雖然本種族群量並不少，卻很少在野外被觀察到。

珠灰蝶屬 *Iratsume* Sibatani & Ito, 1942

模式種 Type Species | *Thecla orsedice* Butler, [1882]，即珠灰蝶*Iratsume orsedice* (Butler, [1882])。

形態特徵與相關資料 Diagnosis and other information

中大型灰蝶。複眼密被毛。下唇鬚第三節細小。雄蝶前足跗節癒合，末端下彎、稍成鉤狀。軀體背側褐色，腹側白色。翅背面被有具珍珠光澤之白色鱗，腹面底色褐色，沿外緣有黑色圓斑列。後翅CuA_2脈末端有一尾突。雌雄二型性頗明顯。

成蝶在闊葉林間活動。

幼蟲寄主植物是金縷梅科Hamamelidaceae植物。

單種屬，臺灣地區有分布。

- *Iratsume orsedice suzukii*（Sonan, 1940）（珠灰蝶）

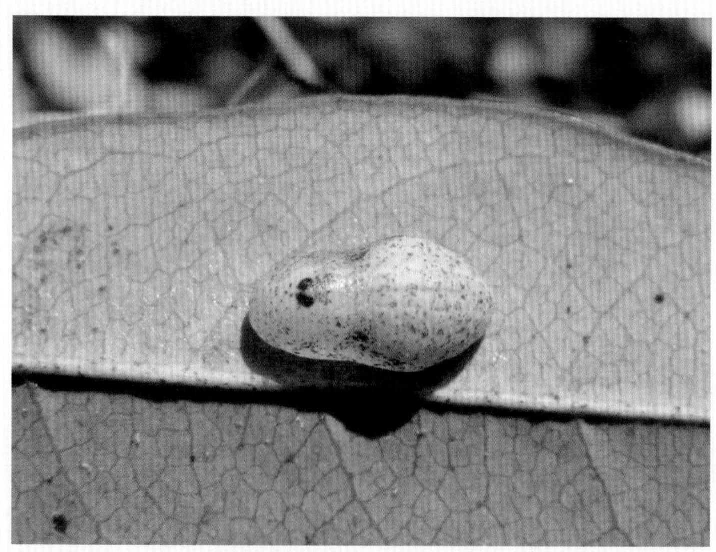

水絲梨葉上之珠灰蝶蛹 Pupa of *Iratsume orsedice suzukii* on *Sycopsis sinensis*（花蓮縣碧綠，2100m，2012. 04. 10.）。

珠灰蝶

Iratsume orsedice suzukii (Sonan)

模式產地：*orsedice* Butler, [1882]：日本；*suzukii* Sonan, 1940：臺灣。

英文名 Pearly Hairstreak

別　名 黑底小灰蝶、黑背小灰蝶

形態特徵 Diagnostic characters

雌雄斑紋略相異。軀體背側呈褐色，腹側呈白色。前翅翅形近直角三角形，前緣及外緣明顯呈弧形。後翅近扇形，CuA_2脈末端有明顯尾突。雄蝶翅背面覆泛珍珠光澤之白色鱗，僅沿前翅外緣有細黑邊，白色鱗外側有模糊灰色部分，雌蝶翅背面則於前翅翅端及外緣有寬黑邊，以及後翅沿前緣寬闊黑色部分。腹面底色呈褐色，前、後翅中央有內側鑲暗色邊之白線，於後翅CuA_2脈分斷、內偏，於A_1脈反曲折向內緣。前、後翅中室端有一由雙重褐色線組成之短條暗色短條。前、後翅沿外緣有鑲白紋之黑褐色斑列。臀區附近有黑色與橙黃色小紋，於CuA_1室有由黑斑與橙色環形成之眼狀斑。緣毛白色及褐色。

生態習性 Behaviors

一年一化，成蝶棲息在常綠闊葉林內。冬季以卵態在細枝下側越冬。

雌、雄蝶之區分 Distinctions between sexes

雄蝶前足跗節癒合，雌蝶則否。雌蝶前翅背面之黑褐色邊遠比雄蝶寬闊。

近似種比較 Similar species

在臺灣地區沒有類似種類。

分布 Distribution	棲地環境 Habitats	幼蟲寄主植物 Larval hostplants
在臺灣地區分布於臺灣本島中、北部中海拔地區。臺灣以外分布於日本、華中、華西等地區。	常綠闊葉林。	金縷梅科Hamamelidaceae之水絲梨*Sycopsis sinensis*。取食部位是新芽、幼葉。

1 2 3 4 5 6 7 8 9 10 11 12

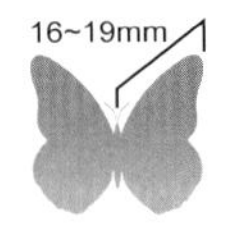

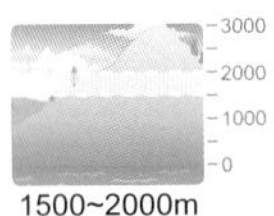

170%

♂

♀

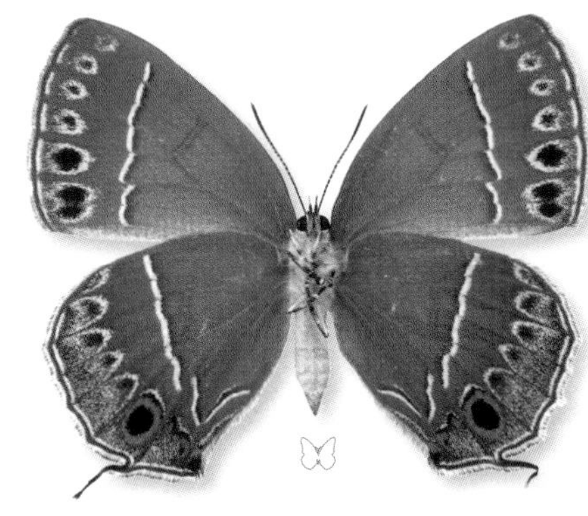

變異 Variations

不顯著。

豐度／現狀 Status

分布狹窄而數量稀少。

附記 Remarks

本種的幼蟲寄主植物水絲梨在臺灣山地分布廣泛、數量豐富，但是本種已知的族群僅見於桃園縣拉拉山及花蓮縣太魯閣一帶，呈現孑遺分布之特性。

鋩灰蝶屬

Euaspa Moore, 1884

模式種 Type Species | *Myrina milionia* Hewitson, [1869]，即鋩灰蝶 *Euaspa milionia* (Hewitson, [1869])。

形態特徵與相關資料 Diagnosis and other information

中型灰蝶。複眼被毛。下唇鬚第三節短小。雄蝶前足跗節癒合，末端下彎、稍成鉤狀。軀體背側褐色，腹側白色。翅背面內側有金屬色明顯之藍色斑紋，腹面底色褐色，於後翅中央有重白線。後翅CuA_2脈末端有一尾突。缺乏雌雄二型性。

成蝶在闊葉林間活動。

幼蟲寄主植物是殼斗科Fagaceae植物。

臺灣地區有三種。

- *Euaspa milionia formosana*（Nomura, 1931）（鋩灰蝶）
- *Euaspa forsteri*（Esaki & Shirôzu, 1943）（伏氏鋩灰蝶）
- *Euaspa tayal*（Esaki & Shirôzu, 1943）（泰雅鋩灰蝶）

臺灣地區

檢索表 鋩灰蝶屬

Key to species of the genus *Euaspa* in Taiwan

❶ 前、後翅腹面中央重白線內填滿白色鱗，形成明顯白帶 .... *milionia*（鋩灰蝶）

翅腹面僅於後翅腹面有重白線 .... ❷

❷ 後翅腹面重白線外側線彎曲，其外側白紋發達.......... *forsteri*（伏氏鋩灰蝶）

後翅腹面重白線外側線直線狀，其外側白紋稀疏 .... *tayal*（泰雅鋩灰蝶）

鋩灰蝶

Euaspa milionia formosana (Nomura)

模式產地：*milionia* Hewitson, [1869]：印度；*formosana* Nomura, 1931：臺灣。

英文名 | Banded Indigo Oak Hairstreak / Water Hairstreak

別　名 | 單帶小灰蝶、軛灰蝶

形態特徵 Diagnostic characters

雌雄斑紋相同。軀體背側呈褐色，腹側呈白色。前翅翅形近直角三角形，前緣及外緣明顯呈弧形。後翅近扇形，CuA_2脈末端有明顯尾突。翅背面底色褐色，前翅基半部及後翅全部有金屬光澤明顯之藍斑，前、後翅中央有白帶，僅前翅前端鮮明，其餘部分不明顯。腹面底色呈褐色，前、後翅中央有明顯白帶。前、後翅沿外緣有白紋，以前翅較明顯。臀區附近有黑色與橙色小紋，於CuA_1室有由黑斑與橙色環形成之眼狀斑。緣毛主要呈白色。

生態習性 Behaviors

一年一化，成蝶棲息在常綠闊葉林內。冬季以卵態在細枝上越冬。

雌、雄蝶之區分 Distinctions between sexes

雄蝶前足跗節癒合，雌蝶則否。

近似種比較 Similar species

在臺灣地區沒有類似種類。

分布 Distribution	棲地環境 Habitats	幼蟲寄主植物 Larval hostplants
在臺灣地區分布於臺灣本島中海拔地區。其他亞種分布於海南、中南半島北部、喜馬拉雅等地區。	常綠闊葉林。	殼斗科Fagaceae之錐果櫟*Quercus longinux*。取食部位是新芽、幼葉。

1 2 3 4 5 6 7 8 9 10 11 12

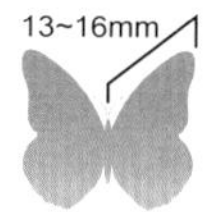

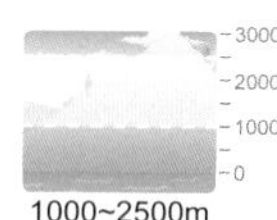

1cm

♂

1cm

變異 Variations	豐度／現狀 Status	附記 Remarks
不顯著。	一般數量頗少。	本種的分布樣式顯示本種是原先沿亞洲大陸大陸棚分布的孑遺性物種。

伏氏鋩灰蝶

Euaspa forsteri (Esaki & Shirôzu)

模式產地：*forsteri* Esaki & Shirôzu, 1943：臺灣。

英文名｜Forster's Indigo Oak Hairstreak

別　名｜伏氏綠小灰蝶、文山綠小灰蝶、紫軛灰蝶

形態特徵 Diagnostic characters

雌雄斑紋相同。軀體背側呈褐色，腹側呈白色。前翅翅形近直角三角形，前緣略呈弧形、外緣明顯呈弧形。後翅近扇形，CuA_2脈末端有明顯尾突。翅背面底色褐色，前翅基半部有金屬光澤明顯之藍紫斑，後翅偶有少許同色鱗片散布，前翅藍紫斑有兩枚橙色斑點。腹面底色呈褐色，前翅外側有一明顯白線，後翅中央有彎曲重白線，其間無紋，兩側則有霜狀白紋，白紋外側有波狀線紋。前翅中室端有一由雙重白線組成之短條。前、後翅沿外緣有白紋，前翅後側有暗色紋。臀區附近有黑色與橙色小紋，於CuA_1室有由黑斑與橙色環形成之眼狀斑。緣毛於前翅前段呈褐色，其餘部分外褐內白。

生態習性 Behaviors

一年一化，成蝶棲息在常綠闊葉林內。冬季以卵態在細枝上越冬。

雌、雄蝶之區分 Distinctions between sexes

雄蝶前足跗節癒合，雌蝶則否。

近似種比較 Similar species

在臺灣地區與本種最類似之種類是泰雅鋩灰蝶，但後者前翅背面缺乏橙色斑點，後翅腹面外側白色線紋呈直線狀且線紋外側白紋不明顯。

分布 Distribution	棲地環境 Habitats	幼蟲寄主植物 Larval hostplants
在臺灣地區主要分布於臺灣本島北部中海拔地區。其他亞種分布於華東、華南、華西南、寮國北部等地區。	常綠闊葉林。	殼斗科Fagaceae之長尾尖葉櫧 *Castanopsis carlesii*。取食部位是新芽、幼葉。

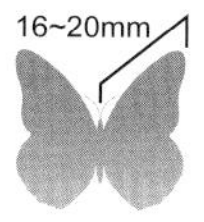

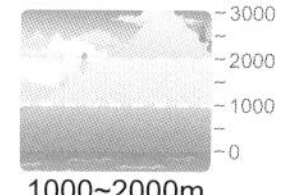

1cm

♂

1cm

♀

變異 Variations

翅背面藍紫斑、橙色斑點及後翅腹面白紋大小有個體變異。

豐度／現狀 Status

一般數量稀少。

附記 Remarks

本種的幼蟲寄主植物在臺灣山地分布廣泛、數量豐富，但是本種的已知棲息地卻非常局限。本種的種小名係紀念德籍鱗翅學者W. Forster之成就。

泰雅鋩灰蝶

Euaspa tayal (Esaki & Shirôzu)

模式產地：*tayal* Esaki & Shirôzu, 1943：臺灣。

英文名｜Atayalian Indigo Oak Hairstreak

別　名｜泰雅綠小灰蝶

形態特徵 Diagnostic characters

雌雄斑紋相同。軀體背側呈褐色，腹側呈白色。前翅翅形近直角三角形，前緣、外緣略呈弧形。後翅近扇形，CuA_2脈末端有明顯尾突。翅背面底色褐色，前翅基半部有金屬光澤明顯之藍紫斑。腹面底色呈褐色，前翅外側有一白色細線，後翅中央有重白線，內側線細而模糊，外側線粗而鮮明，外側線外方有放射狀白紋，白紋外側有波狀線紋。前翅中室端有一由模糊暗色線組成之短條。前、後翅沿外緣有白紋，前翅後側有暗色紋。臀區附近有黑色與橙色小紋，於CuA_1室有由黑斑與橙色環形成之眼狀斑。緣毛於前翅前段呈褐色，其餘部分外褐內白。

生態習性 Behaviors

一年一化，成蝶棲息在常綠闊葉林內。

雌、雄蝶之區分 Distinctions between sexes

雄蝶前足跗節癒合，雌蝶則否。

近似種比較 Similar species

在臺灣地區與本種最類似之種類是伏氏鋩灰蝶，但後者前翅背面具有橙色斑點，後翅腹面白色線紋彎曲且外側線紋外側之白紋十分明顯。

分布 Distribution	棲地環境 Habitats	幼蟲寄主植物 Larval hostplants
分布於臺灣本島北部低海拔地區。	常綠闊葉林。	尚未明悉。

1 2 3 4 5 6 7 8 9 10 11 12

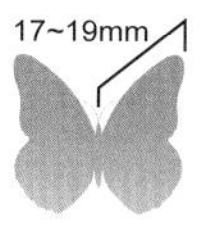

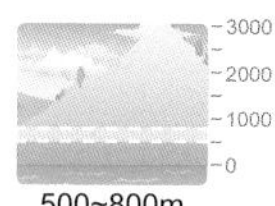

♂

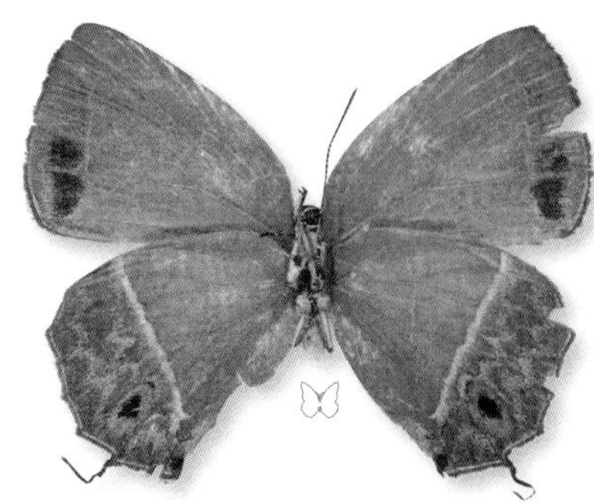

變異 Variations	豐度／現狀 Status	附記 Remarks
後翅腹面白紋鮮明程度有個體變異。	非常稀有。	本種雖然是臺灣的翠灰蝶族中分布海拔最低的種類之一，卻也是最稀少的蝴蝶種類之一，事實上，本種近年來缺乏觀察記錄。 小岩屋（1996）曾將武夷鋩灰蝶*E. wuyishana* Koiwaya, 1996（模式產地：福建）視為本種之亞種，但是後來同作者將其處理為獨立種（小岩屋，2003）。 本種的種小名係以原住民泰雅族族名為名。

鐵灰蝶屬 *Teratozephyrus* Sibatani, 1946

模式種 Type Species | *Zephyrus arisanus* Wileman, 1909，即阿里山鐵灰蝶 *Teratozephyrus arisanus* (Wileman, 1909)。

形態特徵與相關資料 Diagnosis and other information

中型灰蝶。雄蝶複眼密被毛，雌蝶複眼疏被毛。下唇鬚第三節短小。雄蝶前足跗節癒合，末端鈍。翅背面底色褐色，腹面底色褐色有白色線紋或底色白色有褐色條紋。後翅CuA_2脈末端有一尾突。雌雄二型性不顯著。

成蝶在闊葉林間活動。

幼蟲寄主植物是殼斗科Fagaceae植物。

臺灣地區有三種。

- *Teratozephyrus arisanus*（Wileman, 1909）（阿里山鐵灰蝶）
- *Teratozephyrus yugaii*（Kano, 1928）（臺灣鐵灰蝶）
- *Teratozephyrus elatus* Hsu & Lu, 2005（高山鐵灰蝶）

臺灣地區

檢索表 鐵灰蝶屬

Key to species of the genus *Teratozephyrus* in Taiwan

❶ 翅腹面底色呈白色 .... *arisanus*（阿里山鐵灰蝶）
翅腹面底色呈褐色 .... ❷

❷ 後翅腹面中室端白色短線鮮明，抱器末端淺裂，雄蝶後翅腹面泛灰色 ....
.... *elatus*（高山鐵灰蝶）
後翅腹面中室端白色短線不鮮明，抱器末端深裂，雄蝶後翅腹面褐色 ....
.... *yugaii*（臺灣鐵灰蝶）

狹葉櫟葉上之阿里山鐵灰蝶幼蟲 Larva of *Teratozephyrus arisanus* on *Quercus stenophylloides*（新竹縣尖石鄉鎮西堡，1600m，2012. 04. 10.）。

阿里山鐵灰蝶

Teratozephyrus arisanus (Wileman)

模式產地：*arisanus* Wileman, 1909：臺灣。

英文名	Arisan Hairstreak
別　名	阿里山長尾小灰蝶

形態特徵 Diagnostic characters

雌雄斑紋相似。軀體背側呈褐色，腹側呈白色。前翅翅形近直角三角形，前、外緣略呈弧形。後翅近扇形，CuA_2脈末端有明顯尾突。翅背面底色褐色，雌蝶於前翅中室外及M_3室內側各有一枚橙色紋。腹面底色呈銀白色，前、後翅中央有一褐色線，於後翅後方三度曲折成「W」字形。前、後翅中室端有一褐色細短條。前、後翅沿外緣有模糊褐色紋。臀區附近有黑色與橙黃色小紋，於CuA_1室有由黑斑與橙黃色環形成之眼狀斑。緣毛於前翅呈褐色，後翅則主要呈白色。

生態習性 Behaviors

一年一化，成蝶棲息在常綠闊葉林內。冬季以卵態於寄主植物枝條上休眠越冬。

雌、雄蝶之區分 Distinctions between sexes

雌蝶前翅背面有兩枚橙色紋，雄蝶則否。雌蝶翅腹面褐色紋較雄蝶鮮明。雄蝶前足跗節癒合，雌蝶則否。

近似種比較 Similar species

在臺灣地區斑紋與本種類似之種類包括折線灰蝶及夸父璀灰蝶雌蝶，但後兩者的底色呈白色而不呈銀白色。另外，折線灰蝶後翅背面有本種缺乏之白紋列，夸父璀灰蝶雌蝶後翅亞外緣具有鮮明褐色紋。

分布 Distribution	棲地環境 Habitats	幼蟲寄主植物 Larval hostplants
在臺灣地區主要分布於臺灣本島中海拔地區。其他亞種分布於華東、華中、華西、緬甸北部等地區。	常綠闊葉林。	殼斗科Fagaceae之狹葉櫟*Quercus stenophylloides*。取食部位是新芽、幼葉。

1 2 3 4 5 6 7 8 9 10 11 12

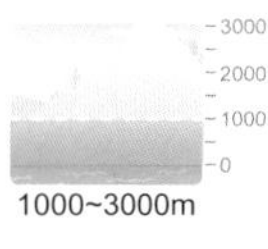

170%

1cm

♂

1cm

♀

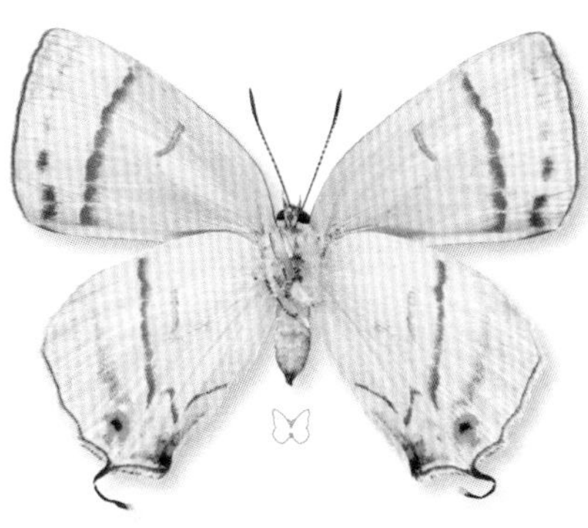

變異 Variations	豐度／現狀 Status	附記 Remarks
不顯著。	一般數量不多。	本種的模式標本即採自嘉義縣阿里山，種小名亦以阿里山為名。 臺灣的亞種翅腹面褐色線紋明顯較其他區域減退。

臺灣鐵灰蝶

Teratozephyrus yugaii (Kano)

模式產地：*yugaii* Kano, 1928：臺灣。

英文名 Yushan Hairstreak

別　名 玉山長尾小灰蝶

形態特徵 Diagnostic characters

雌雄斑紋相同。軀體背側呈褐色，腹側呈灰白色。前翅翅形近直角三角形，外緣呈弧形。後翅近扇形，CuA_2脈末端有明顯尾突。翅背面底色褐色，前翅中室外及M_3室內側有時各有一枚橙色紋。腹面底色呈褐色，前、後翅中央有一白線，於後翅後方三度曲折成「W」字形。前、後翅中室端有一鑲白邊之短條。前、後翅沿外緣有模糊褐色白紋列，前翅亞外緣後段有暗色紋。臀區附近有黑色與橙色小紋，於CuA_1室有由黑斑與橙色環形成之眼狀斑。緣毛於前翅主要呈白色，後翅則外褐內白。

生態習性 Behaviors

一年一化，成蝶棲息在常綠闊葉林內。冬季以卵態在寄主植物休眠芽基部越冬。

雌、雄蝶之區分 Distinctions between sexes

雄蝶前足跗節癒合，雌蝶則否。

近似種比較 Similar species

在臺灣地區斑紋與本種最類似之種類為高山鐵灰蝶，兩者外斑紋非常相似，但是交尾器構造迥異。本種雌、雄蝶底色沒有差異，高山鐵灰蝶則於雄蝶帶有灰色色調。本種翅腹面外緣白紋及中室端白色短線不鮮明，高山鐵灰蝶則頗鮮明。另外，本種後翅外緣毛呈褐色，高山鐵灰蝶則呈白色。

分布 Distribution	棲地環境 Habitats	幼蟲寄主植物 Larval hostplants
分布於臺灣本島中、高海拔地區。	常綠闊葉林。	殼斗科Fagaceae之狹葉櫟*Quercus stenophylloides*。取食部位是新芽、幼葉。

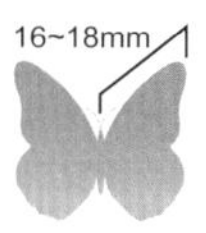

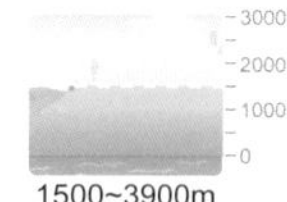

♂

變異 Variations

部分個體於前翅具有橙色紋，但是出現與否與性別無關。

豐度／現狀 Status

一般數量不多。

附記 Remarks

由於斑紋與高山鐵灰蝶極其相似，本種過去的觀察、採集記錄很可能混有高山鐵灰蝶。

高山鐵灰蝶

Teratozephyrus elatus Hsu & Lu

模式產地：*elatus* Hsu & Lu, 2005：臺灣。

英文名 | Formosan Montane Hairstreak

形態特徵 Diagnostic characters

雌雄斑紋相似。軀體背側呈褐色，腹側呈灰白色。前翅翅形近直角三角形，外緣呈弧形。後翅近扇形，CuA_2脈末端有明顯尾突。翅背面底色褐色，前翅中室外及M_3室內側有時各有一枚橙色紋。腹面底色呈褐色，前、後翅中央有一白線，於後翅後方三度曲折成「W」字形。前、後翅中室端有一鑲白邊之短條。前、後翅沿外緣有模糊褐色白紋列，前翅亞外緣後段有暗色紋。臀區附近有黑色與橙黃色小紋，於CuA_1室有由黑斑與橙色環形成之眼狀斑。緣毛於前翅主要呈白色，後翅則除了後端之外呈白色。

生態習性 Behaviors

一年一化，成蝶棲息在常綠闊葉林內。冬季以卵態於寄主植物休眠芽基部越冬。

雌、雄蝶之區分 Distinctions between sexes

雄蝶前足跗節癒合，雌蝶則否。

近似種比較 Similar species

在臺灣地區斑紋與本種最類似之種類為臺灣鐵灰蝶。本種雄蝶帶有灰色色調，臺灣鐵灰蝶則否。本種翅腹面外緣白紋及中室端白色短線均較臺灣鐵灰蝶鮮明。另外，本種後翅外緣毛主要呈白色，臺灣鐵灰蝶則呈褐色。

分布 Distribution	棲地環境 Habitats	幼蟲寄主植物 Larval hostplants
分布於臺灣本島中、高海拔地區。	常綠硬葉林。	殼斗科Fagaceae之高山櫟*Quercus spinosa*。取食部位是新芽、幼葉。

1 2 3 4 5 6 7 8 9 10 11 12

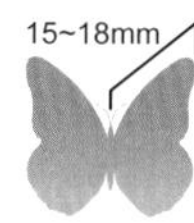

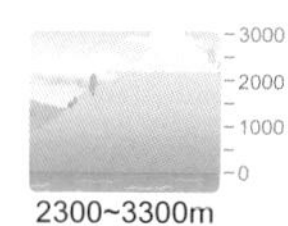

♂

1cm

♀

1cm

變異 Variations

部分個體於前翅具有橙色紋，但是出現與否似與性別無關。

豐度／現狀 Status

一般數量不多。

附記 Remarks

小岩屋（2007）認為本分類單元是秦嶺鐵灰蝶 *T. nuwai* Koiwaya,1996（模式產地：陝西）之亞種，兩者關係有待進一步釐清。

本種是臺灣產翠灰蝶族中海拔分布最高；出現期也最晚的種類，直到秋末初冬仍可以見到成蝶活動。

榿翠灰蝶屬 *Neozephyrus* Sibatani & Ito, 1942

模式種 Type Species | *Dipsas japonica* Murray, 1874，即榿翠灰蝶 *Neozephyrus japonica* (Murray, 1874)。[最初指定為*Thecla taxila* Bremer, 1864，但是涉及錯誤鑑定]

形態特徵與相關資料 Diagnosis and other information

中大型灰蝶。複眼密被毛。下唇鬚第三節短小。雄蝶前足跗節癒合，末端鈍。軀體背側褐色，腹側白色。翅背面底色褐色，上有燦爛之金屬色斑紋，於雄蝶呈翠綠色，於雌蝶呈藍色。雌蝶斑紋具多型性，Howarth（1957）仿照人類血型的稱呼形容本屬及其他近緣屬之雌蝶翅紋多型性，將翅背面無紋者稱為「O型」，於前翅有橙色斑點者稱為「A型」，翅面有藍色紋者稱為「B型」，而同時有橙色斑點及藍色紋者稱為「AB型」。腹面底色褐色，上有白色線紋。後翅CuA_2脈末端有一尾突。雌雄二型性明顯。

成蝶在闊葉林間活動。

幼蟲寄主植物是樺木科Betulaceae植物。

臺灣地區有一種。

- *Neozephyrus taiwanus*（Wileman, 1908）（臺灣榿翠灰蝶）

臺灣地區

檢索表　榿翠灰蝶及翠灰蝶屬

Key to species of the genus *Neozephyrus* and *Chrysozephyrus* in Taiwan

❶ 翅腹面有發達白紋，無白色細線 ..... *Chrysozephyrus ataxus*（白芒翠灰蝶）
翅腹面有白色細線 .... ❷

❷ 翅腹面白線內側沒有鑲褐色邊 ...... *Neozephyrus taiwanus*（臺灣榿翠灰蝶）
翅腹面白線內側鑲褐色邊 .... ❸

❸ 後翅腹面CuA_2室白線直線狀，使翅腹面白線後段呈V字形 .... ❹
後翅腹面CuA_2室白線彎曲，使翅腹面白線後段呈W字形 .... ❺

❹ 雄蝶翅背面有明顯金屬色綠斑；雌蝶翅背面有金屬色藍斑 .... *Chrysozephyrus splendidulus*（單線翠灰蝶）
雄蝶翅背面無金屬色綠斑，偶爾散布少許綠鱗；雌蝶翅背面無金屬色藍斑 .... *Chrysozephyrus yuchingkinus*（清金翠灰蝶）

❺ 後翅腹面Rs室基部有白色短線 .... ❻
後翅腹面Rs室基部無白色短線 .... ❽

❻ 雄蝶前、後翅背面外緣黑邊約略等寬；雌蝶翅腹面底色泛白色，翅背面CuA_1室內有藍紋 .... *Chrysozephyrus kabrua*（黃閃翠灰蝶）
雄蝶後翅背面外緣黑邊寬度大於前翅黑邊；雌蝶翅腹面底色呈褐色，翅背面CuA_1室內無藍紋或非常稀疏 .... ❼

❼ 雄蝶翅腹面底色褐色；雌蝶前翅背面有金屬色藍斑 .... *Chrysozephyrus nishikaze*（西風翠灰蝶）
雄蝶翅腹面底色灰褐色；雌蝶前翅背面無金屬色藍斑 .... *Chrysozephyrus esakii*（碧翠灰蝶）

❽ 翅腹面白線明顯呈斷線狀 .... *Chrysozephyrus mushaellus*（霧社翠灰蝶）
前翅腹面白線連續 .... ❾

❾ 前翅腹面白線前段變細，色彩黯淡；雌蝶前翅背面有金屬色藍斑 .... *Chrysozephyrus disparatus*（小翠灰蝶）
前翅腹面白線通呈白色；雌蝶前翅背面無金屬色藍斑 .... *Chrysozephyrus rarasanus*（拉拉山翠灰蝶）

（由於榿翠灰蝶屬與翠灰蝶屬外部形態特徵近似，因此包括在同一檢索表中）

臺灣榿翠灰蝶

Neozephyrus taiwanus (Wileman)

模式產地：*taiwanus* Wileman, 1908：臺灣。

英文名	Taiwan Alder Hairstreak
別　名	寬邊綠小灰蝶、高砂綠小灰蝶、臺灣翠灰蝶

形態特徵 Diagnostic characters

雌雄斑紋明顯相異。軀體呈褐色。前翅翅形近直角三角形，外緣呈弧形。後翅近扇形，CuA_2脈末端有明顯尾突。雄蝶翅背面底色黑褐色，雄蝶翅面有綠色亮紋，但在前翅翅端、外緣及後翅前、外、內緣均有明顯黑邊。雌蝶於前翅翅面及後翅基部有淺藍色亮紋（B型），亦有於前翅有橙色紋者（AB型）。腹面底色呈褐色，前、後翅中央有一白線，於後翅後方三度曲折成「W」字形。Rs室基部有一小白紋。前、後翅中室端有暗色重短線。前、後翅沿外緣有模糊褐色白紋列，前翅亞外緣後段有暗色紋。臀區附近有黑色與橙色小紋，於CuA_1室有由黑斑與橙色環形成之眼狀斑。緣毛於前翅主要呈褐色，後翅則外褐內白。

生態習性 Behaviors

一年一化，成蝶棲息在榿木（赤楊）林內。卵態越冬，卵產於樹枝、樹幹上。幼蟲摺葉成巢，狀似水餃。

雌、雄蝶之區分 Distinctions between sexes

雄蝶翅背面有綠色亮紋，雌蝶則有天藍色亮紋。雄蝶前足跗節癒合，雌蝶則否。

近似種比較 Similar species

在臺灣地區本種斑紋與多種翠灰蝶類似，但是本種翅腹面白線內側沒有鑲褐色邊，翠灰蝶屬種類則有。

分布 Distribution	棲地環境 Habitats	幼蟲寄主植物 Larval hostplants
分布於臺灣本島中、高海拔地區。	常綠闊葉林。	樺木科Betulaceae的臺灣赤楊（臺灣榿木）*Alnus formosana*。取食部位是新芽、幼葉。

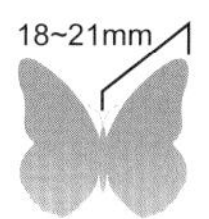

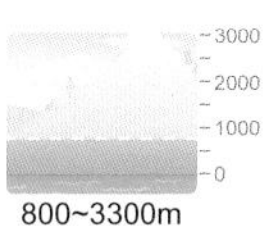

♂

♀

變異 Variations

雌蝶有「B型」及「AB型」之個體，以「B型」占多數。

豐度／現狀 Status

目前數量尚多。

附記 Remarks

以榿木屬植物為專一寄主的榿翠灰蝶屬蝴蝶不見於鄰近臺灣的華東、華南地區，分布上呈現日本海周圍、華西、喜馬拉雅、臺灣之隔離分布樣式，孑遺特性明顯。
本種的種小名即以臺灣為名。

翠灰蝶屬 *Chrysozephyrus* Shirôzu & Yamamoto, 1956

模式種 Type Species | *Thecla smaragdina* Bremer, 1861，即翠灰蝶 *Chrysozephyrus smaragdinus* (Bremer, 1861)。

形態特徵與相關資料 Diagnosis and other information

中大型灰蝶。雄蝶複眼密被毛，雌蝶複眼疏被毛。下唇鬚第三節短小。雄蝶前足跗節癒合，末端鈍。軀體背側褐色，腹側白色。翅背面底色褐色，上多有燦爛之金屬色斑紋，於雄蝶呈翠綠色或藍色，於雌蝶呈藍色。雌蝶斑紋具多型性，亦可分為「O型」、「A型」、「B型」及「AB型」之斑紋型。腹面底色多呈褐色，上有白色線紋，亦有白底黑線紋之種類。後翅CuA_2脈末端多有一尾突。雌雄二型性明顯。

翅紋與翠灰蝶類灰蝶相類似之蝴蝶種多樣性很高，形態分化程度卻不高，許多種類難以藉斑紋作鑑定，僅能靠交尾器構造區分。此類灰蝶早先由Howarth（1957）及Shirôzu & Yamamoto（1956）進行分類整理並沿用多年。近年小岩屋（2007）進一步將這類灰蝶細分為數屬，由於其處理均建立在表形基礎上，並未基於親緣關係分析，因此尚有疑義。在有可靠詳盡之親緣關係分析結果前，本書暫沿用原先之分類架構。

成蝶主要在闊葉林活動。

幼蟲寄主植物包括殼斗科Fagaceae、薔薇科Rosaceae、杜鵑花科Ericaceae等植物。

臺灣地區有九種。

- *Chrysozephyrus esakii*（Sonan, 1940）（碧翠灰蝶）
- *Chrysozephyrus nishikaze*（Araki & Sibatani, 1941）（西風翠灰蝶）
- *Chrysozephyrus kabrua niitakanus*（Kano, 1928）（黃閃翠灰蝶）
- *Chrysozephyrus disparatus pseudotaiwanus*（Howarth, 1957）（小翠灰蝶）
- *Chrysozephyrus rarasanus*（Matsumura, 1939）（拉拉山翠灰蝶）
- *Chrysozephyrus yuchingkinus* Murayama & Shimonoya, 1960（清金翠灰蝶）
- *Chrysozephyrus splendidulus* Murayama & Shimonoya, 1965（單線翠灰蝶）
- *Chrysozephyrus mushaellus*（Matsumura, 1938）（霧社翠灰蝶）
- *Chrysozephyrus ataxus lingi* Okano & Okura, 1969（白芒翠灰蝶）

檢索表請參照橙翠灰蝶屬之說明。

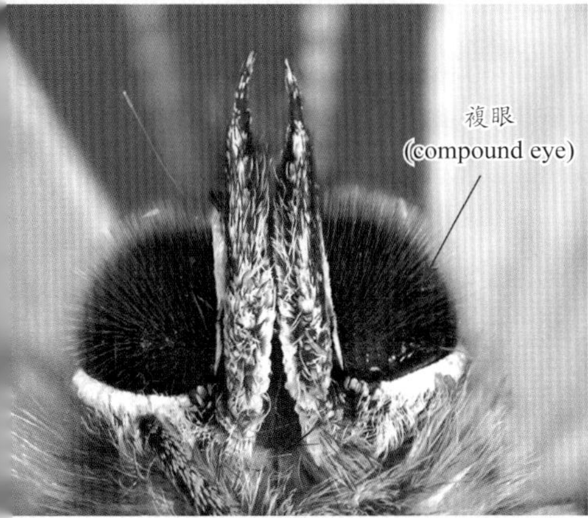

拉拉山翠灰蝶雄蝶頭部複眼

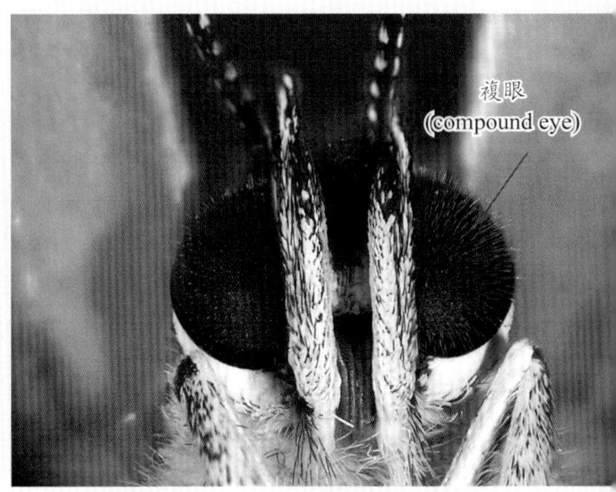

拉拉山翠灰蝶雌蝶頭部複眼

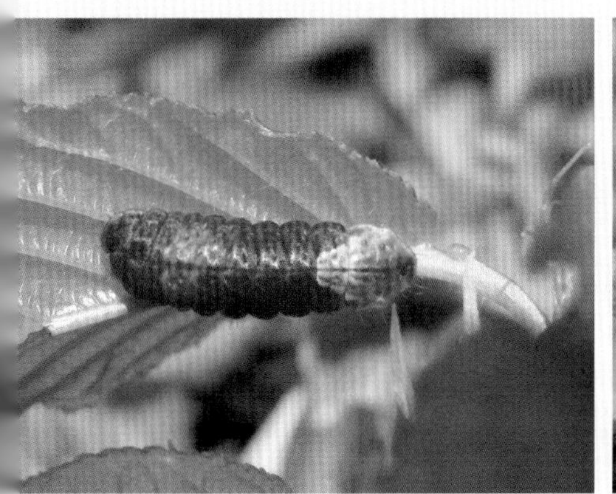

山櫻花上之西風翠灰蝶幼蟲 Larva of *Chrysozephyrus nishikaze* on *Prunus campanulata*（新竹縣尖石鄉李棟山，1500m，2012. 02. 21.）。

毽子櫟上之拉拉山翠灰蝶幼蟲 Larva of *Chrysozephyrus rarasanus* on *Quercus sessilifolia*（新北市三峽區北插天山，1600m，2012. 03. 22.）。

碧翠灰蝶

Chrysozephyrus esakii (Sonan)

▎模式產地：*esakii* Sonan, 1940：臺灣。

英文名｜Esaki's Hairstreak

別　名｜太平山綠小灰蝶、江崎綠小灰蝶、鐵椆金灰蝶

形態特徵 Diagnostic characters

雌雄斑紋明顯相異。軀體呈褐色。前翅翅形近直角三角形，前、外緣呈弧形。後翅近扇形，CuA_2脈末端有明顯尾突。雄蝶翅背面有金屬光澤強烈的泛黃綠色或藍綠色之綠色亮紋，前翅僅在外緣有細黑邊，後翅前、外、內緣均有明顯黑邊。雌蝶於前翅翅面有橙色紋（A型）。腹面底色於雄蝶呈灰褐色，雌蝶呈褐色。前、後翅中央有一白線，於後翅後方三度曲折成「W」字形。Rs室基部有一小白紋。前、後翅中室端有白色重短線。前、後翅沿外緣有模糊褐色白紋列，前翅亞外緣後段有暗色紋。臀區附近有黑色與橙色小紋，於CuA_1室有由黑斑與橙色環形成之眼狀斑。緣毛於前翅主要呈褐色，後翅則外褐內白。

生態習性 Behaviors

一年一化，成蝶棲息在闊葉林內。卵態越冬，卵產於寄主植物休眠芽基部附近。

雌、雄蝶之區分 Distinctions between sexes

雄蝶翅背面有綠色亮紋，雌蝶則有橙色紋。雄蝶前足跗節癒合，雌蝶則否。

近似種比較 Similar species

在臺灣地區本種斑紋與多種同屬翠灰蝶類似，但是本種雄蝶腹面底色呈灰褐色。雌蝶則在臺灣地區的翠灰蝶只有本種與拉拉山翠灰蝶缺少藍色紋，但本種的橙色紋遠較拉拉山翠灰蝶鮮明。

分布 Distribution	棲地環境 Habitats	幼蟲寄主植物 Larval hostplants
在臺灣地區分布於臺灣本島中、高海拔地區。臺灣以外分布於華西、華西南、越南北部等地區。	常綠闊葉林。	各種殼斗科Fagaceae植物，包括常綠性的青剛櫟*Quercus glauca*、狹葉櫟*Q. stenophylloides*、錐果櫟*Q. longinux*、毽子櫟*Q. sessilifolia*及森氏櫟*Q. morrii*，也有利用落葉性之栓皮櫟*Q. variabilis*的記錄。取食部位是新芽、幼葉。

1 2 3 4 5 6 7 8 9 10 11 12

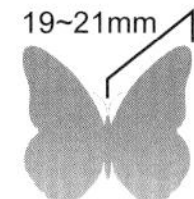

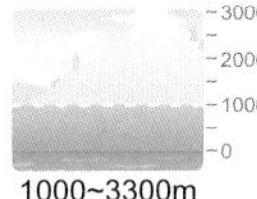

♂

♀

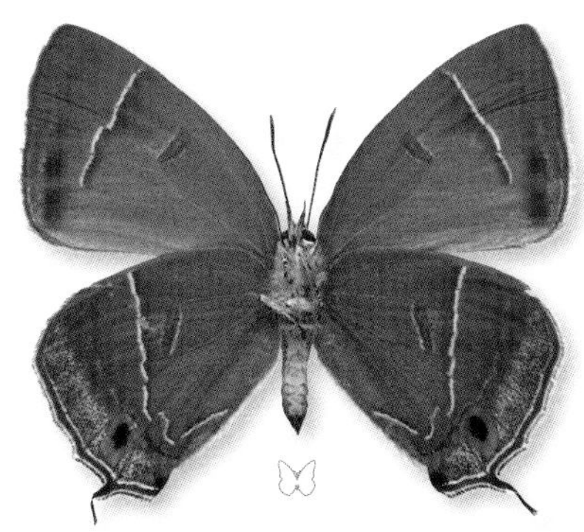

變異 Variations

雄蝶翅背面綠色亮紋常泛藍色，但亦有泛黃色之個體。

豐度／現狀 Status

目前數量尚多。

附記 Remarks

本種的種小名係紀念著名的日籍蝶類研究者江崎悌三博士。

西風翠灰蝶

Chrysozephyrus nishikaze (Araki & Sibatani)

模式產地：*nishikaze* Araki & Sibatani, 1941：臺灣。

英文名	Nishikaze Hairstreak
別名	西風綠小灰蝶、西風金灰蝶、山櫻綠灰蝶

形態特徵 Diagnostic characters

雌雄斑紋明顯相異。軀體呈褐色。前翅翅形近直角三角形，前、外緣呈弧形。後翅近扇形，CuA_2脈末端有明顯尾突。雄蝶翅背面有金屬光澤強烈的泛黃綠色亮紋，前翅在外緣有明顯黑邊，後翅前、外、內緣均有明顯黑邊。雌蝶於前翅翅面有藍紫色亮紋（B型），亦有於前翅有橙色紋者（AB型）。腹面底色呈褐色。前、後翅中央有一白線，於後翅後方三度曲折成「W」字形。Rs室基部有一小白紋。前、後翅中室端有白色重短線。前、後翅沿外緣有模糊褐色白紋列，前翅亞外緣後段有暗色紋。臀區附近有黑色與橙色小紋，於CuA_1室有由黑斑與橙色環形成之眼狀斑。緣毛於前翅主要呈褐色，後翅則外褐內白。

生態習性 Behaviors

一年一化，成蝶棲息在闊葉林內。卵態越冬，卵產於寄主植物休眠芽基部附近。

雌、雄蝶之區分 Distinctions between sexes

雄蝶翅背面有綠色亮紋，雌蝶則有藍紫色斑及橙色紋。雄蝶前足跗節癒合，雌蝶則否。

近似種比較 Similar species

在臺灣地區本種斑紋與多種同屬翠灰蝶類似，本種雄蝶背面綠色亮紋明顯帶黃綠色調，翅外緣黑邊在臺灣產同屬而翅腹面相似的種類當中最寬。雌蝶則在臺灣地區的翠

分布 Distribution	棲地環境 Habitats	幼蟲寄主植物 Larval hostplants
分布於臺灣本島中、高海拔地區。	常綠闊葉林。	薔薇科Rosaceae之山櫻花*Prunus campanulata*。取食部位是新芽、幼葉、花蕾。

1 2 3 4 5 6 7 8 9 10 11 12

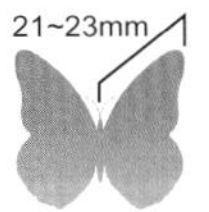

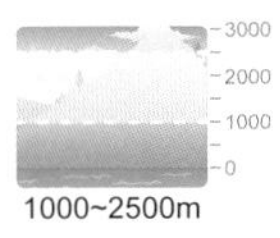

灰蝶只有本種與小翠灰蝶相似，於 CuA_1 室缺少藍色紋，但本種的翅腹面中室有白色短線、後翅腹面Rs室基部有小白紋，小翠灰蝶則無。

120%

變異 Variations	豐度／現狀 Status	附記 Remarks
雌蝶有「B型」及「AB型」之個體，以「AB型」較常見。	一般數量稀少。	本種的種小名語出日文「ニシカゼ」，即「西風」之意。

黃閃翠灰蝶

Chrysozephyrus kabrua niitakanus (Kano)

▎模式產地：*kabrua* Tytler, 1915：印度；*niitakanus* Kano, 1928：臺灣。

英文名	Kabru Hairstreak
別　名	玉山綠小灰蝶、鹿野綠小灰蝶、加布雷金灰蝶

形態特徵 Diagnostic characters

雌雄斑紋明顯相異。軀體呈褐色。前翅翅形近直角三角形，前、外緣呈弧形。後翅近扇形，CuA_2脈末端有明顯尾突。雄蝶翅背面有金屬光澤強烈的泛黃綠色亮紋，前翅在外緣有細黑邊，後翅前、外、內緣均有明顯黑邊。雌蝶於前翅翅面有藍色亮紋（B型），亦有於前翅有橙色紋者（AB型）。腹面底色呈泛白色之淺褐色。前、後翅中央有一白線，於後翅後方三度曲折成「W」字形。Rs室基部有一小白紋。前、後翅中室端有白色重短線。前、後翅沿外緣有模糊褐色白紋列，前翅亞外緣有暗色紋。臀區附近有黑色與橙色小紋，於CuA_1室有由黑斑與橙色環形成之眼狀斑。緣毛於前翅主要呈褐色，後翅則外褐內白。

生態習性 Behaviors

一年一化，成蝶棲息在闊葉林內。卵態越冬，卵產於寄主植物枝條上，偶爾亦產於休眠芽基部附近。

雌、雄蝶之區分 Distinctions between sexes

雄蝶翅背面有綠色亮紋，雌蝶則有藍色斑、橙色紋。雄蝶前足跗節癒合，雌蝶則否。

近似種比較 Similar species

在臺灣地區本種斑紋與多種同屬翠灰蝶類似，本種是其中翅背面底色最白的種類，不難鑑定。

分布 Distribution	棲地環境 Habitats	幼蟲寄主植物 Larval hostplants
在臺灣地區分布於臺灣本島中、高海拔地區，北部少見。臺灣以外分布於印度東北部、中南半島北部等地區。	常綠闊葉林。	殼斗科 Fagaceae 的狹葉櫟 *Quercus stenophylloides*。取食部位是新芽、幼葉。

1 2 3 4 5 6 7 8 9 10 11 12

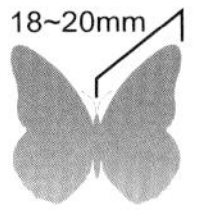

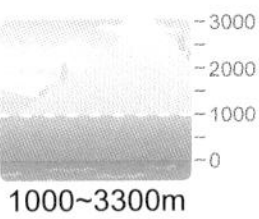

1cm

♂

1cm

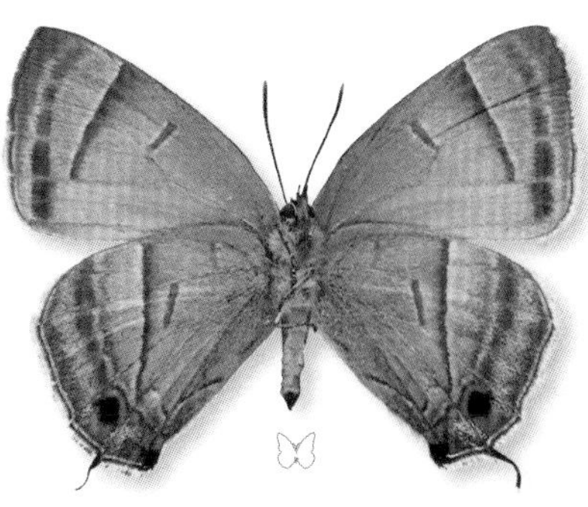

變異 Variations	豐度／現狀 Status	附記 Remarks
雌蝶有「B型」及「AB型」之個體。	一般數量不多。	本種的種小名源自模式產地印度加布雷Kabru地區，亞種名源自日文「ニイタカ」，意指「新高山」，即臺灣最高之山峰「玉山」。

小翠灰蝶

Chrysozephyrus disparatus pseudotaiwanus (Howarth)

▎模式產地：*disparatus* Howarth, 1957：雲南；*pseudotaiwanus* Howarth, 1957：臺灣。

英文名	Howarth's Hairstreak
別　名	臺灣綠小灰蝶、裂斑金灰蝶、雲南綠灰蝶

形態特徵 Diagnostic characters

雌雄斑紋明顯相異。軀體呈褐色。前翅翅形近直角三角形，前、外緣呈弧形。後翅近扇形，CuA_2脈末端有明顯尾突。雄蝶翅背面有金屬光澤強烈的泛黃綠色亮紋，前翅在外緣有細黑邊，後翅前、外、內緣均有明顯黑邊。雌蝶翅紋變異大，翅背面底色褐色，有無紋者（O型）、只於前翅翅面有藍紫亮紋者（B型）、只於前翅有橙色紋者（A型），以及藍紫亮紋與橙色紋者均有者（AB型）。腹面底色呈褐色。前、後翅中央有一白線，於後翅後方三度曲折成「W」字形。前、後翅中室端有不明顯的暗色短條。前、後翅沿外緣有模糊褐色白紋列，前翅亞外緣後段有暗色紋。臀區附近有黑色與橙色小紋，於CuA_1室有由黑斑與橙色環形成之眼狀斑。緣毛於前翅主要呈褐色，後翅則外褐內白。

生態習性 Behaviors

一年一化，成蝶棲息在闊葉林內。卵態越冬，卵產於寄主植物休眠芽基部附近。

雌、雄蝶之區分 Distinctions between sexes

雄蝶翅背面有綠色亮紋，雌蝶則否。雄蝶前足跗節癒合，雌蝶則否。

近似種比較 Similar species

在臺灣地區本種斑紋與多種同屬翠灰蝶類似，其中後翅腹面Rs室基部無白色短線紋者只有本種、拉拉山翠灰蝶與霧社翠灰蝶。霧社翠

分布 Distribution	棲地環境 Habitats	幼蟲寄主植物 Larval hostplants
在臺灣地區分布於臺灣本島中海拔地區。臺灣以外分布於華東、華南、華西、印度東北部、中南半島等地區。	常綠闊葉林。	殼斗科Fagaceae的青剛櫟*Quercus glauca*、錐果櫟*Q. longinux*、毽子櫟*Q. sessilifolia*、狹葉櫟*Q. stenophylloides*、油葉石櫟*Lithocarpus konishii*及大葉石櫟*L. kawakamii*等。取食部位是新芽、幼葉。

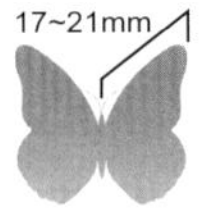

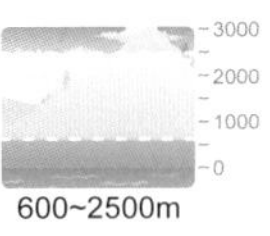

1 2 3 4 5 6 7 8 9 10 11 12

灰蝶翅腹面白線明顯呈斷線狀，雄蝶翅背面綠色亮紋色調偏藍，本種則綠色亮紋色調偏黃而白線較為連續。拉拉山翠灰蝶通常體型較小、雄蝶翅外緣黑邊較寬、前翅腹面白線不像本種在前段有模糊傾向。

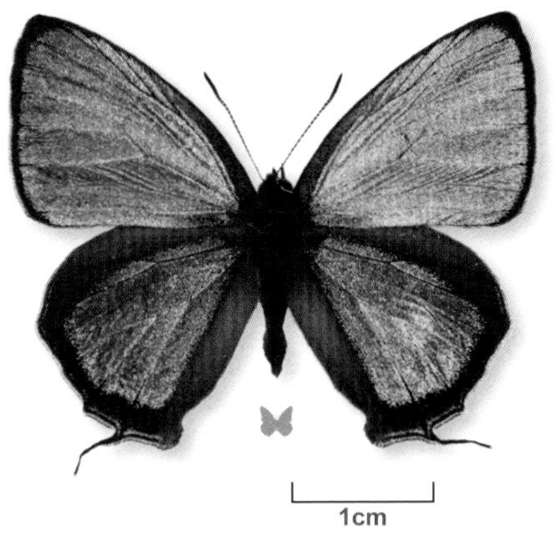

♂

♀

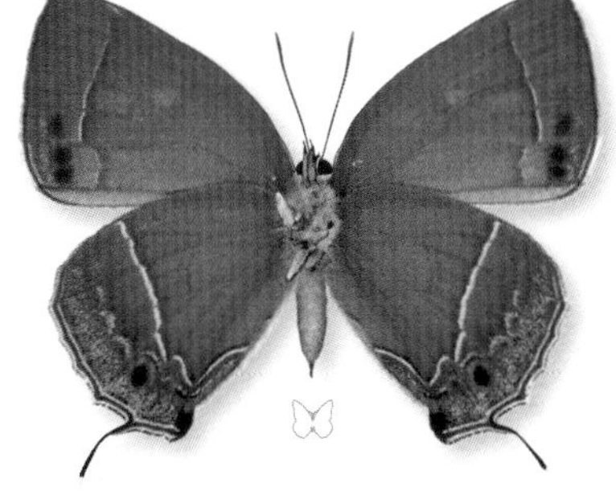

變異 Variations

雌蝶有「B型」及「AB型」之個體。

豐度／現狀 Status

一般數量不多。

附記 Remarks

本種的臺灣亞種之亞種名*pseudotaiwanus*原意為「假的taiwanus」，指在過去本種與臺灣榿翠灰蝶*Neozephyrus taiwanus*相混淆，但兩者實為不同種。

拉拉山翠灰蝶

Chrysozephyrus rarasanus (Matsumura)

▍模式產地：*rarasanus* Matsumura, 1939：臺灣。

英文名 Rarasan Hairstreak

別　名 拉拉山綠小灰蝶、嬈嬈金灰蝶

形態特徵 Diagnostic characters

雌雄斑紋明顯相異。軀體呈褐色。前翅翅形近直角三角形，前緣呈弧形、外緣前端稍呈弧形。後翅近扇形，CuA_2脈末端有明顯尾突。雄蝶翅背面有金屬光澤強烈的綠色亮紋，前翅在外緣有明顯黑邊，後翅前、外、內緣均有明顯黑邊。雌蝶翅背面底色褐色，無紋（O型）或於前翅翅面有橙色紋（A型）。腹面底色呈褐色。前、後翅中央有一白線，於後翅後方三度曲折成「W」字形。前、後翅中室端有不明顯的暗色短條。前、後翅沿外緣有模糊褐色白紋列，前翅亞外緣後段有暗色紋。臀區附近有黑色與橙色小紋，於CuA_1室有由黑斑與橙色環形成之眼狀斑。緣毛外褐內白。

生態習性 Behaviors

一年一化，成蝶棲息在闊葉林內。卵態越冬，卵產於寄主植物休眠芽基部附近。

雌、雄蝶之區分 Distinctions between sexes

雄蝶翅背面有綠色亮紋，雌蝶則否。雄蝶前足跗節癒合，雌蝶則否。

近似種比較 Similar species

在臺灣地區本種斑紋與多種同屬翠灰蝶類似，其中後翅腹面Rs室基部無白色短線紋者只有本種、小翠灰蝶與霧社翠灰蝶。小翠灰蝶前翅腹面白線前段有模糊傾向，本種則否、雄蝶翅背面綠色亮紋色調偏黃，本種較偏藍色。霧社翠灰蝶翅腹面白線明顯呈斷線狀，本種則較為連續。

分布 Distribution	棲地環境 Habitats	幼蟲寄主植物 Larval hostplants
在臺灣地區分布於臺灣本島中、北部中海拔地區，以北部雪山山系較常見。臺灣以外分布於華南、華西、緬甸北部等地區。	常綠闊葉林。	主要利用殼斗科Fagaceae的毽子櫟*Quercus sessilifolia*，也利用同科的錐果櫟*Q. longinux*及森氏櫟*Q. morii*等櫟樹。取食部位是新芽、幼葉、花序。

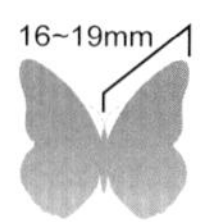

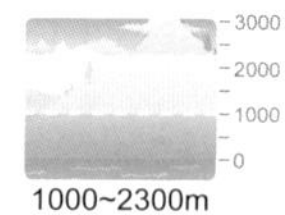

150%

♂

變異 Variations

雌蝶有「O型」及「A型」之個體。

豐度／現狀 Status

一般數量不多。

附記 Remarks

本種的種小名源自其模式產地北臺灣桃園縣拉拉山。

清金翠灰蝶

Chrysozephyrus yuchingkinus Murayama & Shimonoya

▍模式產地：*yuchingkinus* Murayama & Shimonoya, 1960：臺灣。

英文名	Yuchingkin's Hairstreak
別　名	埔里綠小灰蝶、埔里金灰蝶

形態特徵 Diagnostic characters

雌雄斑紋相似。軀體呈褐色。前翅翅形近直角三角形，前緣呈弧形、外緣只稍呈弧形。後翅近扇形，CuA_2脈末端有明顯尾突。雄蝶翅背面底色褐色無紋，僅偶有少許金屬色綠鱗散布於翅基附近。雌蝶翅背面底色褐色無紋（O型）或於前翅翅面有橙色紋（A型）。腹面底色呈褐色。前、後翅中央有一白線，於後翅CuA_2脈斷裂內偏，而於1A+2A脈反折成「V」字形。前、後翅中室端有不明顯的暗色短條。前、後翅沿外緣有模糊褐色白紋，前翅亞外緣後段有暗色紋。臀區附近有黑色與橙色小紋，於CuA_1室有由黑斑與橙色環形成之眼狀斑。緣毛外褐內白。

生態習性 Behaviors

一年一化，成蝶棲息在闊葉林內。

雌、雄蝶之區分 Distinctions between sexes

雄蝶翅背面有時有少許金屬色綠鱗散布，雌蝶則無。雌蝶翅背面有時有橙色紋，雄蝶則無。雄蝶前足跗節癒合，雌蝶則否。翅背面無紋的個體只能藉由交尾器及前足跗節區分雌雄。

近似種比較 Similar species

由於後翅腹面之白色線紋呈「V」字形，因此只有單線翠灰蝶雌蝶與本種類似，不過本種翅腹面白線較細。單線翠灰蝶翅背面具有明顯的金屬色斑塊，本種則否。

分布 Distribution	棲地環境 Habitats	幼蟲寄主植物 Larval hostplants
分布於臺灣本島中、北部中海拔地區，以北部雪山山系較常見。	常綠闊葉林。	記錄包括殼斗科Fagaceae的青剛櫟*Quercus glauca*錐果櫟*Q. longinux*及毽子櫟*Q. sessilifolia*，不過由於觀察案例稀少，真正的主要寄主尚待研究。取食部位可能是新芽、幼葉。

1 2 3 4 5 6 7 8 9 10 11 12

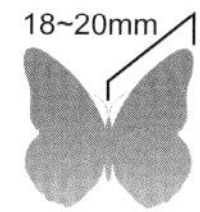

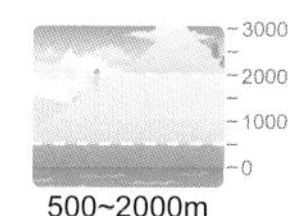

♂

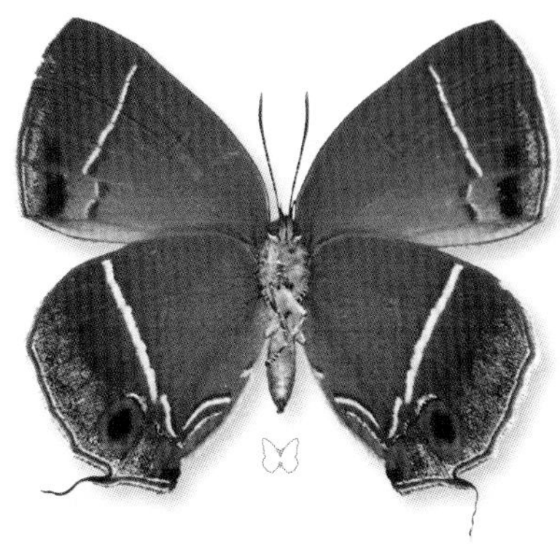

變異 Variations	豐度／現狀 Status	附記 Remarks
雌蝶有「O型」及「A型」之個體。	一般數量稀少。	本種的種小名係以昆蟲研究前輩、已故南投埔里木生昆蟲館館長余清金先生為名。

單線翠灰蝶

Chrysozephyrus splendidulus Murayama & Shimonoya

模式產地：*splendidulus* Murayama & Shimonoya, 1965：臺灣。

英文名	Splendid Hairstreak
別名	單帶綠小灰蝶

形態特徵 Diagnostic characters

雌雄斑紋相異。軀體呈褐色。前翅翅形近直角三角形，前、外緣呈弧形。後翅近扇形，CuA_2脈末端有明顯尾突。雄蝶翅背面有金屬光澤明顯的暗色調綠色亮紋，前翅在外緣有明顯黑邊，後翅前、外、內緣均有明顯黑邊。雌蝶於前翅翅面有藍紫色亮紋（B型），亦有於前翅有橙色紋者（AB型）。腹面底色呈褐色。前、後翅中央有一白線，於後翅CuA_2脈斷裂內偏，而於1A+2A脈反折成「V」字形。前、後翅中室端有不明顯的暗色短條。前、後翅沿外緣有模糊褐色白紋，前翅亞外緣後段有暗色紋。臀區附近有黑色與橙色小紋，於CuA_1室有由黑斑與橙色環形成之眼狀斑。緣毛外褐內白。

生態習性 Behaviors

一年一化，成蝶棲息在闊葉林樹冠上。卵態越冬，卵產於寄主植物休眠芽基部附近。

雌、雄蝶之區分 Distinctions between sexes

雄蝶翅背面有綠色亮紋，雌蝶則有藍紫色斑、橙色紋。雄蝶前足跗節癒合，雌蝶則否。

近似種比較 Similar species

由於後翅腹面之白色線紋呈「V」字形，因此只有清金翠灰蝶與本種類似。本種翅腹面白線較粗，而且翅背面金屬色斑紋發達，不難與白線細、缺乏金屬色斑紋的清金翠灰蝶區分。

分布 Distribution	棲地環境 Habitats	幼蟲寄主植物 Larval hostplants
分布於臺灣本島中、北部中海拔地區，以北部雪山山系較常見。	常綠闊葉林。	殼斗科Fagaceae的赤皮櫟*Quercus gilva*。取食部位是新芽、幼葉、花序，尤其偏好花序。

1 2 3 4 5 6 7 8 9 10 11 12

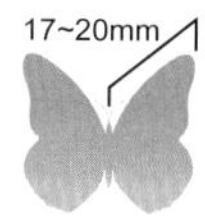

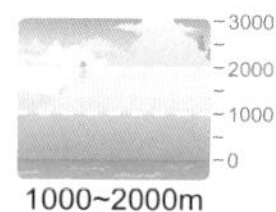

♂

♀

變異 Variations	豐度／現狀 Status	附記 Remarks
雌蝶有「B型」及「AB型」之個體。	一般數量稀少。	本種無疑是分布於日本之久松翠灰蝶*Chrysozephyrus hisamatsusanus*（Nagami & Ishiga, 1935）（模式產地：日本）的近緣種，有時被視為其亞種。由於形態上及寄主植物利用上兩者有明顯差異，本書暫視本種為臺灣特有種。

白芒翠灰蝶

Chrysozephyrus ataxus lingi Okano & Okura

模式產地：*ataxus* Westwood, [1851]：印度；*lingi* Okano & Okura, 1969：臺灣。

英 文 名｜Wonderful Hairstreak

別　　名｜蓬萊綠小灰蝶、白底綠灰蝶、襯白金灰蝶

形態特徵 Diagnostic characters

雌雄斑紋相異。軀體呈褐色。前翅翅形近直角三角形，前、外緣稍呈弧形。後翅近扇形，CuA_2脈末端有明顯尾突。雄蝶翅背面有金屬光澤明顯的綠色亮紋，前翅在外緣有明顯黑邊，後翅前、外、內緣均有明顯黑邊。雌蝶於前翅翅面有藍紫色亮紋（B型），亦有於前翅有橙色紋者（AB型）。雄蝶翅腹面大部分呈銀白色，僅前、後翅中央及沿外緣內側有褐色紋。雌蝶翅腹面褐色部分遠較雄蝶明顯。前、後翅中室端有明顯的暗色短條。臀區附近有黑色與橙色小紋，於CuA_1室有由黑斑與橙色環形成之眼狀斑。緣毛外褐內白。

生態習性 Behaviors

一年一化，成蝶棲息在闊葉林樹冠上。卵態越冬，卵產於寄主植物休眠芽基部附近。

雌、雄蝶之區分 Distinctions between sexes

雌蝶翅腹面褐色部分較雄蝶寬廣。雄蝶翅背面有綠色亮紋，雌蝶則有藍紫色斑。雄蝶前足跗節癒合，雌蝶則否。

近似種比較 Similar species

在臺灣地區沒有類似種。

分布 Distribution	棲地環境 Habitats	幼蟲寄主植物 Larval hostplants
分布於臺灣本島中海拔地區。其他亞種分布於日本、朝鮮半島南部、華南、華西、越南北部、喜馬拉雅等地區。	常綠闊葉林。	殼斗科Fagaceae的赤皮櫟*Quercus gilva*。取食部位是新芽、幼葉、花序。

1 2 3 4 5 6 7 8 9 10 11 12

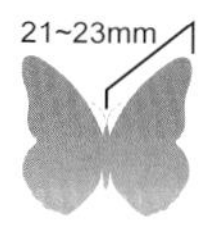

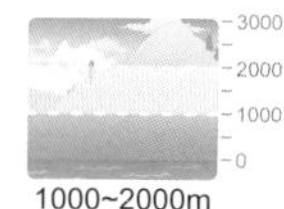

♂

♀

變異 Variations	豐度／現狀 Status	附記 Remarks
不顯著。	一般數量稀少。	近來有部分意見認為本分類單元為臺灣特有種，有待進一步檢討。

霧社翠灰蝶

Chrysozephyrus mushaellus (Matsumura, 1938)

模式產地：*mushaellus* Matsumura, 1938：臺灣。

英文名 | Musha Hairstreak

別　名 | 霧社綠小灰蝶、繆斯金灰蝶

形態特徵 Diagnostic characters

雌雄斑紋明顯相異。軀體呈褐色。前翅翅形近直角三角形，前、外緣呈弧形。後翅近扇形，CuA_2脈末端有明顯尾突。雄蝶翅背面有金屬光澤強烈的泛藍色之綠色亮紋，前翅在外緣有細黑邊，後翅前、外、內緣均有明顯黑邊。雌蝶於前翅翅面有藍紫色亮紋（B型）、有時亦於前翅有微弱橙色紋（AB型）。腹面底色呈褐色。前、後翅中央有一白線，在前翅於翅脈處截斷為斷線狀，在後翅後方三度顯著曲折成「W」字形。前、後翅中室端有不明顯的暗色短條。前、後翅沿外緣有模糊褐色白紋列，前翅亞外緣後段有暗色紋。臀區附近有黑色與橙色小紋，於CuA_1室有由黑斑與橙色環形成之眼狀斑。緣毛於前翅主要呈褐色，後翅則外褐內白。

生態習性 Behaviors

一年一化，成蝶棲息在闊葉林內。卵態越冬，卵產於寄主植物休眠芽基部附近。

雌、雄蝶之區分 Distinctions between sexes

雄蝶翅背面有綠色亮紋，雌蝶則有藍紫色亮紋、橙色紋。雄蝶前足跗節癒合，雌蝶則否。

近似種比較 Similar species

在臺灣地區本種斑紋與多種翠灰蝶類似，其中後翅腹面Rs室基部無白色短線紋者只有本種、拉拉山翠灰蝶與小翠灰蝶。本種翅腹面白線呈斷線狀之傾向最明顯、雄蝶翅背面綠色亮紋色調最偏藍色。

分布 Distribution	棲地環境 Habitats	幼蟲寄主植物 Larval hostplants
在臺灣地區主要分布於臺灣本島中海拔地區。臺灣以外分布於華南、華西、緬甸北部、越南北部等地區。	常綠闊葉林。	殼斗科Fagaceae的石櫟屬*Lithocarpus*為寄主，包括大葉石櫟*L. kawakamii*、短尾葉石櫟*L. harlandii*、臺灣石櫟*L. formosanus*等。取食部位是新芽、幼葉。

1 2 3 4 5 6 7 8 9 10 11 12

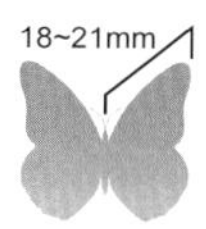

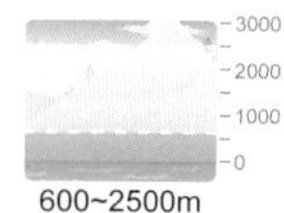

♂

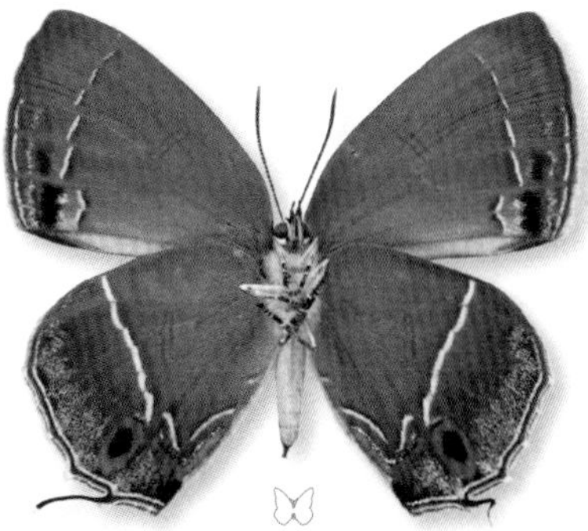

變異 Variations

雌蝶有「B型」及「AB型」之個體。

豐度／現狀 Status

一般數量不多。

附記 Remarks

本種的種小名*mushaellus*意指臺灣中部南投縣霧社。

瑋灰蝶屬 *Sibataniozephyrus* Inomata, 1986

模式種 Type Species | *Zephyrus fujisanus* Matsumura, 1910，即富士璀灰蝶*Sibataniozephyrus fujisanus* (Matsumura, 1910)。

形態特徵與相關資料 Diagnosis and other information

中型灰蝶。雄蝶複眼密被毛，雌蝶複眼疏被毛。下唇鬚第三節短小。雄蝶前足跗節癒合，末端鈍。軀體背側褐色，腹側白色。翅背面底色褐色，於雄蝶有燦爛之淺藍斑亮紋。腹面底色白色或灰白色，上有黑褐色斑紋與線紋。後翅CuA_2脈末端有一尾突。雌雄二型性明顯。

成蝶在落葉闊葉林間活動。

幼蟲寄主植物是殼斗科Fagaceae水青岡（山毛櫸）屬*Fagus*植物。

臺灣地區有一種。

- *Sibataniozephyrus kuafui* Hsu & Lin, 1994（夸父璀灰蝶）

臺灣水青岡枝上之夸父璀灰蝶幼蟲Larva of *Sibataniozephyrus kuafui* on *Fagus hayatae*（新北市三峽區北插天山，1600m，2012. 03. 22.）。

夸父璀灰蝶

Sibataniozephyrus kuafui Hsu & Lin

模式產地：*kuafui* Hsu & Lin, 1994：臺灣。

英文名｜Kuafu Hairstreak

別　名｜夸父綠小灰蝶、插天山綠小灰蝶、北插天山綠小灰蝶、谷角綠小灰蝶、臺灣柴谷灰蝶

形態特徵 Diagnostic characters

雌雄斑紋相異。軀體呈褐色。前翅翅形近直角三角形，前、外緣呈弧形。後翅近扇形，CuA_2脈末端有明顯尾突。雄蝶翅背面有金屬光澤明顯的淺藍斑亮紋，前翅在外緣有明顯黑邊，後翅前、外緣有黑邊。雌蝶除沿後翅外緣有少許青白色紋以外無紋。腹面底色呈白色。前、後翅中央有一褐色帶，於1A+2A脈反折成「V」字形。前翅中室端有明顯的褐色短條。前、後翅沿外緣有褐色紋列，其內側有同色帶紋。臀區附近有黑色與橙色小紋，於CuA_1室有由黑斑與橙色環形成之眼狀斑。緣毛以白色為主。

生態習性 Behaviors

一年一化，成蝶棲息在落葉闊葉林樹冠上。卵態越冬，卵產於寄主植物樹枝下側、休眠芽基部附近。

雌、雄蝶之區分 Distinctions between sexes

雄蝶翅背面有淺藍斑亮紋，雌蝶則否。雄蝶前足跗節癒合，雌蝶則否。

近似種比較 Similar species

雌蝶與阿里山鐵灰蝶及折線灰蝶斑紋類似，阿里山鐵灰蝶後翅腹面之褐色線紋呈「W」字形，本種與折線灰蝶則呈「V」字形。本種後翅腹面亞外緣斑列內側之褐色比折線灰蝶鮮明，且後翅背面無白紋。

分布 Distribution	棲地環境 Habitats	幼蟲寄主植物 Larval hostplants
分布於臺灣本島北部中海拔地區。	落葉闊葉林。	殼斗科Fagaceae之臺灣水青岡（臺灣山毛櫸）*Fagus hayatae*。取食部位是新芽、幼葉、花穗。

1 2 3 4 5 6 7 8 9 10 11 12

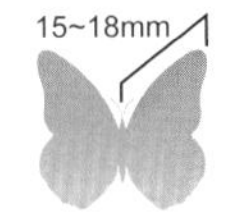

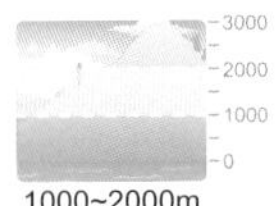

190%

1cm

♂

1cm

♀

變異 Variations

不顯著。

豐度／現狀 Status

雖然在面積較大的臺灣水青岡林數量尚多，但是由於食性專一，且臺灣水青岡林族群少而更新不良，因此本種的存續令人擔憂。

附記 Remarks

本種種小名命名由來是因本種成蟲出現期恰在梅雨季節，成蝶只在晴天活動，再加上水青岡林均處於霧林帶，午後難有日照，對這種蝴蝶及觀察研究者而言均可說是「一晴難求」，因此引古神話中竭力追日的夸父氏作為種小名。

尖灰蝶屬 *Amblopala* Leech, [1893]

模式種 Type Species | *Amblypodia avidiena* Leech, [1893]，即尖灰蝶 *Amblopala avidiena* (Leech, [1893])。

形態特徵與相關資料 Diagnosis and other information

中型灰蝶。雄蝶複眼光滑。下唇鬚第三節短小、扁平。雄蝶前足跗節癒合，末端鈍。翅背面底色褐色，於翅背面有金屬色明顯的藍色斑紋及橙色紋。腹面底色紅褐色，後翅有灰色細帶紋。後翅後側有一葉狀尾突。雌雄二型性不明顯。

成蝶在乾燥闊葉林間活動。

幼蟲寄主植物是豆科Fabaceae合歡屬*Albizia*植物。

單種屬，臺灣地區有分布。

・*Amblopala avidiena y-fasciata*（Sonan, 1929）(尖灰蝶)

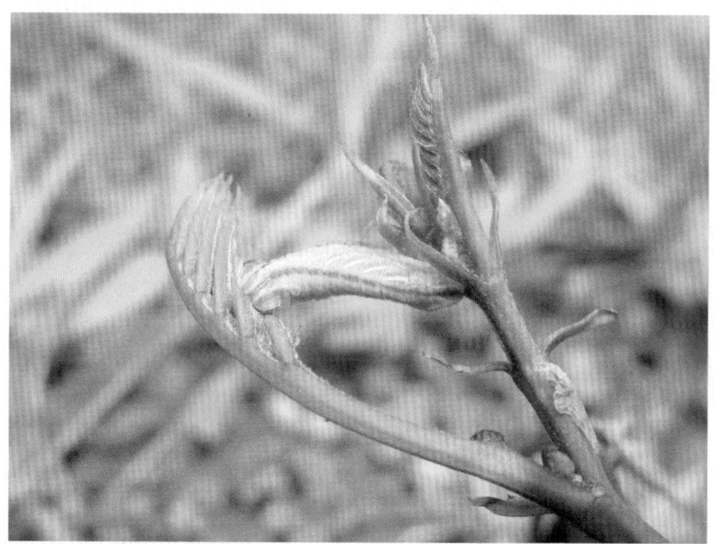

合歡上之尖灰蝶幼蟲 Larva of *Amblopala avidiena y-fasciata* on *Albizia julibrissin*（新竹縣尖石鄉李棟山，1500m，2009. 04. 15.）。

尖灰蝶

Amblopala avidiena y-fasciata (Sonan)

模式產地：*avidiena* Hewitson, 1877：中國；*y-fasciata* Sonan, 1929：臺灣。

英文名 Chinese Hairstreak

別名 歪紋小灰蝶、丫灰蝶、丫紋灰蝶

形態特徵 Diagnostic characters

雌雄斑紋相同。軀體背側呈褐色，腹側呈紅褐色帶灰白色。前翅翅形接近直角三角形而於翅端作截狀，前緣略呈弧形。後翅形狀特異，前緣作直線狀而稍凹入，並與外緣間成一明顯角度，外緣突出呈圓弧形，1A+2A脈末端突出成一尖細之葉狀尾突。翅背面底色黑褐色，前、後翅均有金屬光澤明顯的靛藍色亮紋，前翅前側有橙色斑。翅腹面底色於前翅外緣及後翅呈紅褐色，前翅除外緣以外呈灰色。前翅沿外緣有一白線。後翅中央有細帶紋，概形彷彿「Y」字形。緣毛紅褐色。

生態習性 Behaviors

一年一代。成蝶飛行活潑敏捷，雄蝶有溼地吸水行為。以蛹態休眠越冬。

雌、雄蝶之區分 Distinctions between sexes

雌蝶翅幅較寬闊，前翅外緣輪廓彎曲弧度較大。

近似種比較 Similar species

在臺灣地區無類似的種類。

分布 Distribution	棲地環境 Habitats	幼蟲寄主植物 Larval hostplants
在臺灣地區分布於臺灣本島中海拔地區。其他分布區域包括華南、華西、華東、喜馬拉雅等地區。	落葉闊葉林、常綠闊葉林。	豆科Fabaceae之合歡*Albizia julibrissin*。取食部位是新芽、幼葉。

1 2 3 4 5 6 7 8 9 10 11 12

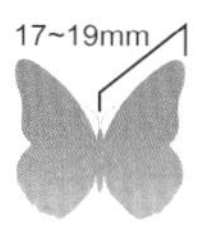

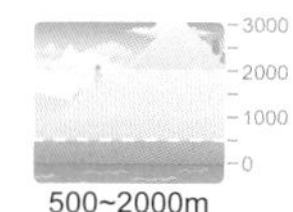

♂

變異 Variations	豐度／現狀 Status	附記 Remarks
翅背面靛藍色紋及橙色斑大小與色調有個體變異。	一般數量不多。	過去本種在臺灣常被視為僅分布於中部山地的稀有種類，實則本種在全島生長有合歡的中海拔山坡地分布廣泛，只因成蝶出現季節甚早而短暫，因此從前觀察記錄較少。

青灰蝶屬 *Tajuria* Moore, [1881]

模式種 Type Species | *Hesperia longinus* Fabricius, 1798。該分類單元現被認為是孔雀青灰蝶*Tajuria cippus*（Fabricius, 1798）的一亞種或同物異名。

形態特徵與相關資料 Diagnosis and other information

中大型灰蝶。複眼光滑。下唇鬚第三節短。雄蝶前足跗節癒合，末端鈍。雄蝶翅背面多有具燦爛奪目、有強烈金屬光澤之青藍色斑紋，雌蝶亦有青藍色斑紋，但是色澤較黯淡。後翅於CuA_2脈及1A+2A脈各有一尾突。後翅臀區具黑色葉狀突。雌雄二型性較為明顯。本屬的蛹腹端膨大，懸垂器大而呈板狀，藉以固定於物體上，胸部無縊絲環繞。

本屬分布於東洋區，成員超過30種。

成蝶棲息於森林中，有訪花性。

幼蟲寄主植物為桑寄生科Loranthaceae植物。

臺灣地區有四種，但是其中的假漣紋青灰蝶*T. illurgioides minekoae* Morita,1996分類地位尚有疑義，本書暫不單獨介紹。

- *Tajuria illurgis tattaka*（Araki, 1949）（漣紋青灰蝶）
- *Tajuria caeruleae* Nire, 1920（褐翅青灰蝶）
- *Tajuria diaeus karenkonis* Matsumura, 1929（白腹青灰蝶）

木蘭桑寄生上之漣紋青灰蝶卵Egg of *Tajuria illurgis tattaka* on *Taxillus limprichtii*（桃園縣復興鄉四稜，1000m，2008. 05. 14.）。

臺灣地區

檢索表　青灰蝶屬與鈿灰蝶屬

Key to species of the genus *Tajuria* and *Ancema* in Taiwan

❶ 翅腹面底色泛銀色；雄蝶翅背面具黑色性標 .... *Ancema ctesia*（**鈿灰蝶**）
翅腹面底色無銀色色調；雄蝶翅背面無性標 ....❷

❷ 翅腹面中室端有黑褐色小紋；翅腹面中央線紋斷線狀 ....
.... *Tajuria illurgis*（**漣紋青灰蝶**）
翅腹面中室端無黑褐色小紋；翅腹面中央線紋直線狀 ....
....❸

❸ 翅腹面底色白色；翅腹面中央線紋黑褐色 ..*Tajuria caeruleae*（**褐翅青灰蝶**）
翅腹面底色褐色；翅腹面中央線紋白色 ....*Tajuria diaeus*（**白腹青灰蝶**）

（由於青灰蝶屬與鈿灰蝶屬近緣而形態相近，因此同放在本檢索表中）

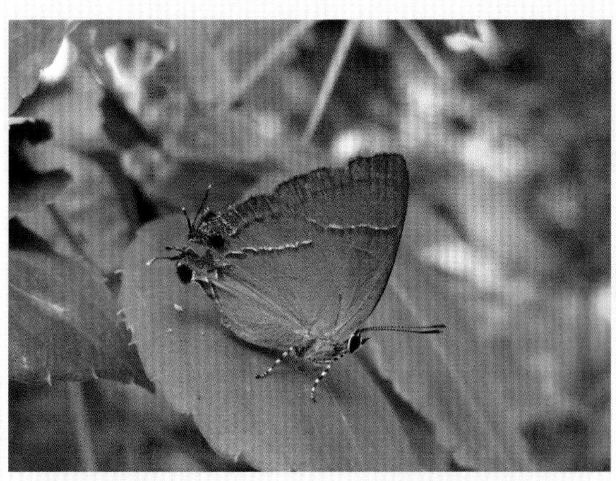

褐翅青灰蝶 *Tajuria caerulea*（桃園縣復興鄉蘇樂，700m，2012. 08. 21.）。

褐翅青灰蝶

Tajuria caeruleae Nire

模式產地：*caeruleae* Nire, 1920：臺灣。

英文名 Formosan Royal

別　名 褐底青小灰蝶、天藍雙尾灰蝶

形態特徵 Diagnostic characters

雌雄斑紋略為不同。軀體背側呈褐色，腹側呈泛黃褐色之白色。前翅翅形接近直角三角形，前緣呈弧形。後翅近卵形，CuA_2脈及1A+2A脈末端有明顯尾突，臀區有明顯葉狀突。翅背面底色黑褐色，前、後翅均有淺藍色斑紋。翅腹面底色淺黃褐色，前、後翅各有一內側鑲橙色線之白色線紋。近臀區處有一片灰色紋，CuA_1室有由黑斑與橙色環形成之細小眼狀斑。沿外緣有模糊暗色帶。緣毛褐色。

生態習性 Behaviors

一年多代。成蝶飛行敏捷快速，有訪花性。

雌、雄蝶之區分 Distinctions between sexes

雌蝶前翅外緣弧形程度較雄蝶明顯。雌蝶翅背面之金屬色藍斑塊於前翅占翅面近一半面積，向前可及中室及M_3室，於雄蝶則只沿後緣成一小片，向前僅及CuA_2室。

近似種比較 Similar species

在臺灣地區與本種最類似的種類是白腹青灰蝶，不過由於本種翅腹面呈褐底而有白線，白腹青灰蝶則為白底黑線，因此區分十分容易。

分布 Distribution	棲地環境 Habitats	幼蟲寄主植物 Larval hostplants
在臺灣地區分布於臺灣本島低、中海拔地區。	常綠闊葉林。	忍冬葉桑寄生*Taxillus lonicerifolius*、李棟山桑寄生*T. ritozanensis*、杜鵑桑寄生*T. rhododendricola*、蓮花池桑寄生*T. tsaii*等桑寄生科Loranthaceae植物。取食部位是葉片、花苞。

18~20mm

500~2500m

1cm

1cm

變異 Variations	豐度／現狀 Status	附記 Remarks
不顯著。	目前數量尚多。	本種的種小名常誤拼為*caelurea*或*caeruela*。

白腹青灰蝶

Tajuria diaeus karenkonis Matsumura

模式產地：*diaeus* Hewitson, [1865]：印度；*karenkonis* Matsumura, 1929：臺灣。

英文名	Straight-lined Royal
別　名	花蓮青小灰蝶、白日雙尾灰蝶

形態特徵 Diagnostic characters

雌雄斑紋相異。軀體背側呈褐色，腹側呈白色。前翅翅形接近直角三角形，前緣略呈弧形。後翅近卵形，CuA_2脈及1A+2A脈末端有明顯尾突，臀區有明顯葉狀突。翅背面底色黑褐色，前、後翅均有藍色斑紋，雄蝶呈深藍色，雌蝶呈淺藍色並於前翅有白紋。翅腹面底色白色，前、後翅各有一褐色線紋。近臀區處有模糊灰色紋，CuA_1室有由黑斑與橙色環形成之細小眼狀斑。沿外緣有模糊暗色帶。緣毛於前翅褐色，後翅白褐相間。

生態習性 Behaviors

一年多代。成蝶飛行敏捷快速，有訪花性。

雌、雄蝶之區分 Distinctions between sexes

雌蝶翅背面之金屬色藍斑塊色調較雄蝶為淺。雌蝶前翅背面常有白紋，雄蝶則無。

低溫型（乾季型）

♂

1cm

110%

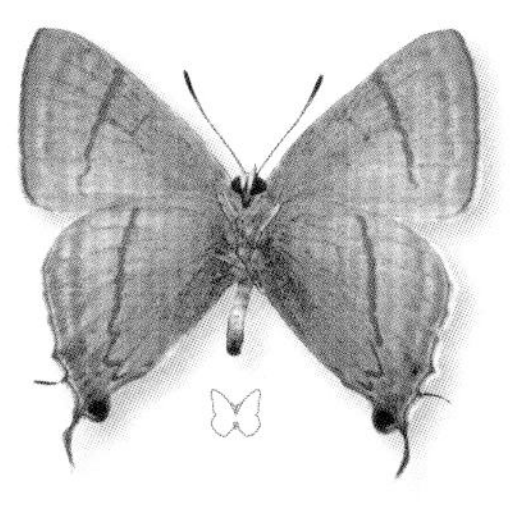

分布 Distribution	棲地環境 Habitats	幼蟲寄主植物 Larval hostplants
在臺灣地區分布於臺灣本島中海拔地區。其他亞種分布於華西、北印度、喜馬拉雅、爪哇等地區。	常綠闊葉林。	高氏桑寄生*Loranthus kaoi*、忍冬葉桑寄生*Taxillus lonicerifolius*、李棟山桑寄生*T. ritozanensis*、杜鵑桑寄生*T. rhododendricola*等桑寄生科Loranthaceae植物。取食部位是葉片、花苞。

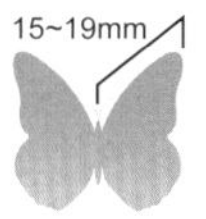

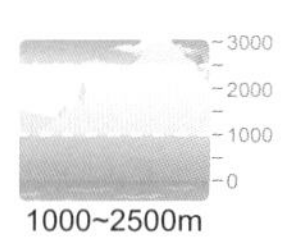

近似種比較 Similar species

在臺灣地區與本種最類似的種類是褐翅青灰蝶，本種翅腹面底色呈白色，褐翅青灰蝶則呈褐色，不難辨別。

1cm

♂

1cm

♀

變異 Variations	豐度／現狀 Status	附記 Remarks
低溫期個體翅腹面線紋色調較淺、CuA$_1$室眼狀斑內黑斑較小。	目前數量尚多。	本種的亞種名意指花蓮地區。

漣紋青灰蝶

Tajuria illurgis tattaka (Araki)

模式產地：*illurgis* Hewitson, 1869：印度；*tattaka* Araki, 1949：臺灣。

英文名 | White Royal

別　名 | 漣紋小灰蝶、淡藍雙尾灰蝶

形態特徵 Diagnostic characters

雌雄斑紋相似。軀體背側呈褐色，腹側呈白色。前翅翅形接近直角三角形，前緣、外緣略呈弧形。後翅近卵形，CuA_2脈及1A+2A脈末端有明顯尾突，前者明顯較後者長。臀區有葉狀突。翅背面底色黑褐色，前、後翅均有藍色斑紋，上有白紋，以雌蝶較發達。後翅CuA_1室外端有一黑褐色斑點。腹面底色白色，前、後翅各有一黑褐色斷線紋列，於後翅常呈波狀。前、後翅中室端均有兩枚黑褐色斑點，組合有如「く」字形。CuA_1室有由黑斑與橙色環形成之眼狀斑。沿外緣有模糊暗色帶。緣毛褐色及白色。

生態習性 Behaviors

可能一年2～3世代。成蝶飛行敏捷快速，有訪花性。

雌、雄蝶之區分 Distinctions between sexes

雌蝶翅背面之金屬色藍斑塊白紋較發達、色調較淺。

近似種比較 Similar species

在臺灣地區無類似種（請參照附記關於假漣紋青灰蝶之說明）。

分布 Distribution

在臺灣地區分布於臺灣本島低、中海拔地區。其他亞種分布於華西、北印度及喜馬拉雅等地區。

棲地環境 Habitats

常綠闊葉林。

幼蟲寄主植物 Larval hostplants

大葉桑寄生*Taxillus liquidambaricola*、忍冬葉桑寄生*T. lonicerifolius*、李棟山桑寄生*T. ritozanensis*、蓮花池桑寄生*T. tsaii*、木蘭桑寄生*T. limprichtii*等桑寄生科Loranthaceae植物。取食部位是葉片、花苞。

1 2 3 4 5 6 7 8 9 10 11 12

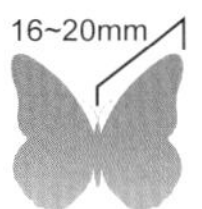

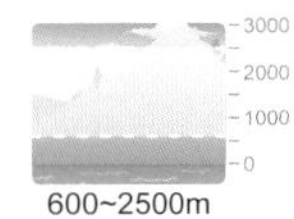

1cm

♂

1cm

變異 Variations	豐度／現狀 Status	附記 Remarks
CuA_1室眼狀斑大小變異頗著，高溫期個體似有偏大形之傾向。	一般數量稀少。	臺灣亞種之亞種名*tattaka*意指「立鷹」，即今日之南投縣仁愛鄉松崗。 近年記載之假連紋青灰蝶*Tajuria illurgioides minekoae* Morita, 1996（模式產地：臺灣）特徵與*Tajuria illurgioides* de Niceville, 1890（模式產地：錫金）不甚相符（該種之翅腹面中室端紋呈線形），可能是連紋青灰蝶高溫期個體。

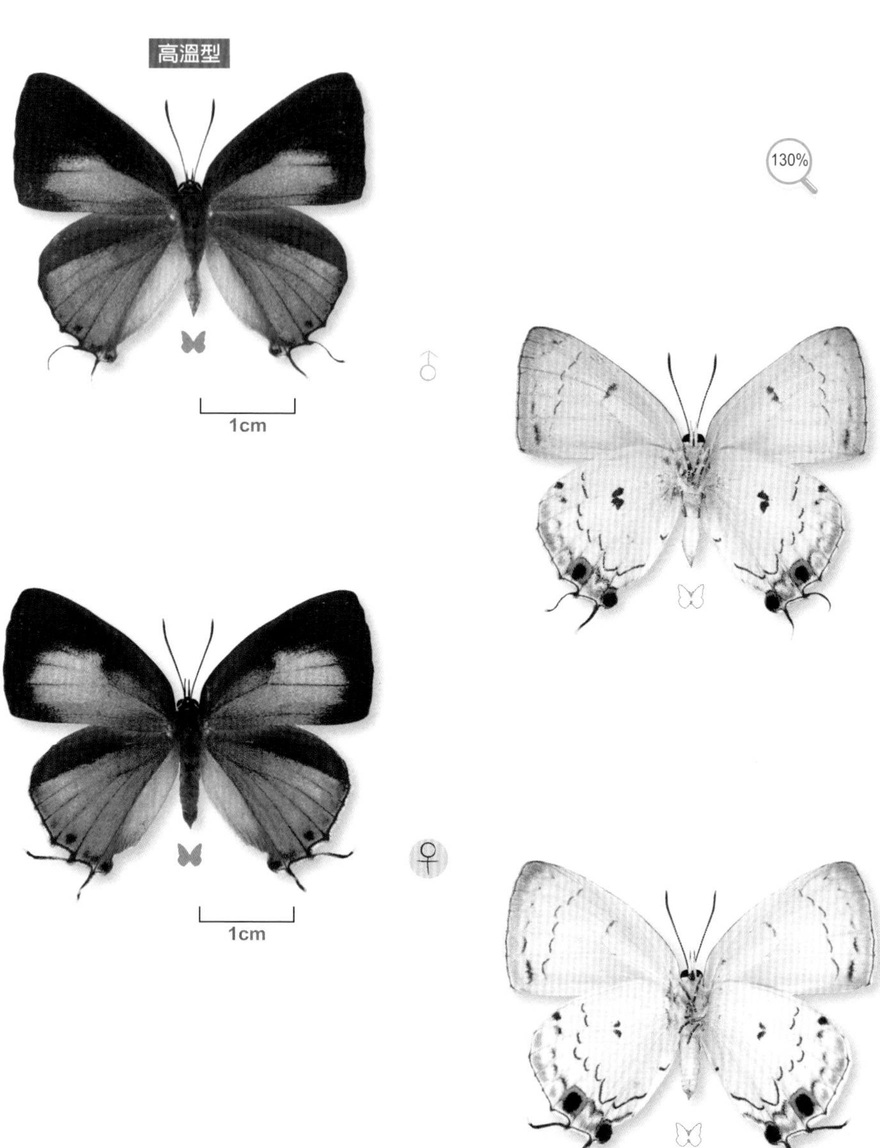
高溫型
130%
♂
1cm
♀
1cm

鈿灰蝶屬

Ancema Eliot, 1973

模式種 Type Species | *Camena ctesia* Hewitson, [1865]，即鈿灰蝶屬 *Ancema ctesia* (Hewitson, [1865])。

形態特徵與相關資料 Diagnosis and other information

中型灰蝶。複眼被毛。下唇鬚第三節細長。雄蝶前足跗節癒合，末端鈍。雄蝶翅背面多具有燦爛奪目、強烈金屬光澤之青藍色斑紋，前、後翅均有明顯性標。雌蝶亦有青藍色斑紋，但是色澤較黯淡，無性標。前翅M_1及M_2脈基部接近。後翅於CuA_2脈及1A+2A脈各有一尾突。後翅肛角具黑色葉狀突。雌雄二型性較為明顯。本屬成蝶形態類似青灰蝶屬，但蛹卻呈一般之灰蝶型式，無特化懸垂器而胸部有縊絲環繞。

本屬學名原來稱為*Camena* Hewitson, [1865]，該名為軟體動物*Camena* Martens, 1860先占而為異物同名。後來由Eliot（1973）提出*Ancema*之替代名。

鈿灰蝶雄蝶右前翅腹面性毛

本屬分布於東洋區，成員有4種。

成蝶棲息於森林中，有訪花性。雄蝶有溼地吸水習性。

幼蟲寄主植物為桑寄生科Loranthaceae 植物。

臺灣地區有一種。

- *Ancema ctesia cakravasti*（Fruhstorfer, 1909）（鈿灰蝶）

檢索表請參照青灰蝶屬之說明

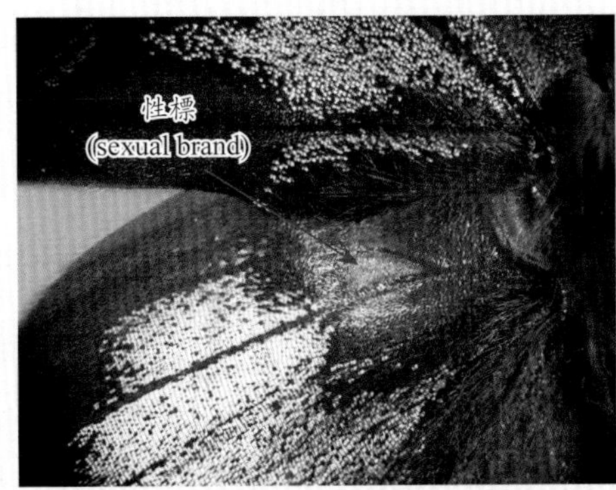

鈿灰蝶雄蝶左後翅背面性標

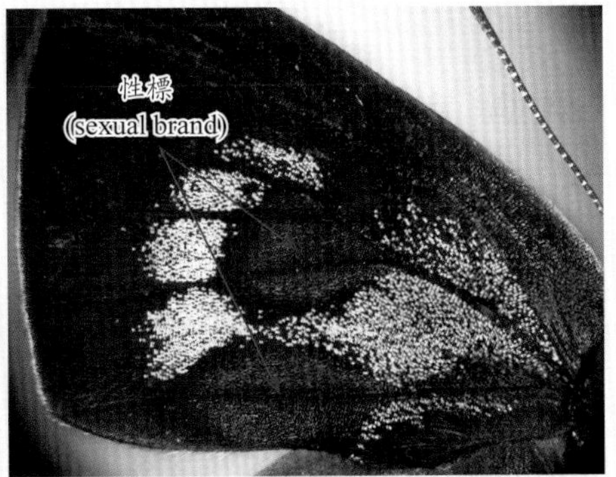

鈿灰蝶雄蝶左前翅背面性標

鈿灰蝶

Ancema ctesia cakravasti (Fruhstorfer)

▎模式產地：*ctesia* Hewitson, [1865]：印度；*cakravasti* Fruhstorfer, 1909：臺灣。

英文名	Bi-spot Royal
別名	黑星琉璃小灰蝶、安灰蝶

形態特徵 Diagnostic characters

雌雄斑紋相異。軀體背側呈褐色，腹側呈白色。前翅翅形接近直角三角形，前緣、外緣略呈弧形。後翅近卵形，外緣後側波狀，CuA_2脈及1A+2A脈末端有細長尾突。肛角有葉狀突。翅背面底色黑褐色，前、後翅均有金屬光澤明顯之藍斑，以雄蝶較發達。雌蝶於前翅藍斑上有白紋。雄蝶於前翅翅面中央、後緣中央及後翅前緣近基部位置有灰色性標。翅腹面底色銀灰色，前、後翅中央偏外側各有一黑褐色斑列。前、後翅中室端均有一黑褐色短條。Rs室近翅基處有一黑褐色小斑。CuA_1室有由黑斑與橙色環形成之眼狀斑。沿外緣有模糊暗色帶，於後翅較明顯。緣毛於前翅主要為褐色，於後翅主要為白色。

生態習性 Behaviors

一年多代。成蝶飛行敏捷快速，有訪花性，雄蝶會至溼地吸水。幼蟲形態與寄主植物之變形莖頗為相似。

雌、雄蝶之區分 Distinctions between sexes

雌蝶翅背面之金屬色藍斑紋色彩較雄蝶為淺色，藍斑上之白紋僅見於雌蝶。雄蝶翅背面於翅面中央、後緣中央及後翅前緣近基部位置有灰色性標，雌蝶則無此等構造。

近似種比較 Similar species

在臺灣地區無類似種。

分布 Distribution	棲地環境 Habitats	幼蟲寄主植物 Larval hostplants
在臺灣地區分布於臺灣本島低、中海拔地區。其他亞種分布於華西、華南、華東、北印度、喜馬拉雅、中南半島等地區。	常綠闊葉林。	桑寄生科Loranthaceae之椆櫟柿寄生 *Viscum liquidambaricolum*。取食部位是特化變形莖。

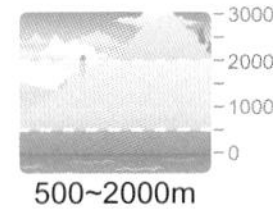

170%

♂

1cm

♀

1cm

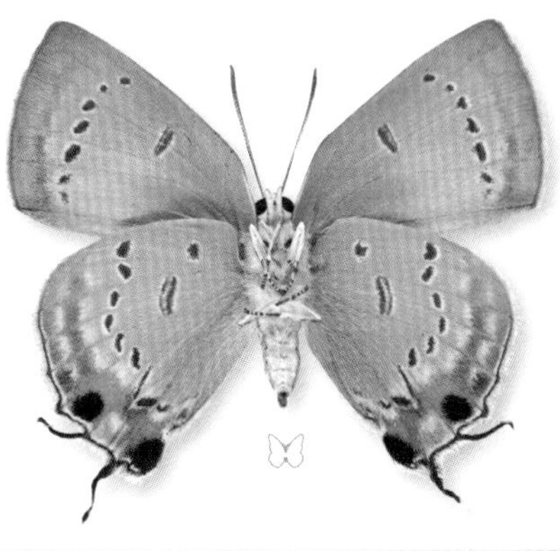

變異 Variations

低溫期個體翅腹面色彩較淺、斑紋略減退。

豐度／現狀 Status

一般數量不多。

附記 Remarks

本種的幼蟲寄主是頗為常見的寄生植物，本種卻難得一見，原因不明。

蘭灰蝶屬 *Hypolycaena* C. & R. Felder, 1862

模式種 Type Species | *Myrina sipylus* Felder, 1860，即長尾蘭灰蝶 *Hypolycaena sipylus* (Felder, 1860)。

形態特徵與相關資料 Diagnosis and other information

中型灰蝶。複眼密被毛。下唇鬚第三節細長，針狀。雄蝶前足跗節癒合，末端下彎、尖銳。雄蝶翅背面多有具金屬光澤之藍、紫色斑紋，雌蝶則一般底色褐色，其中有的種類有白紋。後翅於CuA_2脈及1A+2A脈各有一尾突。後翅臀區具黑色葉狀突。雌雄二型性較為明顯，部分種類於前翅有性標。

本屬的分類組成尚有疑義，部分種類常置於獨立屬*Chilaria* Moore, 1884（模式種：熱帶蘭灰蝶*Hypolycaena othona* Hewitson, [1865]）中。

本屬分布於非洲區、東洋區及澳洲區，成員超過30種。

成蝶棲息於森林中，有訪花性。

部分種類為狹食性，幼蟲專食蘭科Orchidaceae植物。另一些種類則為雜食性，幼蟲寄主植物包括許多不同科之雙子葉植物，如茜草科Rubiaceae、馬鞭草科Verbenaceae、桃金孃科Myrtaceae、桑寄生科Loranthaceae、豆科Fabaceae、無患子科Sapindaceae、玉蕊科Lecythidaceae、菝葜科Smilacaceae、鞭藤科Flagellariaceae等植物。專食蘭科Orchidaceae植物之種類幼蟲與螞蟻缺乏交互作用，雜食性種類之幼蟲則與織葉蟻屬*Oecophylla*螞蟻有明顯互利共生關係。Eliot（1978）認為「真正的」蘭灰蝶缺乏性標、以蘭科植物為幼蟲寄主而缺乏與螞蟻之互動關係，而有性標、雜食性而與螞蟻有共生關係者則關係較疏遠。

臺灣地區有兩種。

- *Hypolycaena kina inari*（Wileman, 1908）（蘭灰蝶）
- *Hypolycaena othona* Hewitson, [1865]（熱帶蘭灰蝶）

臺灣地區

檢索表 蘭灰蝶屬

Key to species of the genus *Hypolycaena* in Taiwan

❶ 翅腹面前緣中央有一小黑點；後翅CuA_2脈與1A+2A脈尾突約略等長 .... *othona*（熱帶蘭灰蝶）

翅腹面前緣中央無黑點；後翅1A+2A脈尾突明顯長於CuA_2脈尾突長 .... *kina*（蘭灰蝶）

蘭灰蝶

Hypolycaena kina inari (Wileman)

模式產地：*kina* Hewitson, 1869：印度；*inari* Wileman, 1908：臺灣。

英文名	Blue Tit
別　名	吉蒲灰蝶、雙尾琉璃小灰蝶

形態特徵 Diagnostic characters

雌雄斑紋相異。軀體背側呈黑褐色，腹側呈白色。前翅翅形接近直角三角形，前緣、外緣呈弧形。後翅近扇形，CuA_2脈及1A+2A脈末端有尾突，後者明顯長於前者。肛角有不發達的葉狀突。翅背面底色黑褐色，雄蝶前、後翅均有暗藍色斑，其上於前翅中央及後翅外緣有淺藍色紋。雌蝶則於前、後翅翅面上有白紋。翅腹面底色白色，前、後翅各有一暗色斑列。前翅斑列線形，於M_3脈分斷，其前方部分較粗。後翅紋列分斷為數短條，於CuA_1室反折成「V」字形，紋列帶有橙色調，而位於Rs室外側之斑點呈黑色。Rs室近翅基處亦有一黑褐色小斑。前、後翅中室端均有一褐色重短線。CuA_1室有由黑斑與橙色環形成之眼狀斑。沿外緣有模糊暗色帶。緣毛呈褐色及白色。

生態習性 Behaviors

一年多代。成蝶飛行相當敏捷，有訪花性，雄蝶會至溼地吸水。

雌、雄蝶之區分 Distinctions between sexes

雄蝶翅背面斑紋為暗藍色及淺藍色，雌蝶翅背面斑紋呈白色。

近似種比較 Similar species

在臺灣地區與本種最類似的種類是熱帶蘭灰蝶，本種後翅1A+2A脈尾突明顯較CuA_2脈尾突長，熱帶蘭灰蝶則約略等長。本種翅背面

分布 Distribution	棲地環境 Habitats	幼蟲寄主植物 Larval hostplants
在臺灣地區分布於臺灣本島低、中海拔地區。其他亞種分布於華西、北印度、喜馬拉雅、中南半島等地區。	常綠闊葉林。	在臺灣地區以蝴蝶蘭*Phalaenopsis aphrodite*、參實蘭*Thrixspermum formosanum*、尖葉萬代蘭*Papilionanthe teres*、金釵石斛*Dendrobium nobile*、白石斛*D. moniliforme*等蘭科Orchidaceae植物。取食部位包括花、莖、葉、根等肉質、柔軟的植物組織。

淺色紋不及於後緣，熱帶蘭灰蝶則及於後緣。本種前翅腹面斑列前段只稍寬於後段、前緣中央無黑點，熱帶蘭灰蝶則斑列前段明顯寬於後段、前緣中央有一小黑點。

高溫型（雨季型）

♂

♀

變異 Variations

低溫期個體翅腹面斑紋減退，翅背面淺色紋面積擴大。

豐度／現狀 Status

數量不多，而且近年減少趨勢明顯。

附記 Remarks

Fruhstorfer記述的小蘭灰蝶*Chilaria vanavasa* Fruhstorfer, 1909（模式產地：臺灣）可能是本種的季節變異個體。
本種原先並非罕見種，但是近年來數量劇減，疑與野生蘭科植物受到人為過度採集有關。

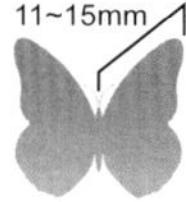

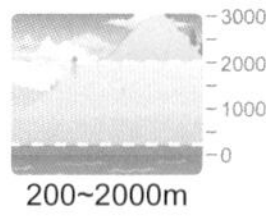

低溫型（乾季型）

♂

1cm

♀

1cm

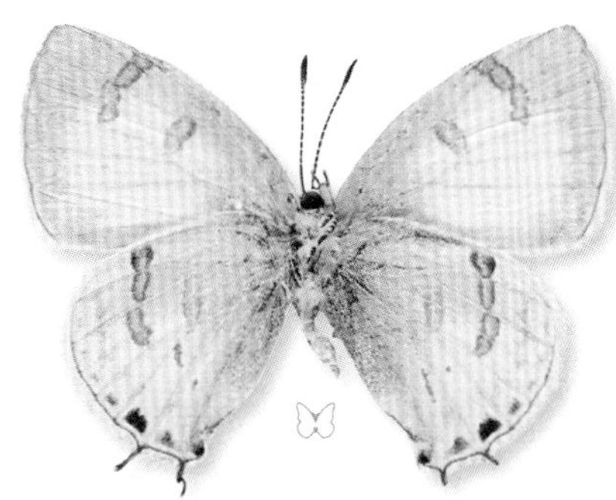

熱帶蘭灰蝶

Hypolycaena othona Hewitson

▍模式產地：*othona* Hewitson, [1865]：印度。

英 文 名｜Orchid Tit

別　　名｜蒲灰蝶、淡褐雙尾琉璃小灰蝶

形態特徵 Diagnostic characters

雌雄斑紋相異。軀體背側呈黑褐色，腹側呈白色。前翅翅形接近直角三角形，前緣、外緣呈弧形。後翅近扇形，CuA_2脈及1A+2A脈末端有尾突，約略等長。肛角有不發達的葉狀突。翅背面底色黑褐色，雄蝶前翅基半部及後翅大部分翅面有天藍色斑，雌蝶則於前、後翅翅面上有模糊淺色紋。翅腹面底色白色，前、後翅各有一暗色斑列。前翅斑列於M_3脈分斷，其前方部分明顯較寬。後翅紋列分斷為數短條，於CuA_1室反折成「V」字形，紋列淺褐色。翅腹面前緣中央有一小黑點。CuA_1室有由黑斑與橙色環形成之眼狀斑。沿外緣有模糊暗色帶。緣毛呈褐色及白色。

生態習性 Behaviors

可能一年多代。

雌、雄蝶之區分 Distinctions between sexes

雄蝶翅背面斑紋為明亮的天藍色，雌蝶翅背面則僅有模糊的淺色紋。

近似種比較 Similar species

在臺灣地區與本種最類似的種類是蘭灰蝶。本種雄蝶翅面斑紋較蘭灰蝶明亮。後翅1A+2A脈與CuA_2脈尾突約略等長，蘭灰蝶則前者長於後者。本種前翅腹面斑列前段明顯較後段寬、前緣中央有一小黑點，蘭灰蝶則斑列前、後段寬窄程度相近、前緣中央有無黑點。

分布 Distribution	棲地環境 Habitats	幼蟲寄主植物 Larval hostplants
在臺灣地區已知的棲地在臺灣本島低、中海拔地區。其他亞種分布於海南、北印度、喜馬拉雅、中南半島、爪哇等地區。	常綠闊葉林。	在臺灣地區資料缺乏，臺灣以外地區之寄主植物記錄均是蘭科Orchidaceae植物。

1 2 3 4 5 6 7 8 9 10 11 12

200~500m

210%

1cm

♂

♀

1cm

豐度／現狀 Status

極為稀有，疑似滅絕。

附記 Remarks

臺灣蝶類研究史上本種的採集記錄總共只有三隻。從日治時代結束迄今沒有任何追加觀察、採集記錄，本書提供雲南產標本充作參考。

玳灰蝶屬 *Deudorix* Hewitson, [1863]

模式種 Type Species | *Dipsas epijarbas* Moore, 1857，即玳灰蝶 *Deudorix epijarbas* (Moore, 1857)。

形態特徵與相關資料 Diagnosis and other information

中大型灰蝶。複眼密被毛。下唇鬚第三節細長，向前指。雄蝶前足跗節癒合，末端下彎、尖銳。雄蝶翅背面多有具金屬光澤之藍或紅色斑紋，雌蝶則一般褐色無紋。翅腹面呈褐色或白色，上有線紋。後翅於CuA_2脈有一細長尾突，尾突與CuA_2脈間成一大角度。後翅臀區葉狀突非常發達。雌雄二型性明顯。部分種類有第二性徵：雄蝶前翅腹面之後緣具長毛，而於後翅背面近翅基處常有灰色性標。

本屬的分類組成尚有疑義，雄蝶具第二性徵的種類有時被置於另一屬 *Virachola* Moore, 1881（模式種：俳玳灰蝶*Deudorix perse* Hewitson, [1862]）。然而，除了雄蝶第二性徵以外，這些種類不論是成蝶及幼生期形態特徵或是生態習性均與玳灰蝶無異。另外，部分非洲種類是否應置於本屬亦尚待釐清。

本屬分布於非洲區、東洋區及澳洲區，成員至少有27種。

成蝶通常棲息於森林中，有訪花性。

幼蟲專食植物果實、種子及花苞，利用之植物包括豆科Fabaceae、無患子科Sapindaceae、山龍眼科Proteaceae、柿樹科Ebenaceae、衛矛科Celastraceae、茶科Theaceae、茜草科Rubiaceae、桃金孃科Myrtaceae、安石榴科Punicaceae、棕櫚科Arecaceae等。

臺灣地區有三種。

- *Deudorix epijarbas menesicles* Fruhstorfer, [1912]（玳灰蝶）
- *Deudorix sankakuhonis* Matsumura, 1938（茶翅玳灰蝶）
- *Deudorix rapaloides*（Naritomi, 1941）（淡黑玳灰蝶）

臺灣地區

檢索表　玳灰蝶屬

Key to species of the genus *Deudorix* in Taiwan

❶ 後翅M室紋與中室端斑紋明顯分離；雄蝶前翅腹面後緣具長毛、後翅背面近翅基處有灰色性標 .... ❷

後翅M室紋趨近中室端斑紋；雄蝶前翅腹面後緣無長毛、後翅背面近翅基處無性標 .... *epijarbas*（玳灰蝶）

❷ 翅腹面底色灰色或灰白色，後翅帶紋於M_3脈截斷分離 ....*rapaloides*（淡黑玳灰蝶）

翅腹面底色褐色，後翅帶紋連續 .... *sankakuhonis*（茶翅玳灰蝶）

後翅有明顯鳥啄傷痕之玳灰蝶*Deudorix epijarbas menesicles* with prominent mark of bird attack（高雄市田寮區田寮，100m，2012. 08. 18.）。

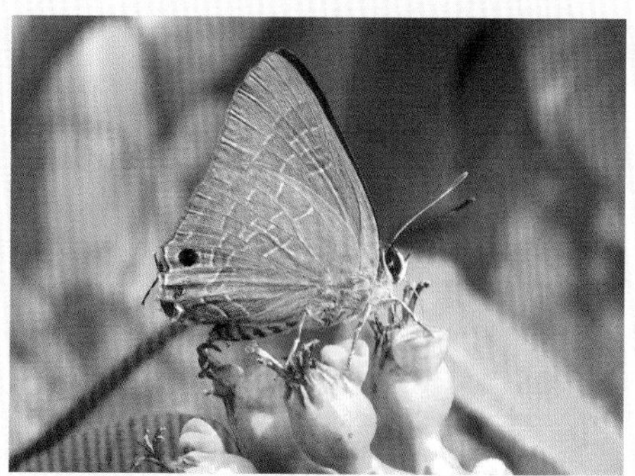

玳灰蝶*Deudorix epijarbas menesicles*（屏東縣三地門鄉三地門，2009. 01. 21.）。

玳灰蝶*Deudorix epijarbas menesicles*（南投縣魚池鄉蓮華池，600m，2009. 08. 17.）。

玳灰蝶*Deudorix epijarbas menesicles*（屏東縣三地門鄉三地門，2009. 01. 21.）。

玳灰蝶

Deudorix epijarbas menesicles Fruhstorfer

模式產地：*epijarbas* Moore, 1857：印度；*menesicles* Fruhstorfer, [1912]：臺灣。

英文名｜Cornelian／Common Cornelian

別　名｜恆春小灰蝶、龍眼緋灰蝶、緋色小灰蝶

形態特徵 Diagnostic characters

雌雄斑紋相異。軀體背側呈黑褐色，在雄蝶泛朱色；腹側呈黃白色而各體節有黑色橫條。前翅翅形接近直角三角形，翅頂尖，前緣呈弧形。後翅近卵形，CuA_2脈末端有細長尾突。臀區葉狀突發達，上有由橙色及黑色斑紋組成之眼斑。翅背面底色黑褐色，雄蝶前、後翅均有明亮的朱色斑。雌蝶底色黑褐色，前翅隱約有淺色紋。翅腹面底色褐色，前、後翅各有一兩側鑲白線之斑列，後翅斑列於CuA_2室脈反折成「V」字形。前、後翅中室端均有一兩側鑲白線之短條。CuA_1室有由黑斑與橙色環形成之眼狀斑。臀區附近有金屬色藍紋及橙色紋。沿外緣有模糊暗色帶。緣毛主要呈褐色。

生態習性 Behaviors

一年多代。成蝶飛行相當敏捷，有訪花性，雄蝶會至溼地吸水。

雌、雄蝶之區分 Distinctions between sexes

雄蝶翅背面有朱色斑紋，雌蝶則無。

近似種比較 Similar species

在臺灣地區與本種最類似的種類是茶翅玳灰蝶，但後者雄蝶翅表有暗藍色光澤而無朱色紋，且後翅有明顯的灰色性標。另外，本種後翅腹面M_3室內側的斑紋與中室端斑紋趨近，甚至接觸，茶翅玳灰蝶兩者明顯分離。

分布 Distribution

在臺灣地區分布於臺灣本島低、中海拔地區，離島蘭嶼與外島金門地區亦有記錄。其他亞種分布於華東、華南、華西、北印度、喜馬拉雅、中南半島、東南亞全區域、新幾內亞、澳洲東北部等地區。

棲地環境 Habitats

常綠闊葉林。

幼蟲寄主植物 Larval hostplants

幼蟲以多種闊葉樹為食，已知者包括無患子科Sapindaceae的荔枝*Litchi chinensis*、龍眼*Euphoria longana*；山龍眼科Proteaceae的山龍眼*Helicia formosana*；柿樹科Ebenaceae的軟毛柿*Diospyros eriantha*及柿*D. kaki*；豆科Fabaceae的菊花木*Bauhinia championi*等。幼蟲蛀食果實。

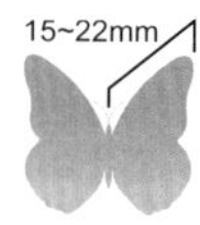

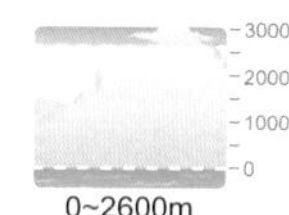

1cm

♂

1cm

♀

變異 Variations	豐度／現狀 Status	附記 Remarks
低溫期個體翅腹面斑紋減退。	數量尚多。	本種偶爾被視為果樹害蟲，一般為害並不嚴重。

茶翅玳灰蝶

Deudorix sankakuhonis Matsumura

▎模式產地：*sankakuhonis* Matsumura, 1938：臺灣。

英文名	Precious Guava Blue
別　名	三角峰小灰蝶

形態特徵 Diagnostic characters

雌雄斑紋相異。軀體背側呈黑褐色，腹側呈灰白色。前翅翅形接近直角三角形，翅頂尖，前緣呈弧形、雄蝶外緣近直線狀，雌蝶呈弧形。後翅近卵形，CuA_2脈末端有細長尾突。臀區葉狀突發達，上有由橙色及黑色斑紋組成之眼斑。翅背面黑褐色。翅腹面底色茶褐色，前、後翅各有一兩側鑲白線之斑列，於CuA_2脈反折成「V」字形。前、後翅中室端有一兩側鑲白線之模糊短條。CuA_1室有由黑斑與橙色環形成之眼狀斑。臀區附近有金屬色藍紋及橙色紋。沿外緣有模糊暗色帶。緣毛主要呈褐色。雄蝶前翅腹面後緣具長毛、後翅背面近翅基處有灰色性標。

生態習性 Behaviors

可能一年一代。成蝶棲息在闊葉林樹冠上，飛行敏捷快速，有訪花性。

雌、雄蝶之區分 Distinctions between sexes

雄蝶前翅外緣成近直線狀，雌蝶則呈弧形。雄蝶具有前翅後緣長毛、後翅背面灰色性標等第二性徵，雌蝶則無此等構造。

近似種比較 Similar species

在臺灣地區與本種最相似的種類是玳灰蝶，尤其是雌蝶。玳灰蝶雄蝶由於翅背面有朱色斑紋，很容易區分，雌蝶則與本種頗為相似。本種後翅腹面M_3室內側的斑紋與中室端斑紋明顯分離，玳灰蝶則兩

分布 Distribution	棲地環境 Habitats	幼蟲寄主植物 Larval hostplants
在臺灣地區分布於臺灣本島中海拔地區。其他亞種分布於華東、華南、華西等地區。	常綠闊葉林。	尚未有正式報告。

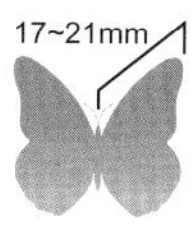

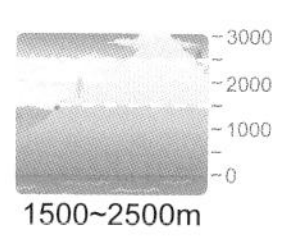

者趨近或接觸。另外，玳灰蝶通常體型較本種為大。

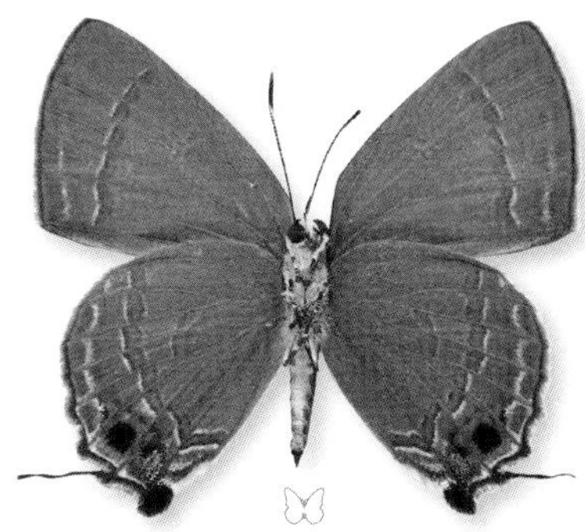

變異 Variations	豐度 / 現狀 Status	附記 Remarks
不顯著。	數量稀少。	臺灣亞種之亞種名*sankakuhonis*指「三角峰」，即現今的南投縣仁愛鄉梅峰。

淡黑玳灰蝶

Deudorix rapaloides (Naritomi)

模式產地：*rapaloides* Naritomi, 1941：臺灣。

英文名 | Camellia Guava Blue

別　名 | 淡黑小灰蝶

形態特徵 Diagnostic characters

雌雄斑紋相異。軀體背側呈黑褐色，腹側呈灰白色。前翅翅形接近直角三角形，翅頂尖，前緣、外緣呈弧形。後翅近卵形，CuA_2脈末端有細長尾突。臀區葉狀突發達，上有由橙色及黑色斑紋組成之眼斑。翅背面底色黑褐色，雄蝶前、後翅均有金屬色藍斑塊，雌蝶無紋。雄蝶翅腹面底色灰色、雌蝶翅腹面底色灰白色，前、後翅各有一兩側鑲白線之斑列，後翅斑列於M_3脈分斷，並於CuA_2脈反折成「V」字形。前、後翅中室端均有一兩側鑲白線之短條。CuA_1室有由黑斑與橙色環形成之眼狀斑。臀區附近有金屬色藍紋及橙色紋。沿外緣有模糊暗色帶。緣毛主要呈褐色。雄蝶前翅腹面後緣具長毛、後翅背面近翅基處有灰色性標。

生態習性 Behaviors

一年多代。成蝶飛行敏捷快速，有訪花性。

雌、雄蝶之區分 Distinctions between sexes

雄蝶翅背面有藍色紋，雌蝶則無。雄蝶翅腹面底面灰色、雌蝶則呈灰白色。雄蝶具有前翅後緣長毛、後翅背面灰色性標等第二性徵，雌蝶則無此等構造。

近似種比較 Similar species

在臺灣地區其他同屬種類翅腹面底色均為褐色，不難與本種區分。

分布 Distribution	棲地環境 Habitats	幼蟲寄主植物 Larval hostplants
分布於臺灣本島低、中海拔地區。	常綠闊葉林。	大頭茶*Gordonia axillaris*、短柱山茶*Camellia brevistyla*等茶科Theaceae植物。幼蟲蛀食花苞、果實。

1 2 3 4 5 6 7 8 9 10 11 12

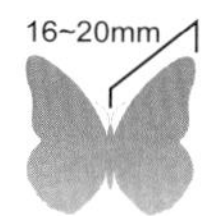

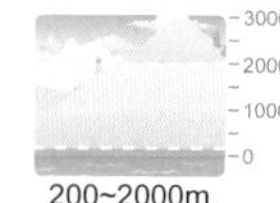

♂

變異 Variations	豐度／現狀 Status	附記 Remarks
不顯著。	一般數量不多。	本種與越玳灰蝶（記載為*Virachola superbiens*, Saito & Seki, 2006）（模式產地：越南）近緣，兩者關係有待進一步探討。

綠灰蝶屬 *Artipe* Boisduval, 1870

模式種 Type Species | *Papilio amyntor* Herbst, 1804，該分類單元被認為是*Papilio eryx* Linnaeus, 1771之同物異名，即綠灰蝶*Artipe eryx* (Linnaeus, 1771)。

形態特徵與相關資料 Diagnosis and other information

中大型灰蝶。複眼密被毛。下唇鬚第三節細小。雄蝶前足跗節癒合，末端下彎、尖銳。雄蝶翅背面有具金屬光澤之藍色紋，雌蝶則一般褐色而有白紋。翅腹面呈綠色或橄欖綠色，上有線紋。後翅於CuA_2脈有一細長尾突，尾突與CuA_2脈間成一大角度。後翅臀區葉狀突非常發達。雌雄二型性明顯。雄蝶無第二性徵。

本屬與玳灰蝶屬近緣，兩者不論在成蝶及幼生期形態特徵或是生態習性均無顯著差異。

本屬分布於東洋區及澳洲區，成員約有6種。

成蝶飛翔快速有力，有訪花性。

幼蟲專食植物果實，利用之寄主為茜草科Rubiaceae植物。

臺灣地區有一種。

- *Artipe eryx horiella*（Matsumura, 1929）（綠灰蝶）

綠灰蝶

Artipe eryx horiella (Matsumura)

模式產地：*eryx* Linnaeus, 1771：廣東；*horiella* Matsumura, 1929：臺灣。

英文名	Green Flash
別　名	綠底小灰蝶

形態特徵 Diagnostic characters

雌雄斑紋相異。軀體背側呈黑褐色，腹側呈橙黃色。前翅翅形接近直角三角形，翅頂尖，前緣、外緣略呈弧形。後翅近卵形，外緣稍呈波狀，CuA_2脈末端有長尾突。臀區葉狀突發達，上有由綠色及黑色斑紋組成之眼斑。翅背面底色黑褐色，雄蝶前翅基半部及後翅大部分翅面有具金屬光澤之深藍色紋，雌蝶則於後翅有白紋。翅腹面底色綠色，前、後翅各有一兩側鑲白色短線紋之模糊暗斑列，前翅之內側白線紋消退，而後翅後半段外側白線紋格外發達，尤其雌蝶。後翅中室端有時有一兩側鑲白線之模糊短條。CuA_1及CuA_2室外側有小黑斑。後翅沿外緣有模糊白圈紋。緣毛於背側呈褐色與白色，腹側呈綠色與白色。

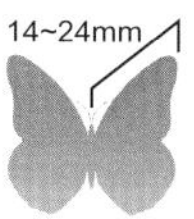

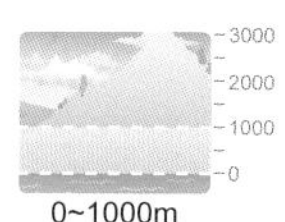

生態習性 Behaviors

一年多代。成蝶飛行敏捷快速，有訪花性。

雌、雄蝶之區分 Distinctions between sexes

雄蝶翅背面有具金屬光澤之深藍色紋，雌蝶則於後翅有白紋。

近似種比較 Similar species

在臺灣地區無相似的種類。

高溫型（雨季型）

♂

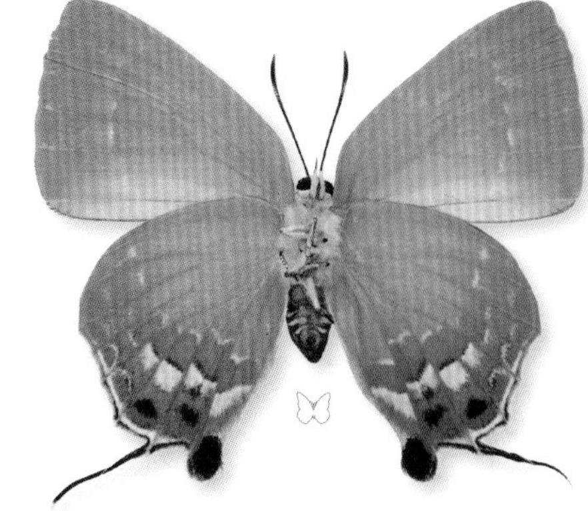

♀

分布 Distribution

在臺灣地區分布於臺灣本島低、中海拔地區，包括離島蘭嶼、龜山島。棲息在金門與馬祖地區的族群屬於指名亞種。其他分布地區包括中國大陸南部、中南半島、婆羅洲、蘇拉威西、日本南西諸島等地區。

棲地環境 Habitats

常綠闊葉林、海岸林、都市林。

幼蟲寄主植物 Larval hostplants

茜草科Rubiaceae之山黃梔*Gardenia jasminoides*。幼蟲蛀食果實。

低溫型（乾季型）

♂

♀

變異 Variations	豐度／現狀 Status	附記 Remarks
低溫期雌蝶翅背面白紋較發達。	目前數量尚多。	臺灣亞種之亞種名*horiella*指南投縣埔里。

閃灰蝶屬 *Sinthusa* Moore, 1884

模式種 Type Species | *Thecla nasaka* Horsfield, [1829]，即細帶閃灰蝶 *Sinthusa nasaka* (Horsfield, [1829])。

形態特徵與相關資料 Diagnosis and other information

中小型灰蝶。複眼密被毛。下唇鬚第三節長，末端尖銳。雄蝶前足跗節癒合，末端下彎、尖銳。雄蝶翅背面有具金屬光澤之藍或紫色斑紋，雌蝶則呈褐色，有時有淺色紋。翅腹面呈灰色或白色，上有褐色線紋及斑點。後翅於CuA_2脈有一尾突。後翅臀區葉狀突發達。雌雄二型性明顯。雄蝶有第二性徵：雄蝶前翅腹面之後緣具長毛，而於後翅背面近翅基處有灰色性標。

本屬分布於東洋區，約有12種。

成蝶通常棲息於森林中，有訪花性。

幼蟲取食植物的葉片及花苞，利用之植物為薔薇科Rosaceae植物。

臺灣地區有一種。

- *Sinthusa chandrana kuyaniana*（Matsumura, 1919）（閃灰蝶）

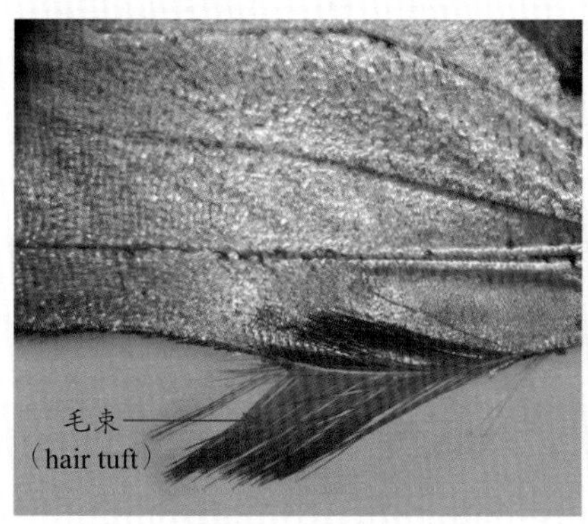

閃灰蝶雄蝶右前翅腹面性標

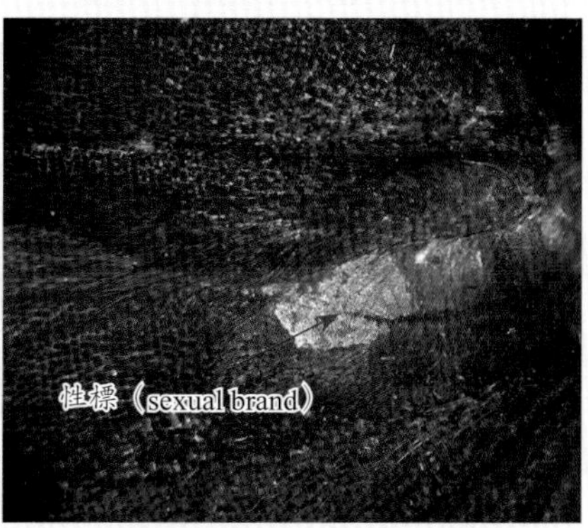

閃灰蝶雄蝶左後翅背面性標

閃灰蝶

Sinthusa chandrana kuyaniana (Matsumura)

▎模式產地：*chandrana* Moore, 1882：喀什米爾；*kuyaniana* Matsumura, 1919：臺灣。

英文名	Broad Spark
別　名	嘉義小灰蝶、生灰蝶

形態特徵 Diagnostic characters

雌雄斑紋相異。軀體背側呈黑褐色，腹側呈灰白色。前翅翅形接近直角三角形，翅頂尖，前緣、外緣呈弧形。後翅近卵形，CuA_2脈末端有細長尾突。臀區葉狀突發達，上有由橙色及黑色斑紋組成之眼斑。翅背面底色黑褐色，雄蝶後翅有金屬色紫藍斑塊，雌蝶無紋。雄蝶翅腹面底色灰白色、雌蝶翅腹面底色白色，前、後翅各有一分斷為數截之褐色或淺褐色斑列。前、後翅中室端均有一褐色短條。後翅近翅基處有數只褐色小斑點。CuA_1室有由黑斑與橙色環形成之眼狀斑。臀區附近有金屬色藍紋及橙色紋。沿外緣有模糊暗色紋列。緣毛主要呈褐色。雄蝶前翅腹面後緣具棕色長毛、後翅背面近翅基處有灰色性標。

生態習性 Behaviors

一年多代。成蝶飛行靈活敏捷，有訪花性。老熟幼蟲化蛹前有特殊的蛀木行為。

雌、雄蝶之區分 Distinctions between sexes

雄蝶翅背面有金屬色紫藍斑塊，雌蝶則無。雄蝶具有前翅後緣長毛、後翅背面灰色性標等第二性徵，雌蝶則無此等構造。雌蝶翅幅較雄蝶寬闊。

近似種比較 Similar species

在臺灣地區僅有淡黑玳灰蝶與本種翅紋略為相似，但是淡黑玳灰

分布 Distribution	棲地環境 Habitats	幼蟲寄主植物 Larval hostplants
在臺灣地區分布於臺灣本島低、中海拔地區。其他亞種分布於華東、華南、華西、喜馬拉雅、印度、中南半島等地區。	常綠闊葉林。	羽萼懸鉤子*Rubus alceifolius*、臺灣懸鉤子*R. formosensis*、高山懸鉤子*R. rolfei*等薔薇科Rosaceae植物。取食部位包括花苞及葉片。

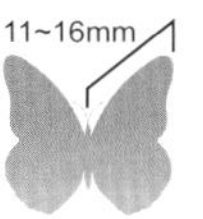

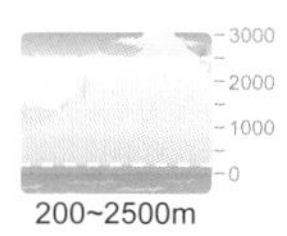

蝶前翅腹面帶紋連續，本種帶紋則於M_3脈分斷。另外，淡黑玳灰蝶後翅腹面翅基附近缺少本種具有之褐色小斑點。

220%

變異 Variations

低溫期個體翅腹面褐色紋消退。

豐度／現狀 Status

一般數量不多。

附記 Remarks

本種之臺灣亞種名源自嘉義縣阿里山鄒族原住民地名。

燕灰蝶屬 *Rapala* Moore, [1881]

模式種 Type Species | *Thecla varuna* Horsfield, [1829]，即燕灰蝶*Rapala varuna* (Horsfield, [1829])。

形態特徵與相關資料 Diagnosis and other information

中小型灰蝶。複眼密被毛。下唇鬚第三節向前指。雄蝶前足跗節癒合，末端下彎、尖銳。翅背面有具金屬光澤之藍或橙色斑紋。翅腹面多呈褐色、黃色或白色，上有褐色線紋、斑點。後翅於CuA_2脈有一尾突，尾突與CuA_2脈間成一大角度。後翅臀區葉狀突發達。雌雄二型性明顯。雄蝶有第二性徵：雄蝶前翅腹面之後緣具長毛，而於後翅背面近翅基處有灰色性標。

本屬分布於東洋區與澳洲區，約有50種。

成蝶主要棲息於森林中，有訪花性。

幼蟲取食植物的花苞、花、若果，利用之植物包括豆科Fabaceae、朴樹科Celtidaceae、薔薇科Rosaceae、鼠李科Rhamnaceae、千屈菜科Lythraceae、殼斗科Fagaceae、五加科Araliaceae、無患子科Sapindaceae等許多植物。

臺灣地區有四種。

- *Rapala caerulea liliacea* Nire, 1920（堇彩燕灰蝶）
- *Rapala varuna formosana* Fruhstorfer, [1912]（燕灰蝶）
- *Rapala nissa hirayamana* Matsumura, 1926（霓彩燕灰蝶）
- *Rapala takasagonis* Matsumura, 1929（高砂燕灰蝶）

臺灣地區

檢索表 燕灰蝶屬

Key to species of the genus *Rapala* in Taiwan

❶ 翅腹面中央斑紋帶狀 .... ❷
翅腹面中央斑紋線形 .... ❸

❷ 翅腹面底色淺黃褐色，後翅腹面帶紋直線狀 .... *caerulea*（堇彩燕灰蝶）
翅腹面底色褐色，後翅腹面帶紋弧形 .... *varuna*（燕灰蝶）

❸ 翅腹面線紋橙色，其外側白線不清晰 .... *nissa*（霓彩燕灰蝶）
翅腹面線紋褐色，其外側白線清晰 .... *takasagonis*（高砂燕灰蝶）

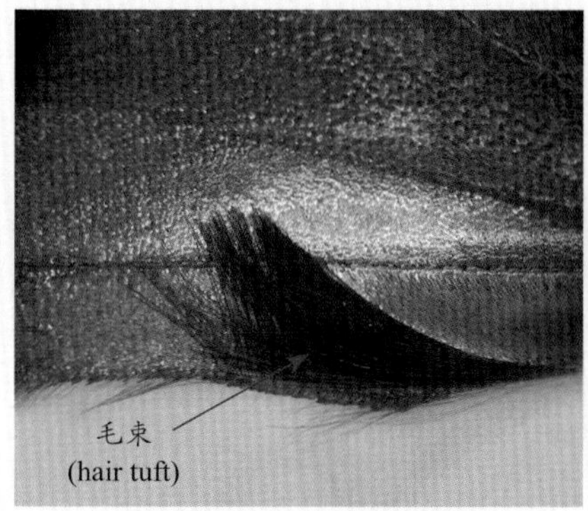

燕灰蝶雄蝶右前翅腹面性毛

燕灰蝶雄蝶左前翅背面性標

燕灰蝶雄蝶左後翅背面

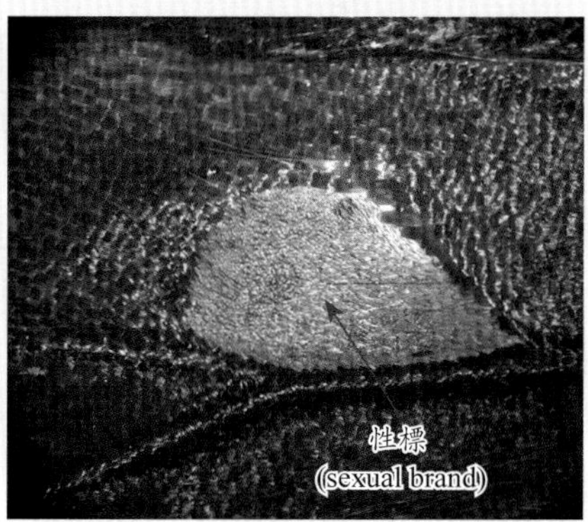

燕灰蝶雄蝶左後翅背面性標放大

霓彩燕灰蝶*Rapala nissa hirayamana*（南投縣仁愛鄉惠蓀林場，700m，2012. 05. 14.）。

高砂燕灰蝶*Rapala takasagonis*（新北市烏來區福山，500m，2012. 07. 12.）。

堇彩燕灰蝶

Rapala caerulea liliacea Nire

▍模式產地：*caerulea* Bremer & Grey, 1852：北京；*liliacea* Nire, 1920：臺灣。

英文名｜Violet Flash

別　名｜淡紫小灰蝶、藍燕灰蝶

形態特徵 Diagnostic characters

雌雄斑紋相似。軀體背側呈黑褐色，腹側胸部呈灰白色，腹部橙色。前翅翅形接近直角三角形，翅頂尖，外緣、前緣略呈弧形。後翅近扇形，CuA_2脈末端有細長尾突。臀區葉狀突發達，上有由橙色及黑色斑紋組成之眼斑。翅背面褐色，上有金屬色藍紫紋，雄蝶常於前翅中央及後翅後側有橙色紋。翅腹面底色淡黃褐色，前、後翅各有一兩側鑲淺色線之帶紋，並於後翅後側三回反折成「W」字形。前、後翅中室端有一兩側鑲淺色線之短條。CuA_1室有由黑斑與橙色環形成之眼狀斑。臀區附近有黑斑，上有白色鱗藍紋散布。沿外緣有兩道暗色帶，外寬內窄。緣毛主要呈黃褐色。雄蝶前翅腹面後緣具長毛、後翅背面近翅基處有灰色性標。

生態習性 Behaviors

一年多代。成蝶棲息在寄主植物群落附近，飛行敏捷，有訪花性。

雌、雄蝶之區分 Distinctions between sexes

雄蝶翅背面常有橙色紋，雌蝶則無。雄蝶具有前翅後緣長毛、後翅背面灰色性標等第二性徵，雌蝶則無此等構造。

近似種比較 Similar species

在臺灣地區與本種最相似的種類是燕灰蝶，但是燕灰蝶翅腹面底色較深色，而且雄蝶翅背面不會有橙色紋。

分布 Distribution

在臺灣地區分布於臺灣本島中海拔地區。其他亞種分布於華東、華南、華西、朝鮮半島等地區。

棲地環境 Habitats

常綠闊葉林。

幼蟲寄主植物 Larval hostplants

在臺灣地區已知者僅有豆科Fabaceae之毛胡枝子*Lespedeza formosa*及八仙花科Hydrangeaceae的大葉溲疏*Deutzia pulchra*。以毛胡枝子為食時利用部位包括新芽及花苞，以大葉溲疏為食時，目前已知之利用部位是花苞。

1 2 3 4 5 6 7 8 9 10 11 12

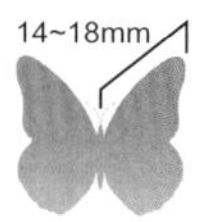

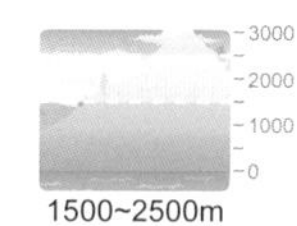

♂

1cm

1cm

變異 Variations	豐度／現狀 Status	附記 Remarks
雄蝶翅背面橙色紋大小變異頗著。	分布局限而數量少。	本種的幼蟲寄主植物在臺灣分布廣而數量多，本種棲地、數量卻均頗少，原因尚待研究。

燕灰蝶

Rapala varuna formosana Fruhstorfer

模式產地：*varuna* Horsfield, [1829]：爪哇；*formosana* Fruhstorfer, [1912]：臺灣。

英文名 | Indigo Flash

別名 | 墾丁小灰蝶

形態特徵 Diagnostic characters

雌雄斑紋相似。軀體背側呈黑褐色，腹側胸部呈淺褐色或灰色，腹部黃白色或橙色。前翅翅形接近直角三角形，翅頂尖，外緣、前緣略呈弧形。後翅近扇形，CuA_2脈末端有細長尾突。臀區葉狀突發達，上有由橙色及黑色斑紋組成之眼斑。翅背面褐色，上有金屬色藍紋。翅腹面底色暗褐色，前、後翅各有一兩側鑲淺色線之暗色帶紋，並於後翅後側三回反折成「W」字形。前、後翅中室端有一兩側鑲淺色線之暗色短條。CuA_1室有由黑斑與橙色環形成之眼狀斑。臀區附近有黑斑，上有白色鱗藍紋散布。沿外緣有兩道暗色帶，於前翅外寬內窄，於後翅則約略等寬。緣毛主要呈褐色。雄蝶前翅背面中央於M_3、CuA_1及CuA_2脈基部及附近中室脈覆有特化灰色鱗，腹面後緣具長毛。後翅背面近翅基處有灰色性標。

生態習性 Behaviors

一年多代。飛行敏捷，有訪花性。

雌、雄蝶之區分 Distinctions between sexes

雄蝶具有前翅中央分枝狀線形性標、後緣長毛，以及後翅背面灰色性標等第二性徵，雌蝶則無此等構造。

近似種比較 Similar species

在臺灣地區與本種最相似的種類是堇彩燕灰蝶，但是堇彩燕灰蝶翅腹面底色較淺色，而且雄蝶翅背面沒有分枝狀線形性標。

分布 Distribution

在臺灣地區分布於臺灣本島低、中海拔地區。臺灣以外分布涵蓋東洋區大部分地區及澳洲區之新幾內亞、澳洲東北部等地區。

棲地環境 Habitats

常綠闊葉林、海岸林。

幼蟲寄主植物 Larval hostplants

在臺灣地區已知者包括鼠李科Rhamnaceae之桶鉤藤*Rhamnus formosanus*、朴樹科Celtidaceae的山黃麻*Trema orientalis*、千屈菜科Lythraceae的九芎*Lagerstroemia subcostata*、豆科Fabaceae之相思樹*Acacia confusa*、無患子科Sapindaceae之無患子*Sapindus mukorossii*等多種植物。利用部位主要是花苞與花。

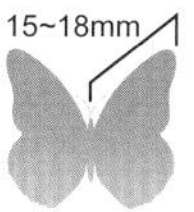

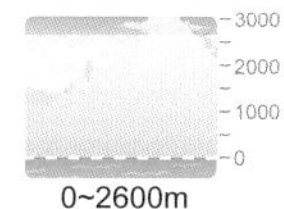

高溫型（雨季型）

1cm

♂

1cm

♀

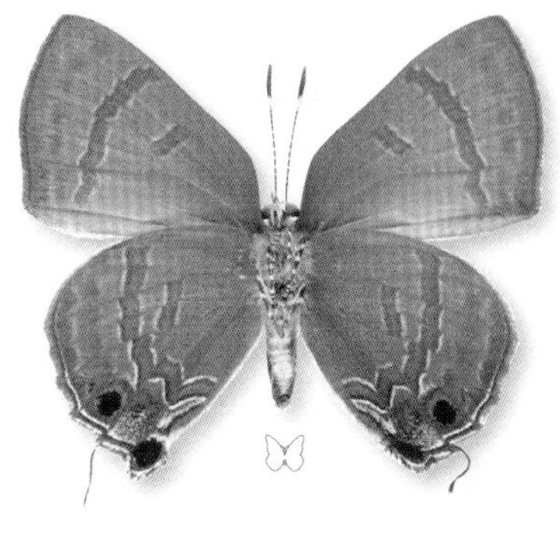

變異 Variations	豐度／現狀 Status	附記 Remarks
低溫期個體翅腹面斑紋較為減退、不鮮明。	目前數量尚多。	過去認為本種在臺灣北部罕見，但現今在北部地區頗為常見。

低溫型（乾季型）

霓彩燕灰蝶

Rapala nissa hirayamana Matsumura

模式產地：*nissa* Kollar, [1844]：[尼泊爾]；*hirayamana* Matsumura, 1926：臺灣。

英 文 名 | Common Flash

別　　名 | 平山小灰蝶

形態特徵 Diagnostic characters

雌雄斑紋相似。軀體背側呈黑褐色，腹側胸部呈淺褐色或灰色，腹部黃白色或橙色。前翅翅形接近直角三角形，翅頂尖，外緣、前緣略呈弧形。後翅近扇形，CuA_2脈末端有細長尾突。臀區葉狀突發達，上有由橙色及黑色斑紋組成之眼斑。翅背面褐色，上有金屬色藍紋。翅腹面底色褐色，前、後翅各有一線紋，其外側為模糊之白線，中間為暗褐色線，內側則為橙色線。線紋於後翅後側三回反折成「W」字形。前、後翅中室端有模糊暗褐色重短條。CuA_1室有由黑斑與橙色環形成之眼狀斑。臀區附近有黑斑，上有白色鱗藍紋散布。沿外緣有兩道暗色帶，外寬內窄。緣毛主要呈黃褐色。腹面後緣具長毛。後翅背面近翅基處有半圓形灰色性標。

生態習性 Behaviors

一年多代。飛行敏捷，有訪花性。

雌、雄蝶之區分 Distinctions between sexes

雄蝶具有前翅後緣長毛、後翅背面灰色性標等第二性徵，雌蝶則無此等構造。

近似種比較 Similar species

在臺灣地區與本種最相似的種類是高砂燕灰蝶，但是高砂燕灰蝶翅腹面底色較深色，而且雄蝶翅腹面線紋之白線部分較鮮明。本種雄蝶後翅背面性標近半圓形，高砂燕灰蝶則近矩形。

分布 Distribution

在臺灣地區分布於臺灣本島低、中海拔地區。臺灣以外分布地區包括華西、華南、華東、華中、印度北部、喜馬拉雅、中南半島、巽他陸塊等地區。

棲地環境 Habitats

常綠闊葉林。

高溫型（雨季型）

180%

♂

1cm

♀

1cm

幼蟲寄主植物 Larval hostplants

在臺灣地區已知者包括朴樹科Celtidaceae的山黃麻*Trema orientalis*、千屈菜科Lythraceae的九芎*Lagerstroemia subcostata*、殼斗科Fagaceae的銳葉高山櫟*Quercus tatakaensis*、豆科Fabaceae的波葉山螞蝗*Desmodium sequax*及五加科Araliaceae的裡白楤木*Aralia bipinnata*等。利用的部位主要是花苞與花，但是會利用波葉山螞蝗的嫩葉。

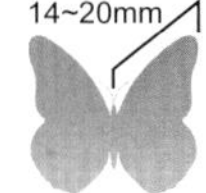

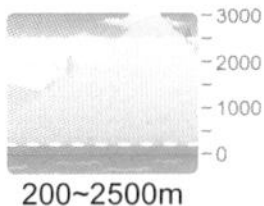

灰蝶科

燕灰蝶屬

低溫型（乾季型）

1cm

♂

1cm

♀

變異 Variations

低溫期個體翅腹面底色淺而線紋色彩較深，因此對比明顯，而 CuA_1室黑斑亦減退、不鮮明。另外，低溫期個體前翅背面橙紅色紋較鮮明。

豐度／現狀 Status

目前數量尚多。

附記 Remarks

由於華西、喜馬拉雅一帶近似種頗多，*hirayamana*是否為*nissa*的亞種尚有探討空間。

高砂燕灰蝶

Rapala takasagonis Matsumura

▍模式產地：*takasagonis* Matsumura, 1929：臺灣。

英文名｜Taiwan Flash

別　名｜高砂小灰蝶、高沙子燕灰蝶

形態特徵 Diagnostic characters

雌雄斑紋相似。軀體背側呈黑褐色，腹側胸部呈淺褐色或灰色，腹部黃白色或橙色。前翅翅形接近直角三角形，翅頂尖，外緣、前緣略呈弧形。後翅近扇形，CuA_2脈末端有細長尾突。臀區葉狀突發達，上有由橙色及黑色斑紋組成之眼斑。翅背面褐色，上有金屬色藍紋。翅腹面底色褐色，前、後翅各有一線紋，其外側為鮮明之白線，中間為暗褐色線，內側僅於後翅後段有橙色紋。線紋於後翅後側三回反折成「W」字形。前、後翅中室端有模糊暗褐色重短條。CuA_1室有由黑斑與橙色環形成之眼狀斑。臀區附近有黑斑，上有白色鱗藍紋散布。沿外緣有兩道暗色帶，外寬內窄。緣毛主要呈褐色。腹面後緣具長毛。後翅背面近翅基處有灰色性標。

生態習性 Behaviors

一年多代。飛行敏捷快速，有訪花性。

雌、雄蝶之區分 Distinctions between sexes

雄蝶具有前翅後緣長毛、後翅背面灰色性標等第二性徵，雌蝶則無此等構造。

近似種比較 Similar species

在臺灣地區與本種最相似的種類是霓彩燕灰蝶，但是霓彩燕灰蝶翅腹面底色較淺色，而且雄蝶翅腹面線紋之白線部分較不鮮明、內側橙色紋較發達。本種雄蝶後翅背面性標近矩形，霓彩燕灰蝶則近半圓形。

分布 Distribution	棲地環境 Habitats	幼蟲寄主植物 Larval hostplants
分布於臺灣本島低、中海拔地區，以北部較常見。	常綠闊葉林。	已知者包括朴樹科Celtidaceae的山黃麻*Trema orientalis*、千屈菜科Lythraceae的九芎*Lagerstroemia subcostata*及無患子科Sapindaceae之賽欒華*Eucorymbus cavaleriei*。利用的部位是花苞與花。

1 2 3 4 5 6 7 8 9 10 11 12

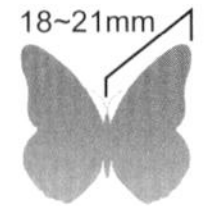

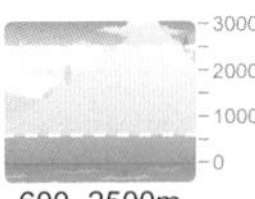

130%

灰蝶科

燕灰蝶屬

♂

1cm

♀

低溫型（乾季型）

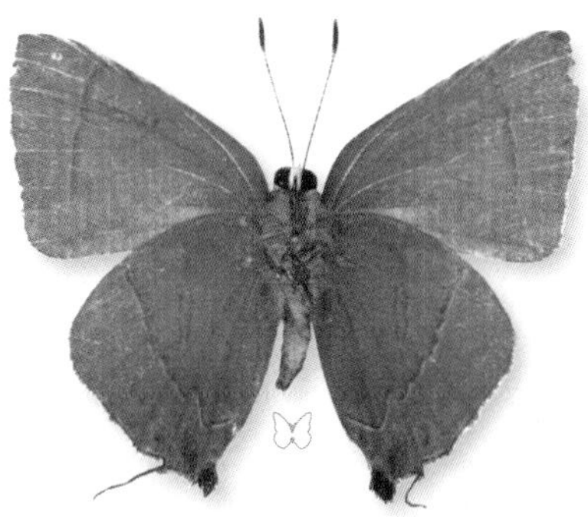

變異 Variations	豐度／現狀 Status	附記 Remarks
低溫期個體翅腹面斑紋減退。	數量甚少。	本種目前被視為臺灣特有種，由於華西、喜馬拉雅一帶近似種頗多，其分類地位尚有探討空間。

灑灰蝶屬 *Satyrium* Tutt, 1876

模式種 Type Species | *Lycaena fuliginosa* Edwards, 1861，即灰黯灑灰蝶 *Satyrium fuliginosa* (Edwards, 1861)。

形態特徵與相關資料 Diagnosis and other information

中、小型灰蝶。複眼被毛。下唇鬚第三節細小。雄蝶前足跗節癒合，末端下彎。翅背面色彩多以褐色為主，其上常有橙色紋。翅腹面多呈褐色、黃褐色或灰白色，上有白色、褐色線紋、斑點。後翅常於CuA_2脈有一尾突，CuA_1脈亦常另有一短尾突。後翅有肛角葉狀突。雌雄二型性不明顯。雄蝶有第二性徵：於前翅背面中室端附近有灰色性標。

本屬與烏灰蝶屬關係近緣，有待進一步探討。兩者之種類過去常置於*Strymonidia*, 1908（模式種：*Thecla thalia*, Leech [1893]）內，但是*Strymonidia*乃是烏灰蝶屬*Fixenia* Tutt, [1907] 之主觀同物異名。Clench（1978）依雄性交尾器陽莖器腹面是否有脊，將原先置於*Strymonidia*的種類分為*Satyrium*及*Fixenia*兩屬，本書暫從此處理，然而，該處理是否正確反映親緣關係則有待深入探討。

本屬分布於舊北區、新北區及東洋區北端與舊北區交會帶。

成蝶主要棲息於森林或灌叢中，有訪花性。

幼蟲寄主植物包括殼斗科Fagaceae、榆科Ulmaceae、鼠李科Rhamnaceae、無患子科Sapindaceae、楊柳科Salicaceae、胡桃科Juglandaceae、木犀科Oleaceae、灰木科Symplocaceae、豆科Fabaceae等植物。

臺灣地區有六種。

- *Satyrium formosanum*（Matsumura, 1910）（臺灣灑灰蝶）
- *Satyrium eximium mushanum*（Matsumura, 1929）（秀灑灰蝶）
- *Satyrium tanakai*（Shirôzu, 1943）（田中灑灰蝶）
- *Satyrium esakii*（Shirôzu, 1941）（江崎灑灰蝶）
- *Satyrium inouei*（Shirôzu, 1959）（井上灑灰蝶）
- *Satyrium austrinum*（Murayama, 1943）（南方灑灰蝶）

臺灣地區

檢索表

灑灰蝶與烏灰蝶屬

Key to species of the genus *Satyrium* and *Fixenia* in Taiwan

❶ 前、後翅背面均有橙紅色紋；雄蝶前翅背面無性標.. *Fixenia watarii*（渡氏烏灰蝶）

後翅背面無紋，若有橙色紋則只見於前翅或後翅；雄蝶前翅背面中室端有性標.. ❷

❷ 翅腹面底色灰白色.................................. *Satyrium austrinum*（南方灑灰蝶）

翅腹面底色褐色.. ❸

❸ 前、後翅腹面亞外緣有鮮明點列.. ❹

前、後翅腹面亞外緣僅有模糊褐色紋列.. ❺

❹ 前翅腹面CuA_2斑為一黑圓斑............ *Satyrium formosanum*（臺灣灑灰蝶）

前翅腹面CuA_2斑為兩分離小黑斑.............. *Satyrium tanakai*（田中灑灰蝶）

❺ 前翅腹面亞外緣紋外側鑲橙色紋，後翅腹面亞外緣紋後段具鮮明橙黃色紋，其內側黑線直線狀.. *Satyrium esakii*（江崎灑灰蝶）

前翅腹面亞外緣紋外側無橙色紋，後翅腹面亞外緣紋後段具橙紅紋，其內側黑線彎曲.. ❻

❻ 前翅腹面亞外緣紋列明顯............................ *Satyrium eximium*（秀灑灰蝶）

前翅腹面亞外緣紋列退化、消失..................*Satyrium inouei*（井上灑灰蝶）

（由於灑灰蝶與烏灰蝶屬有時視為同一屬，因此包括在本檢索表中）

無患子葉上之臺灣灑灰蝶蛹 Pupa of *Satyrium formosanum* on *Sapindus mukorossii*（桃園縣復興鄉巴陵，600m，2011. 05. 04.）。

臺灣灑灰蝶*Satyrium formosanum*（南投縣魚池鄉蓮華池，600m，2011. 05. 21.）。

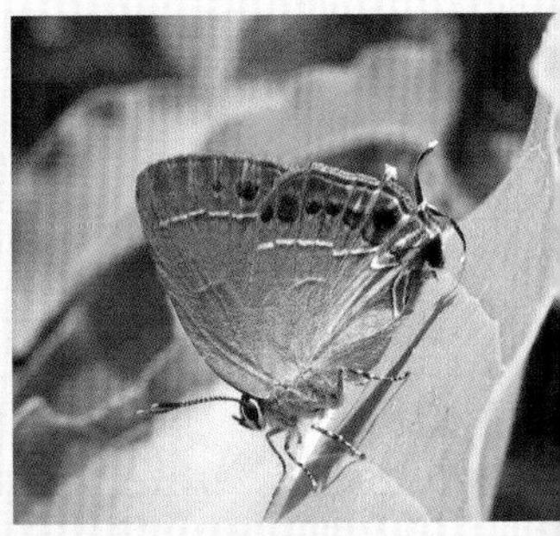

田中灑灰蝶*Satyrium tanakai*（桃園縣復興鄉巴陵，600m，2010. 04. 26.）。

南方灑灰蝶

Satyrium austrinum (Murayama)

模式產地：*austrinum* Murayama, 1943：臺灣。

英文名 | Zelkova Hairstreak

別　名 | 白底烏小灰蝶、南風灑灰蝶

形態特徵 Diagnostic characters

雌雄斑紋相似。軀體背側呈黑褐色，腹側呈白色。前翅翅形接近直角三角形，外緣、前緣略呈弧形。後翅近扇形，CuA_2脈末端有細長尾突，CuA_1脈末端有細小突起。臀區葉狀突不發達。翅背面褐色，前翅常有橙黃色紋。翅腹面底色灰白色，前、後翅各有一內側鑲暗色邊之線紋，線紋於後翅後側三回反折成「W」字形。CuA_1室有由黑斑與橙黃色弦月紋形成之眼狀斑。臀區附近有黑斑及橙黃色紋。亞外緣斑列斷線狀、褐色，後翅後段部分呈橙黃色。緣毛主要呈白色。雄蝶前翅背面中室端附近有黑褐色性標。

生態習性 Behaviors

一年一化。飛行靈活敏捷，有訪花性。冬季以卵態休眠越冬。

雌、雄蝶之區分 Distinctions between sexes

雄蝶前翅背面中室端附近有暗色性標，雌蝶則否。

近似種比較 Similar species

棲息在臺灣地區的類似種翅腹面底色均呈褐色，惟有本種呈灰白色，因此不難鑑定。

分布 Distribution	棲地環境 Habitats	幼蟲寄主植物 Larval hostplants
分布於臺灣本島低、中海拔地區，以北部較常見。臺灣以外已知分布於華西地區。	常綠闊葉林。	榆科Ulmaceae的櫸木 *Zelkova serrata*。利用的部位是花苞與花。

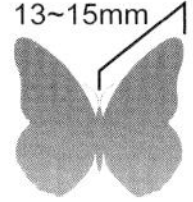

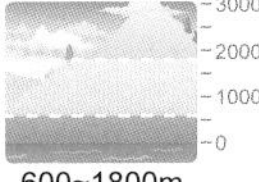

♂

♀

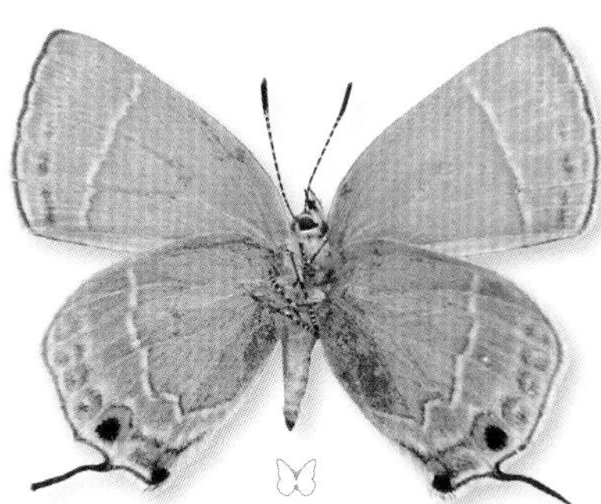

變異 Variations	豐度／現狀 Status	附記 Remarks
前翅背面橙黃色紋大小多個體變異。	一般數量不多。	本種長期被視為臺灣特有種，但是近年已在陝西發現其族群。本種種小名*austrinum*為「南方」之意，意指本種在灑灰蝶中為分布偏南之種類。

臺灣灑灰蝶

Satyrium formosanum (Matsumura)

▍模式產地：*formosanum* Matsumura, 1910：臺灣。

英文名	Formosan Hairstreak
別　名	蓬萊烏小灰蝶

形態特徵 Diagnostic characters

雌雄斑紋相似。軀體背側呈黑褐色，腹側呈白色。前翅翅形接近直角三角形，前緣略呈弧形。後翅近扇形，CuA_2脈末端有細長尾突，CuA_1脈末端則有短突起。臀區葉狀突發達。翅背面褐色，葉狀突內有橙色紋。翅腹面底色褐色，前、後翅各有一內側鑲暗色邊之線紋，線紋於後翅後側呈「W」字形。CuA_1室有由黑斑與橙色弦月紋形成之眼狀斑。臀區附近有黑斑及橙色紋。亞外緣斑列為鑲白紋的黑褐色斑點點列，於前翅向前漸小。緣毛主要呈白色。雄蝶前翅背面中室端附近有細小橢圓形灰褐色性標。

生態習性 Behaviors

一年一化。飛行靈活敏捷，有訪花性。冬季以卵態休眠越冬。產卵位置在樹皮裂縫中。

雌、雄蝶之區分 Distinctions between sexes

雄蝶前翅背面中室端附近有灰褐色性標，雌蝶則否。

近似種比較 Similar species

本種前翅腹面亞外緣斑列呈向前漸小之黑褐色斑點點列，易於與其他棲息在臺灣地區的類似種類區分。此外，本種是臺灣地區的類似種類中體型最大者。

分布 Distribution	棲地環境 Habitats	幼蟲寄主植物 Larval hostplants
分布於臺灣本島低海拔地區，以中、北部較常見。臺灣以外已知分布於華東地區。	常綠闊葉林。	無患子科的Sapindaceae的無患子*Sapindus mukorossii*。利用的部位是新芽、幼葉。

1 2 3 4 5 6 7 8 9 10 11 12

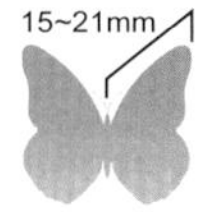

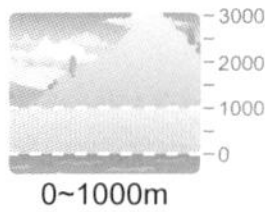

170%

♂

♀

變異 Variations	豐度／現狀 Status	附記 Remarks
不顯著。	目前數量尚多。	本種長期被視為臺灣特有種，但是近年已在福建發現其族群。

秀灑灰蝶

Satyrium eximium mushanum (Matsumura)

▌模式產地：*eximium* Fixsen, 1877：韓國；*mushanum* Matsumura, 1929：臺灣。

英文名	Buckthorn Hairstreak
別　名	霧社烏小灰蝶

形態特徵 Diagnostic characters

雌雄斑紋相似。軀體背側呈黑褐色，腹側呈白色。前翅翅形接近直角三角形，前、外緣略呈弧形。後翅近扇形，CuA_2脈末端有細長尾突，CuA_1脈末端則有不明顯短突起。臀區葉狀突發達。翅背面褐色，葉狀突黑褐色，內有橙紅色紋。翅腹面底色褐色，前、後翅各有一內側鑲暗色邊之線紋，線紋於後翅後側數回反折成波狀。CuA_1室有由黑斑與橙紅色弦月紋形成之眼狀斑。臀區附近有黑斑及橙色紋。亞外緣斑列為鑲白紋的暗色紋列。緣毛主要呈褐色。雄蝶前翅背面中室端附近有橢圓形灰色性標。雌蝶翅背面常有橙紅色紋。

生態習性 Behaviors

一年一化。飛行靈活敏捷，有訪花性。冬季以卵態休眠越冬。產卵位置在細枝上。

雌、雄蝶之區分 Distinctions between sexes

雄蝶前翅背面中室端附近有灰色性標，雌蝶則否。雌蝶翅背面常有橙紅色紋，雄蝶則無紋。另外，雌蝶翅幅較雄蝶寬闊。

近似種比較 Similar species

棲息在臺灣地區的灑灰蝶當中，本種體型大小僅次於臺灣灑灰蝶，而為次大型種。翅紋與井上灑灰蝶及渡氏烏灰蝶均頗相似，井上灑灰蝶前翅腹面亞外緣斑列退化、不明顯，渡氏烏灰蝶則翅腹面白線較本種鮮明，且雄蝶前翅背面無性標。

分布 Distribution

主要分布於臺灣本島中、南部的中海拔地區。

棲地環境 Habitats

常綠闊葉林。

幼蟲寄主植物 Larval hostplants

已知之幼蟲寄主植物是鼠李科Rhamnaceae之小葉鼠李*Rhamnus parvifolia*。利用的部位是新芽、幼葉。

1 2 3 4 5 6 7 8 9 10 11 12

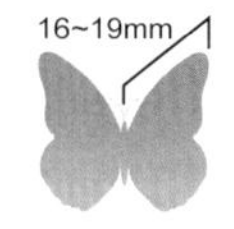

3000
2000
1000
0
1000~2000m

170%

1cm

♂

1cm

♀

變異 Variations	豐度／現狀 Status	附記 Remarks
雌蝶翅背面橙紅色紋多變異。	一般數量不多、分布局限。	本種的亞種名*mushanum*係指南投縣仁愛鄉霧社。

田中灑灰蝶

Satyrium tanakai (Shirôzu)

模式產地：*tanakai* Shirôzu, 1943：臺灣。

英 文 名	Tanaka's Hairstreak
別　　名	田中烏小灰蝶

形態特徵 Diagnostic characters

雌雄斑紋相似。軀體背側呈黑褐色，腹側呈白色。前翅翅形接近直角三角形，前、外緣略呈弧形。後翅近扇形，CuA_2脈末端有細長尾突，CuA_1脈末端則有短突起。臀區葉狀突發達。翅背面褐色，葉狀突黑褐色，內有白色鱗。翅腹面底色褐色，前、後翅各有一內側鑲暗色邊之線紋，線紋於後翅後段略呈波狀。CuA_1室有由黑斑與橙色弦月紋形成之眼狀斑。臀區附近有黑斑及橙色紋。亞外緣斑列為鑲黑紋的橙紅色斑紋紋列，於前翅CuA_2室分裂為兩小紋，其餘翅室則向前漸小。緣毛主要呈褐色。雄蝶前翅背面中室端附近有橢圓形灰色性標。

生態習性 Behaviors

一年一化。飛行靈活敏捷，有訪花性。冬季以卵態休眠越冬。產卵位置在細枝的苞片內或裂縫中，外表覆有膠狀物質。

雌、雄蝶之區分 Distinctions between sexes

雄蝶前翅背面中室端附近有灰色性標，雌蝶則否。另外，雌蝶前翅外緣呈弧形之程度較雄蝶明顯。

近似種比較 Similar species

本種前翅腹面亞外緣斑列形成鑲黑紋的橙紅色斑紋紋列，足以與其他棲息在臺灣地區的類似種類區分。

分布 Distribution	棲地環境 Habitats	幼蟲寄主植物 Larval hostplants
分布於臺灣本島低、中海拔地區。	常綠闊葉林。	無患子科Sapindaceae（槭樹科Aceraceae）之樟葉槭 *Acer albopurpurascens*。利用的部位是新芽、幼葉。

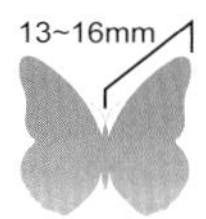

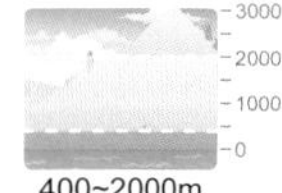

♂

變異 Variations	豐度／現狀 Status	附記 Remarks
不顯著。	目前數量尚多，但是分布較為局限。	本種目前長期被視為臺灣特有種，但是本種與“*Thecla*” *saitua* Tytler, 1915（模式產地：印度阿薩密Manipur地區）極其相似，兩者很可能為同種。 本種的種小名*tanakai*係紀念日人田中龍三氏。

江崎灑灰蝶

Satyrium esakii (Shirôzu)

模式產地：*esakii* Shirôzu, 1941：臺灣。

英文名｜Esaki's Hairstrak

別　名｜江崎烏小灰蝶、文仲烏小灰蝶

形態特徵 Diagnostic characters

雌雄斑紋相似。軀體背側呈黑褐色，腹側呈白色。前翅翅形接近直角三角形，前、外緣略呈弧形。後翅近扇形，CuA_2脈末端有細長尾突，CuA_1脈末端亦有一較短尾突。臀區葉狀突不甚發達。翅背面褐色，葉狀突黑褐色，內有白色鱗。翅腹面底色褐色，前、後翅各有一內側鑲暗色邊之線紋，線紋於後翅後側三回反折成「W」字形。前翅亞外緣有內側鑲黑邊之橙色線紋。後翅M_3、CuA_1、CuA_2室均有由黑斑與橙色弦月紋形成之斑紋，且橙色弦月紋粗細與黑斑相當。臀區附近有黑斑及橙色紋。緣毛主要呈褐色及白色。雄蝶前翅背面中室端附近有橢圓形灰色性標。

生態習性 Behaviors

一年一化。飛行靈活敏捷，有訪花性。

雌、雄蝶之區分 Distinctions between sexes

雄蝶前翅背面中室端附近有灰色性標，雌蝶則否。雌蝶翅幅較雄蝶寬闊。

近似種比較 Similar species

本種後翅腹面橙色弦月紋格外鮮明，其粗細與其外側黑斑相當，其他棲息在臺灣地區的灑灰蝶之橙色弦月紋均較外側黑斑窄。前翅腹面亞外緣之鑲黑邊橙色線紋亦是本種特徵。

分布 Distribution	棲地環境 Habitats	幼蟲寄主植物 Larval hostplants
分布於臺灣本島中、南部的中、高海拔地區。	常綠闊葉林。	尚未知曉。

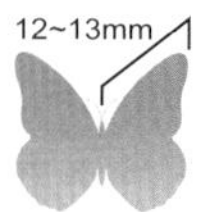

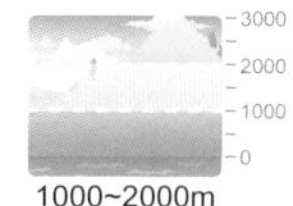

♂

♀

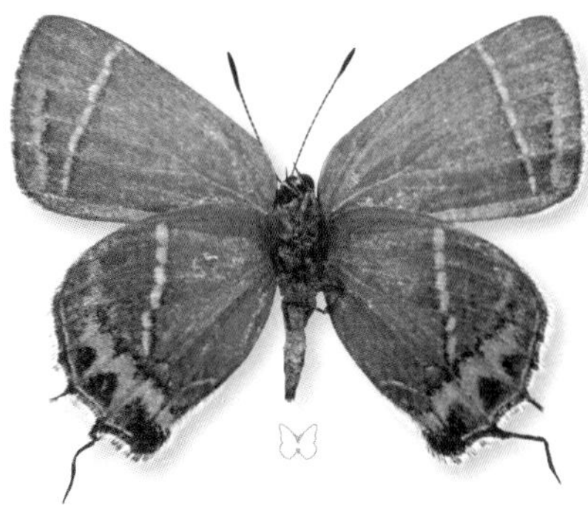

變異 Variations

不顯著。

豐度／現狀 Status

本種是採集、觀察記錄極少的稀有種。

附記 Remarks

本種的種小名*esakii*係紀念最初採集本種標本之昔時日籍著名昆蟲學者江崎悌三教授。
本種與華西灑灰蝶*Satyrium patrius* Leech,（模式產地：四川）斑紋類似，兩者關係有待研究。

井上灑灰蝶

Satyrium inouei (Shirôzu)

模式產地：*inouei* Shirôzu, 1959：臺灣。

英文名｜Inoue's Hairstreak

別　名｜井上烏小灰蝶、清潭烏小灰蝶

形態特徵 Diagnostic characters

雌雄斑紋相似。軀體背側呈黑褐色，腹側呈白色。前翅翅形接近直角三角形，前、外緣略呈弧形。後翅近扇形，CuA_2脈末端有明顯尾突，CuA_1脈末端則有短突起。臀區葉狀突發達。翅背面褐色，葉狀突黑褐色，內有白色鱗。翅腹面底色褐色，前、後翅各有一內側鑲暗色邊之線紋，線紋於後翅後側三回反折成「W」字形，其前方突出部未接觸亞外緣紋列，後方突出部則與亞外緣紋列相接。前翅亞外緣紋列極其模糊。後翅亞外緣有由黑斑與橙色弦月紋形成之斑紋。臀區附近有黑斑及橙色紋。緣毛主要呈褐色。雄蝶前翅背面中室端附近有橢圓形灰色性標。

生態習性 Behaviors

一年一化。飛行靈活敏捷，有訪花性。

雌、雄蝶之區分 Distinctions between sexes

雄蝶前翅背面中室端附近有灰色性標，雌蝶則否。雌蝶翅幅較雄蝶寬闊。

近似種比較 Similar species

本種翅紋與秀灑灰蝶及渡氏烏灰蝶類似，但是本種翅背面無橙色紋，前翅腹面亞外緣斑列退化、模糊。

分布 Distribution	棲地環境 Habitats	幼蟲寄主植物 Larval hostplants
分布於臺灣本島中部的中、高海拔地區。	常綠闊葉林。	在臺灣地區尚未知曉。

1 2 3 4 5 6 7 8 9 10 11 12

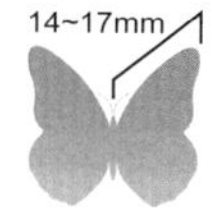

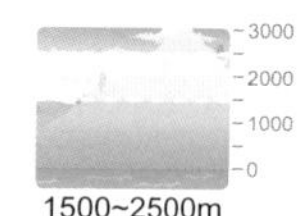

♂

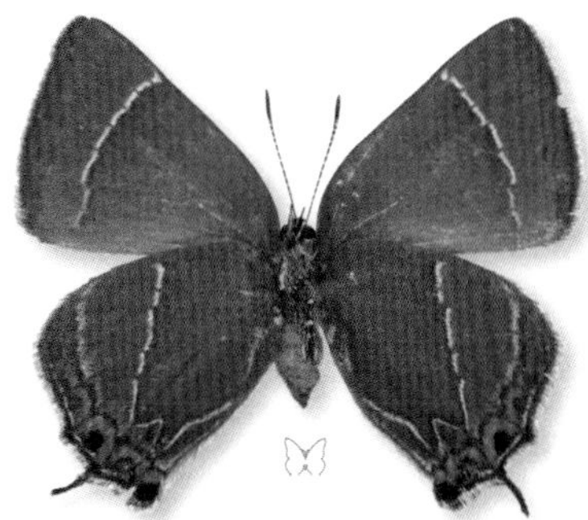

變異 Variations	豐度／現狀 Status	附記 Remarks
不顯著。	數量稀少。	本種的種小名*inouei*係紀念最初採集本種標本之日籍研究者井上正亮（Masasuke Inoue）。本種長期被認為是臺灣特有種，但小岩屋（1996）報告在陝西秦嶺於櫟樹上發現灑灰蝶類幼蟲，飼養所得之成蝶形態與本種類似，而被鑑定為本種。

烏灰蝶屬

Fixsenia Tutt, [1907]

模式種 Type Species | *Thecla herzis* Fixsen, 1887，即烏灰蝶*Fixenia herzi*（Fixsen, 1887）。

形態特徵與相關資料 Diagnosis and other information

中小型灰蝶。複眼被毛。下唇鬚第三節細小。雄蝶前足跗節癒合，末端下彎。翅背面色彩多以褐色為主，其上常有橙色紋。翅腹面呈褐色，上有白色、黑褐色線紋、斑點。後翅常於CuA_2脈有一尾突，CuA_1脈亦常另有一短尾突。後翅有肛角葉狀突。雌雄二型性不明顯。雄蝶常於前翅背面中室端附近有灰色性標。

本屬與灑灰蝶屬關係近緣，有待近一步探討。

本屬分布於舊北區及東洋區北端與舊北區交會帶。

成蝶主要棲息於森林或灌叢中，有訪花性。

幼蟲寄主植物為薔薇科Rosaceae植物。

臺灣地區有一種。

- *Fixenia watarii*（Matsumura, 1927）（渡氏烏灰蝶）

檢索表請參見灑灰蝶屬。

渡氏烏灰蝶*Fixenia watarii*（屏東縣霧臺鄉阿禮，1300m，2009. 06. 06.）。

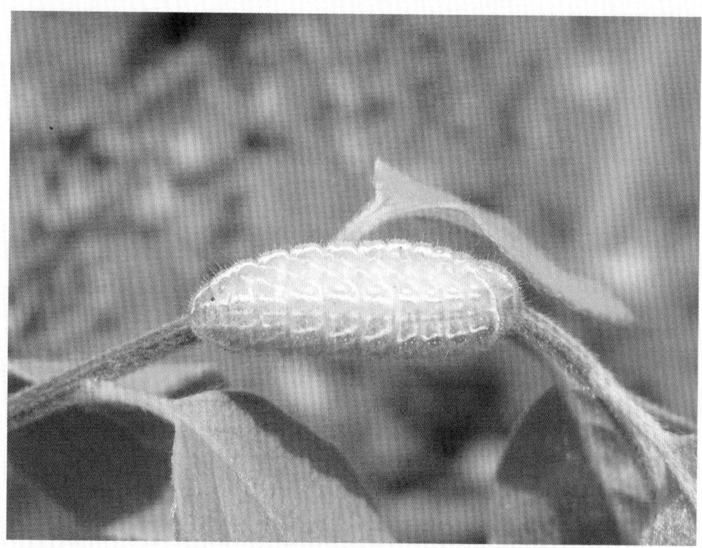

笑靨花上之渡氏烏灰蝶幼蟲Larva of *Fixenia watarii* on *Spiraea prunifolia*（新竹縣鎮西堡，2010. 03. 12.）。

渡氏烏灰蝶

Fixenia watarii (Matsumura)

模式產地：*watarii* Matsumura, 1927：臺灣。

英文名	Watari' s Hairstreak
別　名	紅點烏小灰蝶、余寬烏小灰蝶、武大烏灰蝶

形態特徵 Diagnostic characters

雌雄斑紋相似。軀體背側呈黑褐色，腹側呈白色。前翅翅形接近直角三角形，前、外緣略呈弧形。後翅近扇形，CuA_2脈末端有細長尾突，CuA_1脈末端則有不明顯短突起。臀區葉狀突發達。翅背面褐色，前翅中央有鮮明橙紅色斑紋，後翅後側有數枚橙紅色小斑。葉狀突黑褐色，內有橙紅色紋。翅腹面底色褐色，前、後翅各有一內側鑲暗色邊之線紋，線紋於後翅後側數回反折成波狀。亞外緣斑列為鑲白紋的橙色及黑褐色紋列。CuA_1室有由黑斑與橙紅色弦月紋形成之眼狀斑。臀區附近有黑斑及橙色紋。緣毛主要呈褐色及白色。

生態習性 Behaviors

一年一化。飛行靈活敏捷，有訪花性。冬季以卵態休眠越冬。產卵位置在細枝上。

雌、雄蝶之區分 Distinctions between sexes

雄蝶前足末端鈍而無爪，雌蝶前足末端則具爪。

近似種比較 Similar species

翅紋與井上灑灰蝶及秀灑灰蝶相似，但是井上灑灰蝶翅背面缺乏橙色斑紋，秀灑灰蝶則體型較大、翅腹面白線較細。另外，本種雄蝶前翅背面無性標。

分布 Distribution	棲地環境 Habitats	幼蟲寄主植物 Larval hostplants
分布於臺灣本島低、中海拔地區。	常綠闊葉林。	薔薇科Rosaceae之笑靨花*Spiraea prunifolia*。利用的部位是新芽、幼葉。

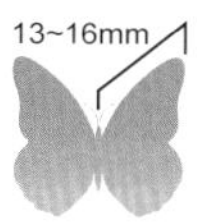

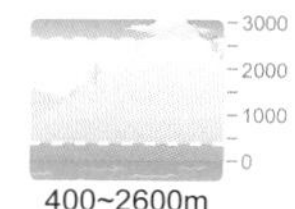

190%

♂

變異 Variations	豐度／現狀 Status	附記 Remarks
翅背面橙色紋大小多變異。	一般數量不多。	本種的種小名*watarii*係紀念本種的發現者渡正監氏。

鑽灰蝶屬

Horaga Moore, [1881]

模式種 Type Species | *Thecla onyx* Moore, 1857，即鑽灰蝶*Horaga onyx*（Moore, 1857）。

形態特徵與相關資料 Diagnosis and other information

中、小型灰蝶。複眼光滑，雄蝶前足跗節癒合，末端鈍。翅背面色彩多以黑褐色為底色，其上有白斑，且常有金屬色藍或紫紋。翅腹面底色褐色、黃褐色或白色，上有白斑及褐色線紋；後翅沿外緣有鑲金屬色紋的深色斑點。後翅於CuA_1、CuA_2及1A+2A脈各有一尾突。後翅臀區葉狀突不明顯。雄蝶於前翅腹面多有性標。幼蟲體上長有許多細長肉質突起。

本屬分布於東洋區及澳洲區北端，約有10種。

成蝶主要棲息於森林中，有訪花性。

幼蟲食性多為雜食性，亦有專食性。已知寄主植物大多為被子植物，包括朴樹科Celtidaceae、鼠李科Rhamnaceae、無患子科Sapindaceae（包括原先的槭樹科）、大戟科Euphorbiaceae、漆樹科Anacardiaceae、薔薇科Rosaceae、豆科Fabaceae、茜草科Rubiaceae、馬鞭草科Verbenaceae、樟科Lauraceae、千屈菜科Lythraceae、芸香科Rutaceae、馬桑科Coriariaceae、灰木科Symplocaceae等植物，亦有利用裸子植物羅漢松科Podocarpaceae之觀察。

臺灣地區有三種。

- *Horaga onyx moltrechti* Matsumura, 1919（鑽灰蝶）
- *Horaga albimacula triumphalis* Murayama & Shibatani,1943（小鑽灰蝶）
- *Horaga rarasana* Sonan,1936（拉拉山鑽灰蝶）

臺灣地區

檢索表 鑽灰蝶屬

Key to species of the genus *Horaga* in Taiwan

❶ 前翅背面白紋帶狀；翅腹面底色白色 .... *rarasana*（拉拉山鑽灰蝶）
　前翅背面白紋塊狀；翅腹面底色褐色 .... ❷
❷ 後翅背面藍紋覆蓋翅面1／2以上 .... *onyx*（鑽灰蝶）
　後翅背面藍紋覆蓋翅面1／2以下 .... *albimacula*（小鑽灰蝶）

鑽灰蝶

Horaga onyx moltrechti Matsumura

▍模式產地：*onyx* Moore, 1857：喜馬拉雅；*moltrechti* Matsumura, 1919：臺灣。

英文名 | Common Onyx

別　名 | 三尾小灰蝶、斑灰蝶

形態特徵 Diagnostic characters

雌雄斑紋相似。軀體背側呈黑褐色，腹側呈白色。前翅翅形接近直角三角形，翅頂尖，外緣、前緣略呈弧形。後翅近扇形，CuA_1、CuA_2及1A+2A脈末端各有一尾突，CuA_2脈尾突最長，1A+2A脈尾突次之，CuA_1脈尾突最短。臀區葉狀突不發達。翅背面底色黑褐色，上有淺藍色亮紋，於前翅覆蓋基半部，於後翅延伸至亞外緣。前翅於M_2、M_3及CuA_1室基部有白斑，合為一塊。雄蝶前翅腹面1A+2A脈近翅基處有一片淺褐色性標。翅腹面底色褐色，前、後翅各有一暗色粗線紋，於前翅呈一不規則曲線，並於其內側有一白紋；於後翅呈一直線，而於CuA_2室反折成「V」字形，並於線紋外側有白紋。後翅沿外緣有鑲金屬色紋之斑點，於CuA_2室呈灰色，其餘呈黑褐色或紅褐色。1A+2A室末端有雙重金屬色短線。前翅緣毛前褐後白，後翅緣毛白色。

生態習性 Behaviors

一年多代。飛行活潑敏捷，有訪花性。

雌、雄蝶之區分 Distinctions between sexes

雌蝶翅形較雄蝶寬闊。雄蝶前翅腹面1A+2A脈近翅基處有一片淺褐色性標，雌蝶則無此構造。

近似種比較 Similar species

在臺灣地區與本種最相似的種類是小鑽灰蝶，本種通常體型較大、翅背面藍色紋較發達，而低溫期個體後翅腹面外緣斑紋呈紅褐色亦是本種才具有的特性。

分布 Distribution

在臺灣地區分布於臺灣本島低、中海拔地區。臺灣以外分布涵蓋東洋區大部分地區。

棲地環境 Habitats

常綠闊葉林、海岸林、都市林、果園。

幼蟲寄主植物 Larval hostplants

在臺灣地區已知者至少包括鼠李科Rhamnaceae之桶鉤藤*Rhamnus formosanus*及漆樹科Anacardiaceae的芒果*Mangifera indica*。利用的部位主要是新芽。

高溫型（雨季型）

♂

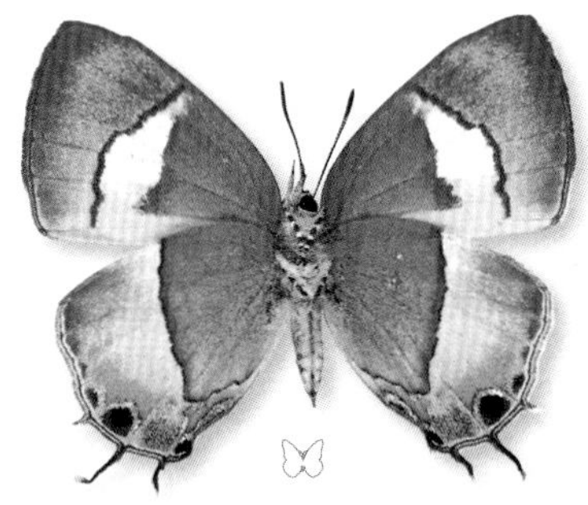

變異 Variations	豐度／現狀 Status	附記 Remarks
高溫期個體後翅腹面外緣斑紋呈黑褐色，低溫期個體後翅腹面外緣斑紋則呈紅褐色。	一般數量少。	由於小鑽灰蝶季節變異劇烈，使其部分個體與本種難以區分，致使本種過去之幼蟲寄主植物記錄可能其實混有小鑽灰蝶之寄主植物，有待進一步釐清。

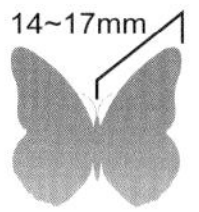

低溫型（乾季型）

1cm

1cm

小鑽灰蝶

Horaga albimacula triumphalis Murayama & Shibatani

模式產地：*albimacula* Wood-Mason & Nicéville, 1881：安達曼；
triumphalis Murayama & Shibatani, 1943：臺灣。

英文名 | Brown Onyx

別　名 | 姬三尾小灰蝶、白斑灰蝶

形態特徵 Diagnostic characters

雌雄斑紋相似。軀體背側呈黑褐色，腹側呈白色。前翅翅形接近直角三角形，翅頂尖，外緣、前緣略呈弧形。後翅近扇形，CuA_1、CuA_2及1A+2A脈末端各有一尾突，CuA_2脈尾突最長，1A+2A脈尾突次之，CuA_1脈尾突最短。臀區葉狀突不發達。翅背面底色黑褐色，上有白斑，前翅於M_2、M_3及CuA_1室基部，合為一塊。雄蝶前翅腹面1A+2A脈近翅基處有一片淺褐色性標。淺藍色亮紋有或無，若有則位於前翅基半部及後翅翅基附近。翅腹面底色褐色、黃褐色或暗褐色，前、後翅各有一暗色粗線紋，於前翅呈一不規則曲線，並於其內側有一白紋；於後翅呈一直線，而於CuA_2室反折成「V」字形，並於線紋外側有白紋。後翅沿外緣有鑲金屬色紋之斑點，於CuA_2室呈灰色，其餘呈黑褐色。1A+2A室末端有雙重金屬色短線。前翅緣毛前褐後白，後翅緣毛白色。

生態習性 Behaviors

一年多代。飛行活潑敏捷，有訪花性。

雌、雄蝶之區分 Distinctions between sexes

雌蝶翅形較雄蝶寬闊，翅腹面底色較淺。雄蝶前翅腹面1A+2A脈近翅基處有一片淺褐色性標，雌蝶則無此構造。

分布 Distribution

在臺灣地區分布於臺灣本島低、中海拔地區。臺灣以外分布涵蓋東洋區大部分地區。

幼蟲寄主植物 Larval hostplants

在臺灣地區已知幼蟲寄主至少包括鼠李科Rhamnaceae的桶鉤藤*Rhamnus formosanus*；薔薇科Rosaceae的山櫻花*Prunus campanulata*；大戟科Euphorbiaceae的細葉饅頭果*Glochidion rubrum*、菲律賓饅頭果*G. philippicum*、烏桕*Sapium sebiferum*、野桐*Mallotus japonicus*、刺杜密*Bridelia balansae*；馬鞭草科

1 2 3 4 5 6 7 8 9 10 11 12

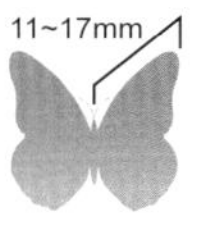

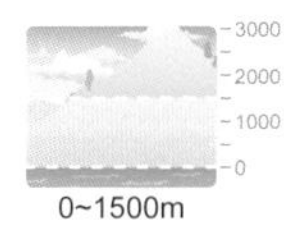

近似種比較 Similar species

在臺灣地區與本種最相似的種類是鑽灰蝶，本種通常體型較小、翅背面藍色紋較不發達，事實上，惟有本種翅背面有藍色紋完全消失的情形。

高溫型（雨季型）

160%

1cm

♂

1cm

♀

Verbenaceae的山埔姜*Vitex quinata*；茜草科Rubiaceae的水金京*Wendlandia formosana*；豆科的盾柱木*Peltophorum inerme*；無患子科Sapindaceae（包括從前的槭樹科Aceraceae）的龍眼*Euphoria longana*、無患子*Sapindus mukorossii*及樟葉槭*Acer albopurpurascens*；虎耳草科Saxifragaceae的鼠刺*Itea oldhamii*及小花鼠刺*I. parviflora*；羅漢松科Podocarpaceae的桃實百日青*Podocarpus nakaii*等。利用的部位依植物種類不同而異，包括新芽、花、花苞、幼果。

低溫型（乾季型）

♂

♀

棲地環境 Habitats	變異 Variations	豐度／現狀 Status	附記 Remarks
常綠闊葉林、海岸林、都市林、果園。	高溫期個體體型小、色調較暗，翅背面藍色紋消退。	一般數量不多。	本種的翅紋季節變異較鑽灰蝶顯著，尤其低溫期個體與鑽灰蝶高溫期個體在體型大小及斑紋方面都十分類似，不易區分。

拉拉山鑽灰蝶

Horaga rarasana Sonan

▎模式產地：*rarasana* Sonan, 1936：臺灣。

英文名	Formosan Onyx
別　名	拉拉山三尾小灰蝶、斜條斑灰蝶

形態特徵 Diagnostic characters

雌雄斑紋相異。軀體背側呈黑褐色，腹側呈白色。前翅翅形接近三角形，外緣、前緣呈弧形。後翅近扇形，CuA_1、CuA_2及1A+2A脈末端各有一尾突，CuA_2脈尾突最長，1A+2A脈尾突次之，CuA_1脈尾突最短。肛角葉狀突不發達。翅背面底色黑褐色，前翅有斜白帶，雄蝶後翅於雄蝶有金屬色紫紋，雌蝶則無。雄蝶前翅腹面1A+2A脈近翅基處有性標，沿1A+2A脈兩側分布者細長而呈深褐色，靠近翅基而位於1A+2A脈後方者橢圓形而呈淺褐色。翅腹面底色白色，前、後翅各有一黃褐色或暗褐色粗帶紋，於前翅呈一曲線，於後翅呈一直線，並於後側反折形成「W」字形。前翅中室端有一同色短條。沿外緣有同色條紋，並於後翅有一列金屬色斑點。CuA_2室外端有一明顯黑褐色斑點。1A+2A室末端有雙重金屬色短線。緣毛白色。

生態習性 Behaviors

一年一代。飛行緩慢，有訪花性。

雌、雄蝶之區分 Distinctions between sexes

雌蝶後翅背面缺乏雄蝶具有之紫色紋。

近似種比較 Similar species

在臺灣地區沒有與本種類似的種類。

分布 Distribution	棲地環境 Habitats	幼蟲寄主植物 Larval hostplants
主要分布於臺灣本島北部中海拔地區。中部地區記錄稀少，是否真有其族群有待進一步調查。	常綠闊葉林。	本種為單食性，寄主植物為灰木科Symplocaceae之大花灰木 *Symplocos macrostroma*。利用的部位為新芽、幼葉。

1 2 3 4 5 6 7 8 9 10 11 12

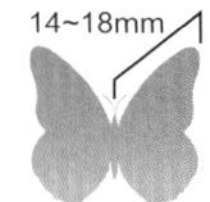

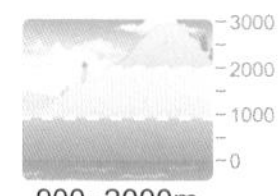

140%

1cm

♂

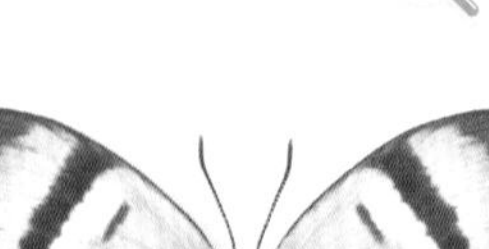

1cm

♀

黃色型

1cm

♀

變異 Variations

部分個體翅腹面底色呈淺黃色，出現頻度低，形成原因不明。

豐度／現狀 Status

分布局限而數量少。

附記 Remarks

本種長期被認為缺乏近緣種，直至2002年才於寮國北部山地發現與本種十分類似的高波鑽灰蝶*Horaga takanamii* Satio & Seki,2003（模式產地：寮國），說明本種實為一珍貴的孑遺物種。本種的種小名源自其模式產地桃園縣復興鄉拉拉山。

三尾灰蝶屬 *Catapaecilma* Bulter, 1879

模式種 Type Species | *Hypochrysops elegans* Druce, 1873，即豔麗三尾灰蝶*Catapaecilma elegans*（Druce, 1873）。

形態特徵與相關資料 Diagnosis and other information

中型灰蝶。複眼光滑。下唇鬚第三節短，末端鈍。足密被毛，雄蝶前足跗節癒合，末端鈍。翅背面色彩以黑褐色為底色，其上有金屬色紫斑或藍斑。翅腹面底色淺褐色，上綴銀色、紅色及黑褐色線紋。後翅於CuA_1、CuA_2及1A+2A脈各有一尾突。後翅臀區葉狀突不明顯。雄蝶前翅背面有性標。

本屬分布於東洋區，約有9種。

成蝶主要棲息於闊葉林中。

幼蟲與舉尾蟻屬*Crematogaster*螞蟻關係密切，其交互作用特性尚待深入研究。

臺灣地區有一種。

• *Catapaecilma major moltrechti*（Wileman, 1908）（三尾灰蝶）

附註：本屬常被拼為*Catapoecilma*，且原命名者無疑意欲以之為名，意指本屬翅腹面花紋有如織錦，然而依照國際動物命名法規之約束，*Catapaecilma*才是合法學名，從而*Catapoecilma*應視為誤拼。

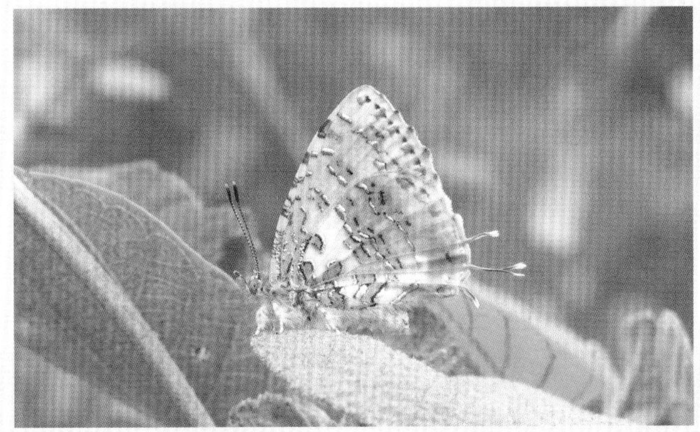

三尾灰蝶*Catapaecilma major moltrechti*（屏東縣三地門鄉三地門，2009. 02. 20.）。

三尾灰蝶

Catapaecilma major moltrechti (Wileman)

模式產地：*major* Druce, 1895：錫金；*moltrechti* Wileman, 1908：臺灣。

英文名 Gray Tinsel

別　名 銀帶三尾小灰蝶

形態特徵 Diagnostic characters

雌雄斑紋相異。軀體背側呈黑褐色，腹側呈白色。前翅翅形接近直角三角形，翅頂尖，外緣、前緣略呈弧形。後翅近扇形，CuA_1、CuA_2及1A+2A脈末端各有一尾突，CuA_2脈尾突最長，1A+2A脈及CuA_1脈尾突約略等長。前、後翅均於翅脈末端突出使外緣呈波狀。翅背面底色黑褐色，雄蝶上有寬闊之紫色亮紋，1A+2A脈基部有由特化鱗構成之灰色眉形性標。雌蝶有覆蓋面積較小之淺藍色紋。翅腹面底色呈濃淡不均之黃褐色，前、後翅各有由銀色、暗褐色、橙褐色紋組成的破碎線紋及斑駁紋路。CuA_2室外端有黑褐色斑點。緣毛於翅脈端呈褐色，其餘部分白色。

♂

分布 Distribution

在臺灣地區分布於臺灣本島低、中海拔地區以及離島蘭嶼。臺灣以外分布涵蓋東洋區大部分地區。

棲地環境 Habitats

常綠闊葉林、海岸林、果園。

幼蟲寄主植物 Larval hostplants

幼期與懸巢舉尾蟻*Crematogaster rogenhoferi*及建築舉尾蟻*C. dohrni fabricans*有專性交互作用，詳細之食性與生態尚待進一步研究。

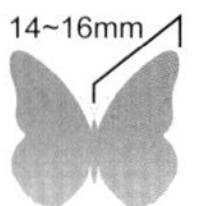

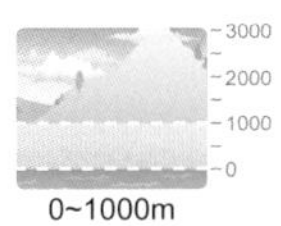

生態習性 Behaviors

一年多代。通常於樹冠上活動，飛行活潑敏捷。

雌、雄蝶之區分 Distinctions between sexes

雄蝶前翅背面於1A+2A脈基部有灰色眉形性標，雌蝶則無此構造。雌蝶翅背面金屬色紋範圍較小、金屬光澤較不明顯、呈淺藍色，雄蝶翅背面金屬色紋範圍較大、金屬光澤明顯、呈紫色。

近似種比較 Similar species

在臺灣地區無近似種。

高溫型（雨季型）

170%

♀

1cm

低溫型（乾季型）

♀

1cm

變異 Variations

雌蝶高溫期個體翅背面淺藍色紋減退。

豐度／現狀 Status

一般數量少。

附記 Remarks

本種過去常與豔麗三尾灰蝶 *Catapaecilma elegans*（Druce, 1873）（模式產地：婆羅洲）混淆。

虎灰蝶屬 *Spindasis* Wallengren, 1857

模式種 Type Species | *Spindasis masilikazi* Wallengren, 1857，該分類單元現在視為那塔虎灰蝶*Spindasis natalensis*（Westwood, 1851）之同物異名。

形態特徵與相關資料 Diagnosis and other information

中型灰蝶。複眼光滑。下唇鬚第三節細長。足跗節末端爪二分。雄蝶前足跗節癒合，末端下彎、尖銳。前翅R_4脈與M_1脈共柄。翅背面色彩以黑褐色為底色，其上常有黃、橙色紋及金屬色藍斑。翅腹面具有銀色及黑褐色或紅褐色線紋。後翅多於CuA_2及1A+2A脈各有一尾突。後翅臀區葉狀突明顯。

本屬分布於非洲區及東洋區，約有40種。

成蝶主要棲息於森林中。

幼蟲與舉尾蟻屬*Crematogaster*螞蟻關係密切，其交互作用十分複雜，依種而異。

臺灣地區有三種。

- *Spindasis lohita formosana*（Moore, 1877）（虎灰蝶）
- *Spindasis syama*（Horsfield, 1829）（三斑虎灰蝶）
- *Spindasis kuyaniana*（Matsumura, 1919）（蓬萊虎灰蝶）

臺灣地區

檢索表 虎灰蝶屬

Key to species of the genus *Spindasis* in Taiwan

❶ 後翅腹面亞基部斑紋分裂為三枚小斑，CuA_2室斑點橢圓形；前翅腹面翅基紋短棒狀 .... *syama*（三斑虎灰蝶）

後翅腹面亞基部斑紋相連成帶，CuA_2室的斑紋向後延伸；前翅腹面翅基紋膝狀 .... ❷

❷ 翅腹面黑褐色條紋與銀線間無空隙；前翅腹面翅基紋末端反折部分填滿，呈桿狀 .... *lohita*（虎灰蝶）

翅腹面黑褐色條紋與銀線間有空隙；前翅腹面翅基紋末端反折部分鏤空，呈C字形 .... *kuyaniana*（蓬萊虎灰蝶）

虎灰蝶　　蓬萊虎灰蝶　　三斑虎灰蝶

虎灰蝶屬前翅基部附近斑紋

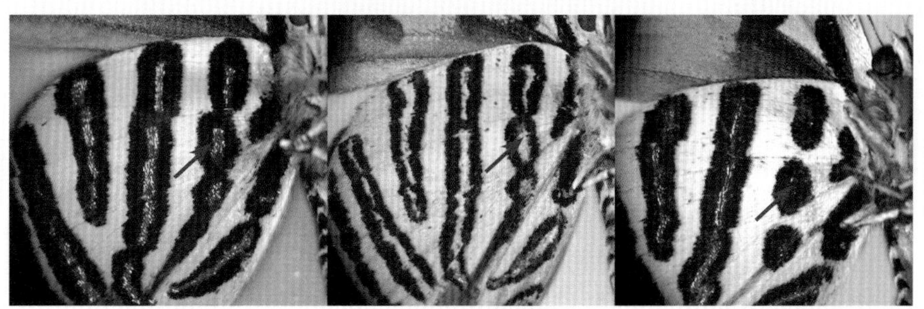

虎灰蝶　　蓬萊虎灰蝶　　三斑虎灰蝶

虎灰蝶屬後翅基部附近斑紋

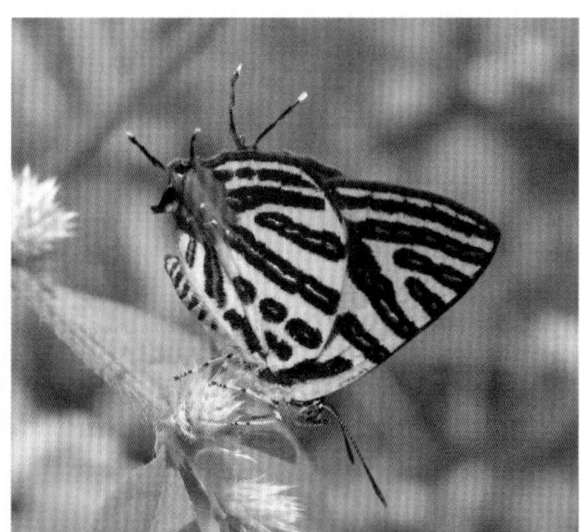

三斑虎灰蝶雨季型Wet season form of *Spindasis syama*（桃園縣復興鄉蝙蝠洞，500m，2009. 09. 21.）。

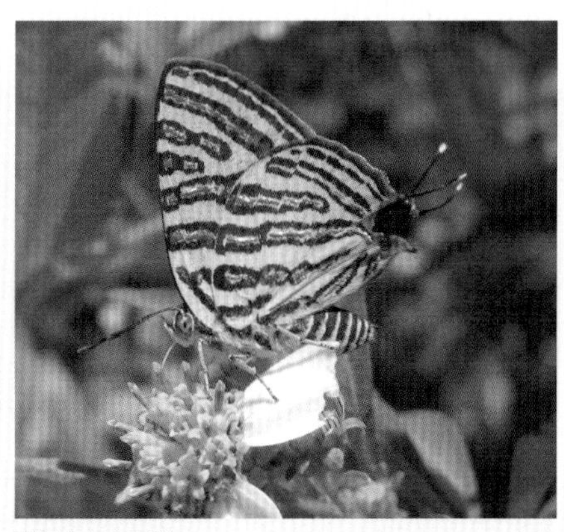

蓬萊虎灰蝶*Spindasis kuyaniana*（高雄市田寮區田寮，100m，2012. 07. 07.）。

虎灰蝶

Spindasis lohita formosana (Moore)

模式產地：*lohita* Horsfield, 1829：爪哇；*formosana* Moore, 1877：臺灣。

英文名 Long-banded Silverline

別　名 臺灣雙尾燕蝶、銀線灰蝶

形態特徵 Diagnostic characters

雌雄斑紋相異。軀體黑褐色而有淺黃色細環。前翅翅形接近直角三角形，翅頂尖，外緣、前緣略呈弧形。後翅近橢圓形，CuA_2及1A+2A脈末端各有一尾突，約略等長。CuA_2及1A+2A室末端有葉狀突，後者較大型。翅背面底色黑褐色，雄蝶有金屬色靛藍紋，雌蝶則無紋。後翅臀區附近有橙色斑，CuA_2及1A+2A室葉狀突黑色，內鑲銀色紋。翅腹面底色呈淺黃色，前、後翅均有內夾銀色紋之黑褐色條紋，黑褐色條紋與銀線間無空隙。前翅腹面翅基紋膝狀，末端反折部分填滿、桿狀。後翅腹面亞基部斑紋相連成帶，CuA_2室的斑紋向後延伸。臀區處有一片橙色斑。CuA_2及1A+2A室葉狀突黑色，內鑲銀色紋。緣毛褐色。

生態習性 Behaviors

一年多代。飛行活潑快速。

雌、雄蝶之區分 Distinctions between sexes

雄蝶翅背面有金屬色靛藍紋，雌蝶則無金屬色紋。另外，雌蝶前翅外緣弧形程度較雄蝶明顯。

近似種比較 Similar species

在臺灣地區的另外兩種虎灰蝶均與本種相似，但是本種前翅腹面翅基紋末端反折成「V」或「Y」字形，與其他兩種相異。本種翅腹面斑紋配置與蓬萊虎灰蝶類似，但本種黑褐色條紋與銀線間無空隙。

分布 Distribution	棲地環境 Habitats	幼蟲寄主植物 Larval hostplants
在臺灣地區分布於臺灣本島低、中海拔地區以及離島龜山島。金門地區亦有分布。臺灣以外分布涵蓋東洋區大陸部分及巽他陸域。	常綠闊葉林、海岸林、果園。	幼蟲基本上屬植食性，但食性雜而幼期與懸巢舉尾蟻 *Crematogaster rogenhoferi* 有專性交互作用。

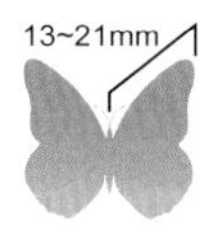

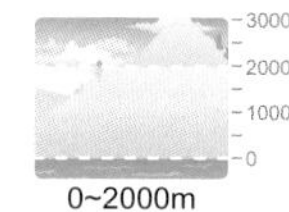

180%

1cm

♂

1cm

♀

變異 Variations

體型大小變化劇烈。高溫期個體翅腹面黑色條紋較粗。後翅背面橙色斑大小多變化。

豐度／現狀 Status

目前數量尚多。

附記 Remarks

雖然本種並不罕見，其族群數量卻常因年度及季節而有顯著變動，通常於夏、秋季數量較多。
加藤正世記述之「黑腹虎灰蝶／黑背雙尾燕蝶」*Aphnaeus sozanensis* Kato, 1934（模式產地：臺灣）除了翅腹面黑褐色條紋特別粗大以外，翅紋排列基本上與本種相同，可能僅是本種之高溫期個體。

蓬萊虎灰蝶

Spindasis kuyaniana (Matsumura)

模式產地：*kuyaniana* Matsumura, 1919：臺灣。

英文名	Formosan Silverline
別名	姬雙尾燕蝶、黃銀線灰蝶

形態特徵 Diagnostic characters

雌雄斑紋相異。軀體黑褐色而有淺黃色細環。前翅翅形接近直角三角形，翅頂尖，外緣、前緣略呈弧形。後翅近橢圓形，CuA_2及1A+2A脈末端各有一尾突，約略等長。CuA_2及1A+2A室末端有葉狀突，後者較大型。翅背面底色黑褐色，雄蝶有金屬色靛藍紋，雌蝶則無紋。後翅臀區附近有橙色斑，CuA_2及1A+2A室葉狀突黑色，內鑲銀色紋。翅腹面底色呈淺黃色，前、後翅均有黑褐色條紋，黑褐色條紋內銀線稀疏，甚至消失殆盡。前翅腹面翅基紋末端後側呈「C」字狀。後翅腹面亞基部斑紋相連成帶，CuA_2室的斑紋向後延伸。臀區處有一片橙色斑。CuA_2及1A+2A室葉狀突黑色，內鑲銀色紋。緣毛褐色。

生態習性 Behaviors

一年多代。飛行活潑快速。

雌、雄蝶之區分 Distinctions between sexes

雄蝶翅背面有金屬色靛藍紋，雌蝶則無金屬色紋。此外，雌蝶前翅外緣弧形程度較雄蝶明顯。

近似種比較 Similar species

在臺灣地區分布的另外兩種虎灰蝶均與本種相似，但是本種翅腹面黑褐色條紋內銀線不發達及前翅腹面翅基紋末端之「C」形紋均為本種特徵。

分布 Distribution	棲地環境 Habitats	幼蟲寄主植物 Larval hostplants
分布於臺灣本島低、中海拔地區，北部地區少見。	常綠闊葉林、崩塌坡地。	幼蟲基本上屬植食性，但食性雜而幼期與地棲性舉尾蟻*Crematogaster*有專性交互作用。

1 2 3 4 5 6 7 8 9 10 11 12

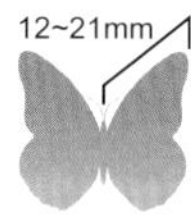

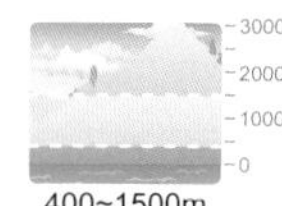

♂

變異 Variations

體型大小變化明顯。翅腹面黑褐色條紋內銀線發達程度變化頗著。

豐度／現狀 Status

一般數量少。

附記 Remarks

本種種小名*kuyaniana*源自嘉義阿里山鄒族原住民地名。

三斑虎灰蝶

Spindasis syama (Horsfield)

模式產地：*syama* Horsfield, 1829：爪哇。

英文名 Club Silverline

別　名 三星雙尾燕蝶、豆粒銀線灰蝶

形態特徵 Diagnostic characters

雌雄斑紋相異。軀體黑褐色而有淺黃色細環。前翅翅形接近直角三角形，翅頂尖，外緣、前緣略呈弧形。後翅近橢圓形，CuA_2及1A+2A脈末端各有一尾突，約略等長。CuA_2及1A+2A室末端有葉狀突，後者較大型。翅背面底色黑褐色，雄蝶有金屬色靛藍紋，雌蝶則無紋。後翅臀區附近有橙色斑，CuA_2及1A+2A室葉狀突黑色，內鑲銀色紋。翅腹面底色呈淺黃色，前、後翅均有內夾銀色紋之黑褐色或紅褐色條紋。前翅腹面翅基紋短棒狀。後翅腹面亞基部斑紋分裂為三枚小斑。臀區處有一片橙色斑。CuA_2及1A+2A室葉狀突黑色，內鑲銀色紋。緣毛褐色。

生態習性 Behaviors

一年多代。飛行活潑快速。

雌、雄蝶之區分 Distinctions between sexes

雄蝶翅背面有金屬色靛藍紋，雌蝶則無金屬色紋。另外，雌蝶前翅外緣弧形程度較雄蝶明顯。

近似種比較 Similar species

在臺灣地區的另外兩種虎灰蝶均與本種相似，但是本種後翅腹面亞基部斑紋分裂為三枚小斑，另外兩種虎灰蝶則相連成帶。前翅腹面翅基紋短棒狀亦是本種與其他兩種虎灰蝶相異之特徵。

分布 Distribution	棲地環境 Habitats	幼蟲寄主植物 Larval hostplants
在臺灣地區分布於臺灣本島低、中海拔地區，但在北部較為少見。臺灣以外分布涵蓋東洋區大部分地區。	常綠闊葉林、海岸林。	幼蟲基本上屬植食性，但食性雜而幼期與地棲性舉尾蟻*Crematogaster*有專性交互作用。

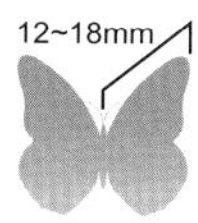

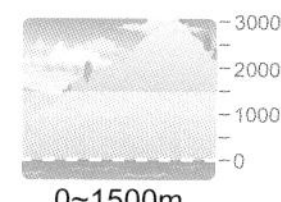

1 2 3 4 5 6 7 8 9 10 11 12

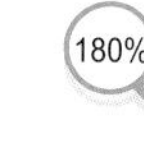

♂

變異 Variations

低溫期個體翅腹面黑色條紋呈紅褐色，並有減退傾向。

豐度／現狀 Status

目前數量尚多。

低溫型（乾季型）

♂

附記 Remarks

過去認為是本種同物異名之「平山虎灰蝶」*Aphnaeus hirayamae* Matsumura, 1919（模式產地：臺灣），現已發現實係南亞虎灰蝶*Spindasis vulcanus*（Fabricius, 1775）（模式產地：南印度）之同物異名。由於南亞虎灰蝶僅分布於印度次大陸及中南半島，分布於臺灣的可能性很低，而且除了平山虎灰蝶全模標本以外完全不見後續採集記錄，因此平山虎灰蝶的全模標本可能係源自意外引入之個體或是標籤錯誤的標本。

鋸灰蝶屬 *Orthomiella* Nicéville, 1890

模式種 Type Species | *Chilades pontis* Elwes, 1887，即鋸灰蝶 *Orthomiella pontis*（Elwes, 1887）。

形態特徵與相關資料 Diagnosis and other information

小型灰蝶。複眼被毛。下唇鬚腹面被長毛，第三節細小。胸部密被毛。雄蝶前足跗節癒合，末端下彎、尖銳。前翅Sc脈與R_1脈端部癒合，僅於末端分離。後翅臀區緣毛特別長。翅背面色彩以黑褐色為底色，雄蝶有金屬色紫、藍色紋。翅腹面底色褐色，上具明顯紋列。

本屬與分布於東洋區的純灰蝶屬*Una*（模式種：*Zizera usta* Distant, 1886，即*Una usta*（Distant, 1886））近緣，兩者有時被視為同屬。

本屬主要分布於東洋區北部，至少可分為3種。

成蝶主要棲息於森林中。

臺灣地區有一種。

・*Orthomiella rantaizana* Wileman, 1910（巒大鋸灰蝶）

巒大鋸灰蝶*Orthomiella rantaizana*（新竹縣尖石鄉鎮西堡，1500m，2010. 03. 02.）。

巒大鋸灰蝶

Orthomiella rantaizana Wileman

模式產地：*rantaizana* Wileman, 1910：臺灣。

英文名 Chinese Straight-wing Blue

別　名 半琉璃小灰蝶、巒大山小灰蝶、巒太鋸灰蝶

形態特徵 Diagnostic characters

雌雄斑紋相異。軀體背側黑褐色，腹側灰白色。前翅翅形接近直角三角形，外緣呈弧形。後翅近圓形。翅背面底色黑褐色，雄蝶於後翅有金屬色紫紋，雌蝶則無紋。翅腹面底色呈黃褐色，前、後翅於翅面中央及近翅基處有鑲細白邊之暗色紋列，於後翅遠較前翅明顯。前翅中央紋列作弧形排列；翅基紋為數枚小斑，常消失不見。後翅中央紋列蜿蜒排列。前、後翅中室端均有一鑲細白邊之暗色短紋。前、後翅沿外緣有模糊暗色紋列，於後翅鑲白紋。緣毛褐色。

生態習性 Behaviors

一年一代，成蝶僅於春季活動。飛行活潑靈敏。雌蝶通常只於樹冠層活動，不易觀察。雄蝶有溼地吸水習性。

雌、雄蝶之區分 Distinctions between sexes

雄蝶後翅背面有金屬色紫紋，雌蝶則無紋。另外，雌蝶前翅外緣弧形程度較雄蝶明顯。

近似種比較 Similar species

在臺灣地區無近似種。

分布 Distribution

在臺灣地區分布於臺灣本島低、中海拔地區。臺灣以外分布於華東、華南、中南半島北部等地區。

棲地環境 Habitats

常綠闊葉林。

幼蟲寄主植物 Larval hostplants

尚無正式研究報告。

1 2 3 4 5 6 7 8 9 10 11 12

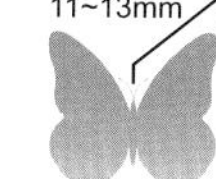

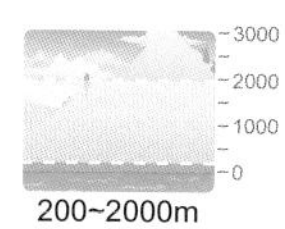

♂

變異 Variations

翅腹面暗色紋列之斑紋數目頗多變異。

豐度／現狀 Status

一般數量不多。

附記 Remarks

本種種小名係指南投縣仁愛鄉巒大山。

娜波灰蝶屬 *Nacaduba* Moore, [1881]

模式種 Type Species | *Lampides prominens* Moore, 1877，該分類單元現今被認為是大娜波灰蝶*Nacaduba kurava*（Moore, 1857）的一亞種。

形態特徵與相關資料 Diagnosis and other information

中、小型灰蝶。複眼密被毛。下唇鬚密被毛，下唇鬚第三節細長。雄蝶前足跗節癒合，末端下彎、尖銳。前翅Sc脈與R_1脈中段癒合，後翅Rs脈與中室接點偏向外側。後翅於CuA_2脈通常有一尾突。雄蝶翅背面色彩常呈紫色，雌蝶則常有範圍較窄之藍色紋。翅腹面通常底色褐色，上具明顯白色線紋列。有些種類於翅背、腹面具強烈金屬光澤之綠或藍色紋。

本屬種類繁多而包含諸多外部形態酷似的種類，往往要靠檢查雄蝶交尾器抱器末端構造才能作有效鑑定。

本屬分布於東洋區及澳洲區，約有40種。

成蝶主要棲息於森林中，有訪花性。

幼蟲食性頗為多樣化，已知寄主植物包括紫金牛科Myrsinaceae、無患子科Sapindaceae、大戟科Euphorbiaceae、山龍眼科Proteaceae、榆科Ulmaceae、豆科Fabaceae、茜草科Rubiaceae、梧桐科Sterculiaceae、牛栓藤科Connaraceae等植物。

臺灣地區有四種。

- *Nacaduba kurava therasia* Fruhstorfer, 1916（大娜波灰蝶）
- *Nacaduba beroe asakusa* Fruhstorfer, 1916（南方娜波灰蝶）
- *Nacaduba berenice leei* Hsu, 1990（熱帶娜波灰蝶）
- *Nacaduba pactolus hainani* Bethune-Baker, 1914（暗色娜波灰蝶）

臺灣地區

檢索表　娜波灰蝶屬

Key to species of the genus *Nacaduba* in Taiwan

❶ 前翅腹面缺乏亞基部斑紋 .... *pactolus*（暗色娜波灰蝶）

前翅腹面具有亞基部斑紋 .... ❷

❷ 前翅腹面翅基帶紋前端只及於中室前脈................. *beroe*（南方娜波灰蝶）

前翅腹面翅基帶紋前端於中室前脈前方多一小紋 .... ❸

❸ 後翅腹面中央斑帶之M_1＋M_2室紋約略與中室端紋平行................................
....*kurava*（大娜波灰蝶）

後翅腹面中央斑帶之M_1＋M_2室紋後端趨近中室端紋 ....
....*berenice*（熱帶娜波灰蝶）

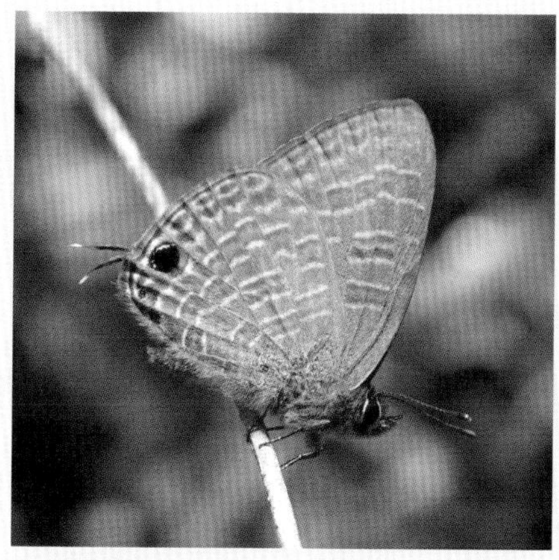

南方娜波灰蝶*Nacaduba beroe asakusa*（南投縣信義鄉東埔，1100m，2009. 07. 31.）。

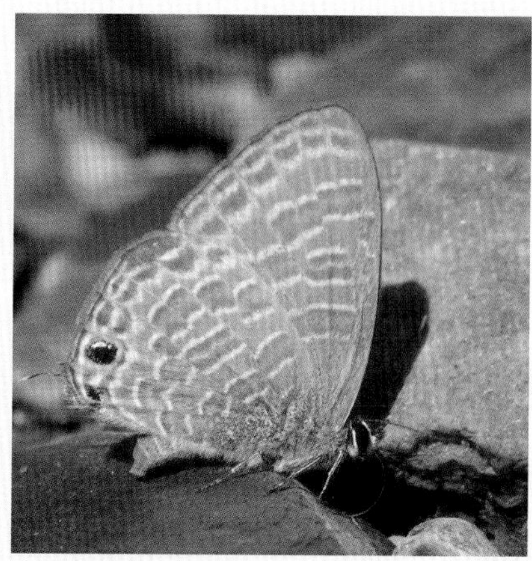

大娜波灰蝶*Nacaduba kurava therasia*（屏東縣霧臺鄉舊大武，500m，2009. 03. 17.）。

大娜波灰蝶

Nacaduba kurava therasia Fruhstorfer

▌模式產地：*kurava* Moore, 1858：爪哇；*therasia* Fruhstorfer, 1916：臺灣。

英文名｜Transparent Six-line Blue

別　名｜埔里波紋小灰蝶、古樓娜灰蝶

形態特徵 Diagnostic characters

雌雄斑紋相異。軀體背側黑褐色，腹側灰白色或白色。前翅翅形接近直角三角形，外緣、前緣略呈弧形。後翅近扇形，CuA_2脈末端有一尾突。雄蝶翅背面紫灰色，有金屬光澤；雌蝶則有具金屬光澤的藍色紋，其外側有白紋，前翅外側有寬闊的黑邊。翅腹面底色呈灰色或淺褐色，前、後翅中央及亞基部各有一組兩側鑲白線之帶紋列，中室端亦有類似之短條。前、後翅亞外緣均有由暗色紋及重白線組成之帶紋。翅腹面可由翅背面透視。CuA_1室有由黑斑、橙色弦月紋及有金屬光澤之藍色紋形成之眼狀斑。臀區附近亦有黑斑、橙色紋及有金屬光澤之藍色紋。緣毛內白外褐。

生態習性 Behaviors

一年多代。飛行活潑快速。

雌、雄蝶之區分 Distinctions between sexes

雄蝶翅背面紫灰色，缺乏黑邊；雌蝶則有寬闊的黑邊及藍色紋。

近似種比較 Similar species

在臺灣地區容易與本種混淆的種類包括南方娜波灰蝶及熱帶娜波灰蝶。本種體型一般較這兩種娜波灰蝶大型，且翅腹面斑紋明顯可由翅背面透視。另外，本種的雌蝶前翅背面藍色紋外側缺乏南方娜波灰蝶及熱帶娜波灰蝶雌蝶具有的數枚與外緣平行排列之短線紋。雌蝶前翅背面藍色紋外側有白紋亦是本種之特徵。

分布 Distribution	棲地環境 Habitats	幼蟲寄主植物 Larval hostplants
在臺灣地區分布於臺灣本島低、中海拔地區以及離島龜山島、綠島、蘭嶼。臺灣以外分布涵蓋東洋區及澳洲區，遠及所羅門群島。	常綠闊葉林、海岸林、都市林。	紫金牛科Myrsinaceae之樹杞*Ardisia sieboldii*、硃砂根*A. crenata*、春不老*Ardisia squamulosa*、賽山椒*Embelia lenticellata*、山桂花*Maesa japonica*等。利用部位為新芽、幼葉及花苞。

1 2 3 4 5 6 7 8 9 10 11 12

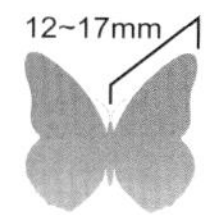

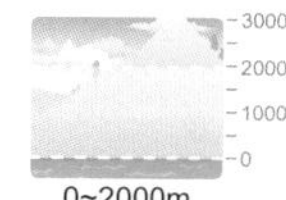

180%

1cm

高溫型（雨季型）

♀

1cm

低溫型（乾季型）

1cm

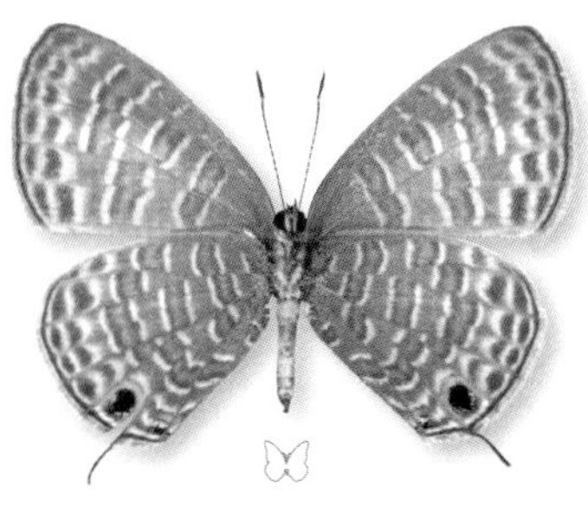

變異 Variations	豐度／現狀 Status	附記 Remarks
雌蝶高溫期個體翅背面藍色紋縮減。	目前數量尚多。	本種時可發現翅腹面明顯白化之個體。

南方娜波灰蝶

Nacaduba beroe asakusa Fruhstorfer

▌模式產地：*beroe* C. & R. Felder, 1865：菲律賓；*asakusa* Fruhstorfer, 1916：臺灣。

英文名｜Opaque Six-line Blue

別　名｜南方波紋小灰蝶

形態特徵 Diagnostic characters

雌雄斑紋相異。軀體背側黑褐色，腹側灰白色或白色。前翅翅形接近直角三角形，外緣、前緣略呈弧形。後翅近扇形，CuA_2脈末端有一尾突。雄蝶翅背面暗藍紫色，有鈍金屬光澤；雌蝶則有具金屬光澤的淺紫色紋，其外側有一列約略與外緣平行之淺色短線紋，前翅外側有寬闊的黑邊。翅腹面底色呈灰色或淺褐色，前、後翅中央及亞基部各有一組兩側鑲白線之帶紋列，中室端亦有類似之短條。前、後翅亞外緣均有由暗色紋及重白線組成之帶紋。翅腹面不能或難以由翅背面透視。CuA_1室有由黑斑、橙色弦月紋及有金屬光澤之藍色紋形成之眼狀斑。臀區附近有黑斑、橙色紋及有金屬光澤之藍色紋。緣毛內白外褐。

生態習性 Behaviors

一年多代。飛行活潑快速。

雌、雄蝶之區分 Distinctions between sexes

雄蝶翅背面暗藍紫色，缺乏黑邊；雌蝶則有寬闊的黑邊及淺紫色紋。

近似種比較 Similar species

在臺灣地區容易與本種混淆的種類包括大娜波灰蝶及熱帶娜波灰蝶。前翅腹面翅基帶紋前端只及於中室前脈，而其前方無紋的特徵是本種最明顯的特徵。另外，本種翅腹面斑紋不能或難以由翅背面透視。再者，與大娜波灰蝶及熱帶娜波灰蝶相較，本種雌蝶前翅背面斑紋色彩偏紫色。

分布 Distribution	棲地環境 Habitats	幼蟲寄主植物 Larval hostplants
在臺灣地區分布於臺灣本島中、南部低、中海拔地區。臺灣以外分布於南亞、中南半島、東南亞等地區。	常綠闊葉林、常綠落葉闊葉混生林。	目前尚無正式報告，幼蟲寄主植物包括殼斗科Fagaceae及大戟科Euphorbiaceae。

1 2 3 4 5 6 7 8 9 10 11 12

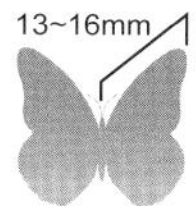

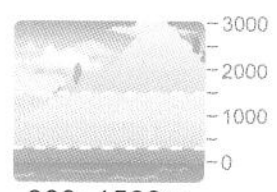

170%

♂

1cm

高溫型（雨季型）

♀

1cm

低溫型（乾季型）

♀

1cm

變異 Variations

雌蝶高溫期個體翅背面淺紫色紋縮減。

豐度／現狀 Status

一般數量不多。

附記 Remarks

由於外觀與大娜波灰蝶非常相似，本種在臺灣地區從1916年被記載之後長期沒有觀察、採集記錄，延至1980年代後期才再被發現，顯然過去與大娜波灰蝶相互混淆。

灰蝶科

娜波灰蝶屬

熱帶娜波灰蝶

Nacaduba berenice leei Hsu

模式產地：*berenice* Herrich-Schäffer, 1869：澳大利亞；*leei* Hsu, 1990：臺灣蘭嶼。

英文名	Rounded Six-line Blue
別　名	熱帶波紋小灰蝶

形態特徵 Diagnostic characters

雌雄斑紋相異。軀體背側黑褐色，腹側灰白色或白色。前翅翅形接近直角三角形，外緣、前緣略呈弧形。後翅近扇形，CuA_2脈末端有一尾突。雄蝶翅背面藍紫色，有金屬光澤；雌蝶則有具金屬光澤的淺藍色紋，其外側有一列約略與外緣平行之淺色短線紋，前翅外側有寬闊的黑邊。翅腹面底色呈灰色或淺褐色，前、後翅中央及亞基部各有一組兩側鑲白線之帶紋列，中室端亦有類似之短條。前、後翅亞外緣均有由暗色紋及重白線組成之帶紋。翅腹面隱約可由翅背面透視。CuA_1室有由黑斑、橙色弦月紋及有金屬光澤之藍色紋形成之眼狀斑。臀區附近亦有黑斑、橙色紋及有金屬光澤之藍色紋。緣毛內白外褐。

生態習性 Behaviors

一年多代。飛行活潑靈活。

雌、雄蝶之區分 Distinctions between sexes

雄蝶翅背面藍紫色，缺乏黑邊；雌蝶則有寬闊的黑邊及淺藍色紋。

近似種比較 Similar species

在臺灣地區容易與本種混淆的種類包括大娜波灰蝶及南方娜波灰蝶。本種是臺灣地區娜波灰蝶屬中體型最小的種類。後翅腹面中央斑帶之M_1+M_2室紋後端趨近中室端紋。另外，本種在臺灣地區僅見於蘭嶼。

分布 Distribution

在臺灣地區僅分布於臺東縣蘭嶼。臺灣以外廣泛分布於東洋區及澳洲區，遠及所羅門群島。

棲地環境 Habitats

海岸林。

幼蟲寄主植物 Larval hostplants

目前在臺灣地區已知寄主植物包括牛栓藤科Connaraceae之紅葉藤*Rourea minor*及無患子科Sapindaceae之臺東龍眼*Pometia pinnata*。利用部位是新芽及幼葉。

1 2 3 4 5 6 7 8 9 10 11 12

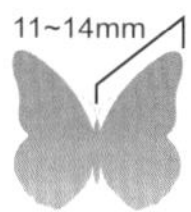

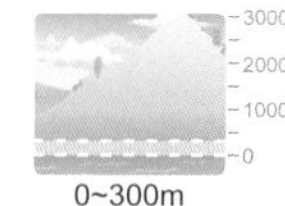

灰蝶科

娜波灰蝶屬

1cm

♂

1cm

♀

變異 Variations

雌蝶高溫期個體翅背面淺藍色紋縮減。

豐度／現狀 Status

目前數量尚多。

附記 Remarks

本種的亞種名*leei*係彰顯紀念國內著名的甲蟲學者李奇峰博士的成就。

暗色娜波灰蝶

Nacaduba pactolus hainani Bethune-Baker

模式產地：*pactolus* C. Felder, 1860：安汶；*hainani* Bethune-Baker, 1914：臺灣。

英文名 | Large Four-line Blue

別　名 | 黑波紋小灰蝶

形態特徵 Diagnostic characters

雌雄斑紋相異。軀體背側黑褐色，腹側灰白色或白色。前翅翅形接近直角三角形，外緣、前緣略呈弧形。後翅近扇形，CuA_2脈末端有一尾突。雄蝶翅背面暗紫色，有鈍金屬光澤；雌蝶則紫色紋色調較淺而有寬闊的黑邊。翅腹面底色呈褐色，後翅中央及亞基部各有一組兩側鑲不鮮明白線之帶紋列，前翅則僅有中央帶紋列，中室端亦有類似之短條。前、後翅亞外緣均有由暗色紋及重白線組成之帶紋。CuA_1室有由黑斑、不明顯之橙色弦月紋及有金屬光澤之藍色紋形成之眼狀斑。臀區附近亦有黑斑及有金屬光澤之藍色紋。緣毛內白外褐。

生態習性 Behaviors

一年多代。飛行活潑快速。

雌、雄蝶之區分 Distinctions between sexes

雄蝶翅背面暗紫色，僅有細黑邊；雌蝶則紫色紋色調較淺，且占翅面面積窄小。

近似種比較 Similar species

由於前翅腹面缺少亞翅基紋列，因此不難與臺灣地區其他娜波灰蝶區分。

分布 Distribution

在臺灣地區主要分布於臺灣本島中、南部低海拔地區。臺灣以外分布地區包括南亞、中南半島、菲律賓、新幾內亞及海南等地區。

棲地環境 Habitats

常綠闊葉林。

幼蟲寄主植物 Larval hostplants

豆科Fabaceae之鴨腱藤*Entada rheedii*。利用部位為新芽、幼葉及幼嫩捲鬚。

1 2 3 4 5 6 7 8 9 10 11 12

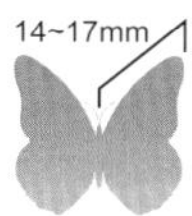

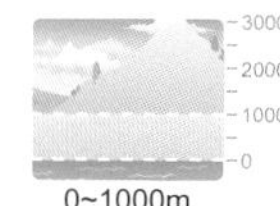

♂

變異 Variations	豐度／現狀 Status	附記 Remarks
雌蝶高溫期個體翅背面紫色紋縮減。	分布局限而數量少。	本種在臺東縣蘭嶼曾有採集記錄，但是島上似無常駐族群。 臺灣地區之亞種名稱為*hainani*，意指海南島，由於模式系列均係臺灣產標本，原命名者顯然混淆了臺灣與海南。

黑列波灰蝶屬 *Nothodanis* Hirowatari, 1992

模式種 Type Species | *Lycaena schaeffera* Eschscholtz, 1821，即黑列波灰蝶*Nothodanis schaeffera*（Eschscholtz, 1821）。

形態特徵與相關資料 Diagnosis and other information

中型灰蝶。複眼密被毛。下唇鬚被毛，下唇鬚第三節細小，末端鈍。雄蝶前足跗節癒合，末端尖。前翅Sc脈與R_1脈中段僅略微接觸或癒合。翅形寬闊。雄蝶翅背面色彩呈黑褐色而有藍色紋，雌蝶則為黑褐色而有白色紋。翅腹面底色褐色，上具明顯白色斑紋，後翅有一列鮮明的黑色斑列。

本屬原置於丹灰蝶屬*Danis* Fabricius, 1807（模式種：*Papilio danis* Cramer, [1775]，即丹灰蝶*Danis danis*（Cramer, [1775]））內。丹灰蝶種類由十餘種外觀相似的種類組成，主要分布於澳洲區，其成員翅紋均由黑、白、藍紋組成，並均有後翅黑斑列。丹灰蝶被認為是有毒或難吃的蝴蝶，其斑紋被認為有警戒色作用，特別被稱為「丹灰蝶花紋」（*Danis* pattern），許多灰蝶擬態丹灰蝶而擁有類似翅紋，包括某些娜波灰蝶及蘭灰蝶，本屬可能也因同樣理由形成類似丹灰蝶之翅紋。Hirowatari（1992）認為本屬應與波灰蝶屬較近緣。

本屬為單屬種，分布於東洋區及澳洲區。

成蝶主要棲息於森林中。

幼蟲寄主植物不明。

唯一代表種臺灣地區有記錄，不過可能係僅外來偶產種，是否已有常駐族群立足情形不明。

- *Nothodanis schaeffera*（Eschscholtz, 1821）（黑列波灰蝶）

黑列波灰蝶*Nothodanis schaeffera*（臺東縣蘭嶼鄉蘭嶼，2009. 05. 26.）。

黑列波灰蝶

Nothodanis schaeffera (Eschscholtz, 1821)

模式產地：*schaeffera* Eschscholtz, 1821：菲律賓。

英文名	Shaeffer's Blue
別　名	蘭嶼小灰蝶

形態特徵 Diagnostic characters

雌雄斑紋相異。軀體背側黑褐色，腹側灰白色或白色。前翅翅形近扇形，外緣、前緣均呈弧形。後翅甚圓。雄蝶翅背面黑褐色，有暗藍紫色紋，其內於前翅有模糊白紋。雌蝶則背面黑褐色，於前翅有明顯白紋，後翅前緣則有小白紋。翅腹面底色呈黑褐色，於前翅有寬闊白斑，後翅則形成數條白帶，外側白帶內有一列鮮明黑斑。前、後翅翅基有金屬光澤強烈之黃綠色紋。緣毛黑褐色。

生態習性 Behaviors

資料不足，應是多世代物種。飛行活潑靈活。成蝶見於森林林下及林緣。

雌、雄蝶之區分 Distinctions between sexes

雄蝶翅背面有暗藍紫色紋，雌蝶則有鮮明的白紋。

近似種比較 Similar species

在臺灣地區無近似種。

分布 Distribution	棲地環境 Habitats	幼蟲寄主植物 Larval hostplants
在臺灣地區僅於蘭嶼、小蘭嶼有記錄。臺灣以外分布於菲律賓、巽他陸塊、摩鹿加、新幾內亞、所羅門、新喀里多尼亞等地區。	海岸林。	尚未明悉。

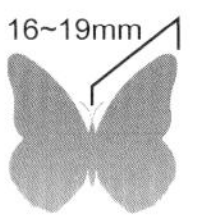

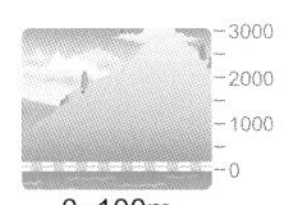

190%

♂

1cm

♀

1cm

豐度／現狀 Status

在臺灣地區記錄稀少。

附記 Remarks

本種在臺灣地區目前僅於蘭嶼、小蘭嶼曾有發現，應屬源自菲律賓地區之偶產種，惟2009年同時有複數個體被發現，似已見繁衍跡象，是否成功立足則有待進一步觀察、監測。本書提供2009年5月採自蘭嶼的本種標本供作參考。

曲波灰蝶屬 *Catopyrops* Toxopeus, 1930

模式種 Type Species | *Lycaena ancyra* C. Felder, 1860，即曲波灰蝶 *Catopyrops ancyra*（C. Felder, 1860）。

形態特徵與相關資料 Diagnosis and other information

小型灰蝶。複眼密被短毛。下唇鬚第三節細長。雄蝶前足跗節癒合，末端下彎、尖銳。前翅Sc脈與R_1脈中段略微接觸或癒合。後翅Rs脈長而與中室接點接近翅基。後翅CuA_2脈末端有一細小尾突。雄蝶翅背面色彩呈紫色，雌蝶則有範圍較窄之藍色紋。翅腹面底色灰褐色，上具白色線紋列。

本屬分布於東洋區及澳洲區，約有8種。

成蝶主要棲息於次生林及海岸林中，有訪花性。

幼蟲利用之植物包括榆科Ulmaceae、蕁麻科Urticaeae、大戟科Euphorbiaceae及豆科Fabaceae等植物。

臺灣地區原本無本屬分布，然近年已有一種成功立足。

- *Catopyrops ancyra almora*（Druce, 1873）（曲波灰蝶）

曲波灰蝶

Catopyrops ancyra almora (Druce)

模式產地：*ancyra* C. Felder, 1860：安汶；*almora* Druce, 1873：婆羅洲。

英文名 | Felder's Lineblue

別　名 | 曲波紋小灰蝶、方標灰蝶

形態特徵 Diagnostic characters

雌雄斑紋相異。軀體背側黑褐色，腹側白色。前翅翅形接近直角三角形，外緣、前緣略呈弧形。後翅近橢圓形，CuA_2脈末端有一細小尾突。雄蝶翅背面紫色，有金屬光澤，後翅CuA_1室及CuA_2室端有一黑斑點；雌蝶則有面積較小之具金屬光澤的藍色紋，沿翅外緣並有白色弦月紋列。翅腹面底色呈灰色，前、後翅中央及亞基部各有一組兩側鑲白線之帶紋列，中室端亦有類似之短條。前、後翅亞外緣均有由暗色紋及重白線組成之帶紋。CuA_1室有由黑斑及橙黃色弦月紋形成之眼狀斑。臀區附近亦有黑斑及橙黃色紋。緣毛白色及褐色。

生態習性 Behaviors

一年多代。飛行活潑靈活。成蝶會訪花。雌蝶產卵於花苞附近。

雌、雄蝶之區分 Distinctions between sexes

雄蝶翅背面紫色，雌蝶則有面積局限的藍色紋。雌蝶後翅背面沿外緣有白色弦月紋列，雄蝶則無。

近似種比較 Similar species

在臺灣地區無與本種特別相似的種類，僅與波灰蝶及娜波灰蝶屬種類斑紋略為相近，但是本種後翅腹面CuA_1室橙黃色弦月紋格外鮮明，足資區分。

分布 Distribution

本種原本在臺灣地區並無分布，近年已於離島綠島及蘭嶼成功立足。臺灣以外分布涵蓋東洋區及澳洲區廣大地區。

棲地環境 Habitats

海岸林。

幼蟲寄主植物 Larval hostplants

目前在臺灣地區已知幼蟲寄主是蕁麻科Urticaceae植物的落尾麻*Pipturus arborescens*。利用部位為雌花花苞、花、幼果。

1 2 3 4 5 6 7 8 9 10 11 12

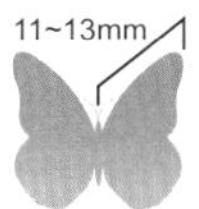

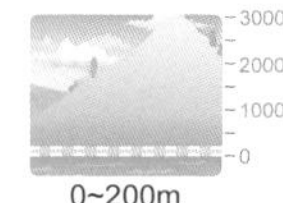

♂

♀

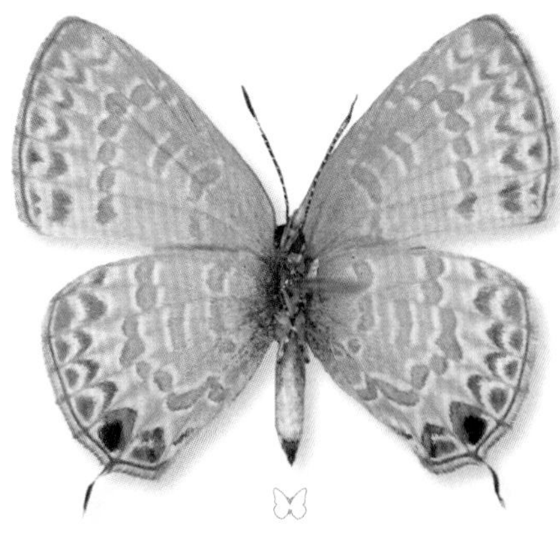

變異 Variations	豐度／現狀 Status	附記 Remarks
雌蝶高溫期個體翅背面藍色紋縮減。	在其寄主植物附近經常數量豐富。	本種是1998年始於臺東縣蘭嶼發現之蝶種，無疑源自菲律賓地區，目前已在蘭嶼及綠島有穩定族群存在。

波灰蝶屬 *Prosotas* Druce, 1891

模式種 Type Species | *Prosotas caliginosa* Druce, 1891，該分類單元現今被認為是波灰蝶 *Prosotas nora*（C. Felder, 1860）的一亞種。

形態特徵與相關資料 Diagnosis and other information

小型灰蝶。複眼密被毛。下唇鬚腹側密被毛，第三節細小、針狀。雄蝶前足跗節癒合，末端下彎、尖銳。前翅Sc脈與R_1脈中段略微接觸或癒合。部分種類於後翅CuA_2脈末端有一尾突，但是尾突之有無有時候屬於種內變異。雄蝶翅背面色彩呈暗紫色，雌蝶則有範圍較窄之藍色紋。翅腹面底色褐色，上具明顯白色線紋列。

相思樹花序上之密紋波灰蝶幼蟲Larva of *Prosotas dubiosa asbolodes* on *Acacia confusa*（臺南市關廟區關廟，2008. 06. 06.）。

本屬種類繁多而包含許多外部形態近似的種類，常要靠檢查交尾器構造才能作有效鑑定。

本屬分布於東洋區及澳洲區，約有20種。

成蝶主要棲息於森林中，有訪花性，雄蝶溼地吸水習性明顯。

幼蟲蛀食花及花苞，利用之植物包括虎耳草科Saxifragaceae、無患子科Sapindaceae、大戟科Euphorbiaceae、山龍眼科Proteaceae、殼斗科Fagaceae、豆科Fabaceae等植物。

臺灣地區已記載二種。

- *Prosotas nora formosana*（Fruhstorfer, 1916）（波灰蝶）
- *Prosotas dubiosa asbolodes* Hsu & Yen, 2006（密紋波灰蝶）

臺灣地區

檢索表 波灰蝶屬

Key to species of the genus *Prosotas* in Taiwan

❶ 後翅CuA_2脈末端有尾突；雌蝶翅腹面底色黃褐色 .... *nora*（波灰蝶）
　後翅CuA_2脈末端無尾突；雌蝶翅腹面底色褐色 ..... *dubiosa*（密紋波灰蝶）

波灰蝶

Prosotas nora formosana (Fruhstorfer)

模式產地：*nora* C. Felder, 1860：安汶；*formosana* Fruhstorfer, 1916：臺灣。

英文名 | Common Lineblue

別　名 | 姬波紋小灰蝶、娜拉波紋小灰蝶

形態特徵 Diagnostic characters

雌雄斑紋相異。軀體背側黑褐色，腹側灰白色或白色。前翅翅形接近直角三角形，外緣、前緣略呈弧形。後翅近扇形，CuA_2脈末端有一尾突。雄蝶翅背面暗灰紫色，有鈍金屬光澤；雌蝶則常有小片具金屬光澤的藍色紋。雄蝶翅腹面底色呈灰色褐色，雌蝶則呈黃褐色，前、後翅中央及亞基部各有一組兩側鑲白線之帶紋列，中室端亦有類似之短條。前、後翅亞外緣均有由暗色紋及重白線組成之帶紋。CuA_1室有由黑斑、橙色弦月紋及銀色紋形成之眼狀斑。臀區附近亦有黑斑、橙色紋及銀色紋。緣毛淺褐色，於翅脈末端色彩較深。

生態習性 Behaviors

一年多代。飛行活潑靈活。成蝶好訪花，雄蝶有溼地吸水習性。雌蝶產卵於花苞間細縫內並以透明膠狀物質封合。

雌、雄蝶之區分 Distinctions between sexes

雄蝶翅背面紫灰色，雌蝶僅於翅基附近有藍色紋。

近似種比較 Similar species

在臺灣地區與本種最近似的種類是密紋波灰蝶。本種後翅CuA_2脈末端有尾突，密紋波灰蝶則無。本種後翅腹面沿外緣紋列與中央斑帶距離較遠，兩者常分離，密紋波灰蝶則兩者常相接觸。另外，本種的雌蝶翅腹面底色呈淺黃褐色，密紋波灰蝶則呈淺褐色。

分布 Distribution

在臺灣地區分布於臺灣本島低、中海拔地區以及離島基隆嶼、龜山島、綠島、蘭嶼。臺灣以外分布涵蓋東洋區及澳洲區，向東遠及所羅門群島，北界則在日本八重山群島。

棲地環境 Habitats

常綠闊葉林、常綠落葉闊葉混生林、海岸林、都市林。

幼蟲寄主植物 Larval hostplants

臺灣地區已知的寄主植物包括虎耳草科Saxifragaceae的鼠刺*Itea oldhamii*；豆科Fabaceae的胡枝子*Lespedeza formosa*、小實孔雀豆*Adenanthera microsperma*、疏花魚藤*Derris laxiflora*、金合歡*Acacia farnesiana*、摩鹿加合歡*Albizia falcataria*、美洲含羞草*Mimosa diplotricha*及菊花木*Bauhinia championi*；殼斗科Fagaceae的臺灣栲*Castanopsis formosana*等。利用部位為花及花苞。

1 2 3 4 5 6 7 8 9 10 11 12

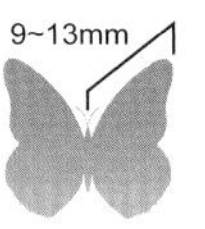

灰蝶科

波灰蝶屬

250%

1cm

♂

1cm

♀

變異 Variations	豐度／現狀 Status	附記 Remarks
雌蝶高溫期個體翅背面藍色紋縮減。	本種是數量甚多的常見種。	由於產卵習性特殊，本種幼生期與寄主植物資料經常長期欠缺，直到近年才發現本種實為一食性範圍頗廣的蝶種。

密紋波灰蝶

Prosotas dubiosa asbolodes Hsu & Yen

模式產地：*dubiosa* Semper, 1879：昆士蘭；*asbolodes* Hsu & Yen, 2006：臺灣。

英文名 Tailless Lineblue

別　名 疑波灰蝶

形態特徵 Diagnostic characters

雌雄斑紋相異。軀體背側黑褐色，腹側灰白色或白色。前翅翅形接近直角三角形，外緣、前緣略呈弧形。後翅近扇形，無尾突。雄蝶翅背面暗灰紫色，有鈍金屬光澤；雌蝶則常有小片具金屬光澤的藍色紋。翅腹面底色呈灰褐色，前、後翅中央及亞基部各有一組兩側鑲白線之帶紋列，中室端亦有類似之短條。前、後翅亞外緣均有由暗色紋及重白線組成之帶紋。CuA_1室有由黑斑、橙色弦月紋及銀色紋形成之眼狀斑。臀區附近亦有黑斑、橙色紋及銀色紋。緣毛淺褐色。

生態習性 Behaviors

一年多代。飛行活潑靈活。成蝶常於樹冠上活動，好訪花，雄蝶有溼地吸水習性。雌蝶產卵於花苞間細縫內並以透明膠狀物質封合。

雌、雄蝶之區分 Distinctions between sexes

雄蝶翅背面紫灰色，雌蝶僅於翅基附近有藍色紋。

近似種比較 Similar species

在臺灣地區與本種最近似的種類是波灰蝶，但是本種無尾突、後翅腹面沿外緣紋列與中央斑帶常相接觸、雌蝶翅腹面底色呈淺灰褐色等特徵足以與之區別。

分布 Distribution	棲地環境 Habitats	幼蟲寄主植物 Larval hostplants
在臺灣地區分布於臺灣本島中、南部低海拔地區以及離島蘭嶼。臺灣以外分布涵蓋東洋區及澳洲區，臺灣為本種分布北界。	常綠闊葉林、海岸林、都市林。	豆科Fabaceae植物的花及花苞，包括金龜樹*Archidendron dulce*、金合歡*Acacia farnesiana*、相思樹*Ac. confusa*、摩鹿加合歡*Albizia falcataria*、大葉合歡*Al. lebbeck*及雨豆樹*Samanea saman*等。利用部位為花及花苞。

1 2 3 4 5 6 7 8 9 10 11 12

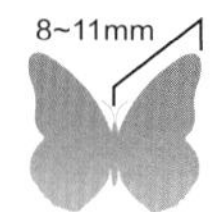

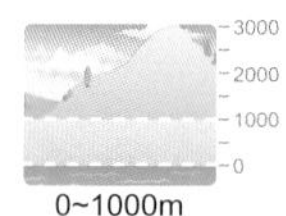

♂

1cm

1cm

變異 Variations

雌蝶高溫期個體翅背面藍色紋縮減。

豐度／現狀 Status

在臺灣地區本種分布上較前種局限，但在其寄主植物附近經常數量豐富。

附記 Remarks

可能由於體型小、色彩黯淡而被忽視，本種在臺灣地區直到近年才被發現。

雅波灰蝶屬 *Jamides* Hübner, [1819]

模式種 Type Species | *Papilio bochus* Stoll, [1782]，即雅波灰蝶*Jamides bochus*（Stoll, [1782]）。

形態特徵與相關資料 Diagnosis and other information

中、小型灰蝶。複眼密被毛。下唇鬚第三節細。雄蝶前足跗節癒合，末端下彎、尖銳。前翅Sc脈與R_1脈中段有一短橫脈相連。後翅CuA_2脈末端有一細小尾突。常被分為bochus群及celeno群。bochus群翅腹面線紋泛淺暗黃色而呈弧形排列，celeno群翅腹面線紋則為白色近直線排列。雌蝶通常翅緣黑邊較雄蝶寬闊。部分種類雄蝶翅背面具發香鱗。

本屬分布於東洋區及澳洲區，約有57種。

大部分種類棲息於森林性環境，亦有部分種類可棲息在多種棲地而分布廣泛，有訪花性。

幼蟲利用之植物包括豆科Fabaceae及薑科Zingiberaceae植物。

臺灣地區有三種。

- *Jamides bochus formosanus* Fruhstorfer, 1909（雅波灰蝶）
- *Jamides alecto dromicus* Fruhstorfer, 1910（淡青雅波灰蝶）
- *Jamides celeno celeno*（Cramer, 1775）（白雅波灰蝶）

臺灣地區

檢索表　雅波灰蝶屬

Key to species of the genus *Jamides* in Taiwan

❶ 翅腹面線紋泛暗黃色，翅背面斑紋藍色...................... *bochus*（雅波灰蝶）

翅腹面線紋白色，翅背面斑紋淡青色或白色 .... ❷

❷ 前翅腹面中央紋帶於M_3脈分斷，翅背面斑紋淡青色....................................
.... *alecto*（淡青雅波灰蝶）

前翅腹面中央紋帶於M_3脈不分斷，翅背面斑紋白色....................................
.... *celeno*（白雅波灰蝶）

雅波灰蝶

Jamides bochus formosanus Fruhstorfer

▌模式產地：*bochus* Stoll, [1782]：斯里蘭卡；*formosanus* Fruhstorfer, 1909：臺灣。

英文名｜Dark Cerulean

別　名｜琉璃波紋小灰蝶、雅灰蝶

形態特徵 Diagnostic characters

雌雄斑紋相異。軀體背側黑褐色，腹側白色。前翅翅形接近直角三角形，外緣、前緣呈弧形。後翅近扇形，CuA_2脈末端有一尾突。雄蝶翅背面具寶藍色斑紋，有強烈金屬光澤，後翅CuA_1室端有一黑斑點；雌蝶藍色紋金屬光澤弱，沿翅外緣有白色弦月紋列。翅腹面底色呈褐色，前、後翅中央及亞基部各有一組兩側鑲泛暗黃色白線之帶紋列，中室端亦有類似之短條。前翅腹面中央紋帶於M_3脈不分斷。前、後翅亞外緣均有由暗色紋及重白線組成之帶紋。CuA_1室有由黑斑及橙色或橙紅色弦月紋形成之眼狀斑。臀區附近亦有黑斑及橙色或橙紅色紋。緣毛褐色。

生態習性 Behaviors

一年多代。飛行活潑靈活。成蝶好訪花。雌蝶將卵產於花苞間隙並以白色泡狀物質隱藏。

雌、雄蝶之區分 Distinctions between sexes

雄蝶翅背面藍色紋具強烈金屬光澤，雌蝶藍色紋則金屬光澤弱。雌蝶後翅背面沿外緣有白色弦月紋列，雄蝶則無。

近似種比較 Similar species

在臺灣地區無與本種特別相似的種類。

分布 Distribution

在臺灣地區分布於臺灣本島低、中海拔地區以及離島龜山島、綠島、蘭嶼、澎湖。金門、馬祖地區有其他亞種之記錄。臺灣以外分布涵蓋東洋區及澳洲區廣大地區。

棲地環境 Habitats

常綠闊葉林、常綠落葉闊葉混生林、海岸林、都市林、農園。

幼蟲寄主植物 Larval hostplants

幼蟲以多種豆科Fabaceae蝶形花類Papilionoideae植物的花穗為幼蟲食餌，並於不同季節利用不同植物，如黃野百合*Crotalaria pallida*、葛藤*Pueraria lobata*、水黃皮*Pongamia pinnata*、波葉山螞蝗*Desmodium sequax*、島槐*Maackia taiwanensis*、白木蘇*Dendrolobium umbellatum*、田菁*Sesbania cannabina*、濱槐*Ormocarpum cochinchinensis*、老荊藤*Milletia reticulata*等。利用部位為花苞、花。

1 2 3 4 5 6 7 8 9 10 11 12

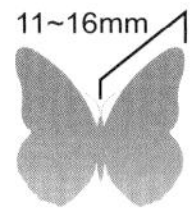

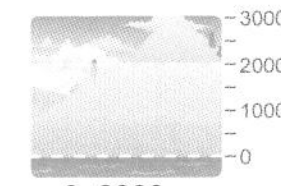

190%

♂

1cm

♀

1cm

蘭嶼產個體

♂

1cm

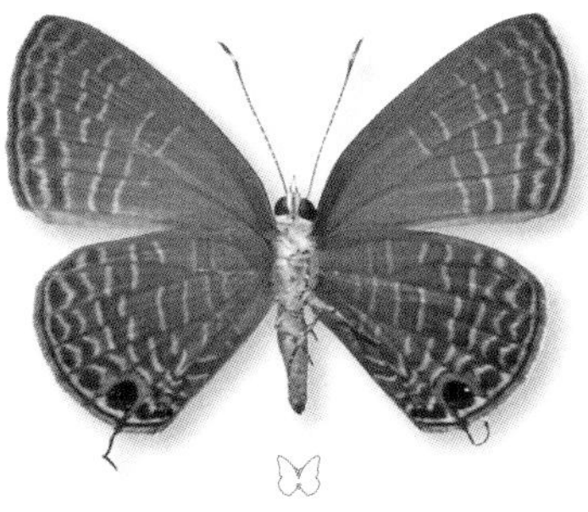

變異 Variations

雌蝶高溫期個體翅背面藍色紋縮減。

豐度／現狀 Status

目前數量豐富。

附記 Remarks

金門、馬祖地區所記錄之本種屬於指名亞種。另外，離島龜山島、綠島、蘭嶼所發現的部分個體雄蝶前翅藍色紋寬闊，特徵與菲律賓北部亞種 ssp. *herodicus*（Fruhstorfer, 1916）（模式產地：呂宋）吻合，亦有特徵介於臺灣亞種與菲律賓亞種之間者，可能是兩亞種雜交之產物。

淡青雅波灰蝶

Jamides alecto dromicus Fruhstorfer

模式產地：*alecto* C. Felder, 1860：印尼安汶；*dromicus* Fruhstorfer, 1910：臺灣。

英文名｜Metallic Cerulean

別　名｜白波紋小灰蝶、素雅灰蝶

形態特徵 Diagnostic characters

雌雄斑紋相異。軀體背側灰褐色泛藍色，腹側白色，腹部各節有細白環。前翅翅形接近直角三角形，外緣、前緣呈弧形。後翅近扇形，CuA_2脈末端有一明顯尾突。雄蝶翅背面除外緣有黑邊外呈淺青藍色，有明顯金屬光澤，後翅沿外緣有一暗色斑點列；雌蝶淺青藍色部分金屬光澤弱、範圍窄，後翅沿翅外緣暗色斑點列更鮮明而鑲白線。翅腹面底色呈淺灰色或淺褐色，前、後翅中央及亞基部各有一組兩側鑲泛暗黃色白線之帶紋列，中室端亦有類似之短條。前翅腹面中央紋帶於M_3脈分斷。前、後翅亞外緣均有由暗色紋及重白線組成之帶紋。CuA_1室有由黑斑及橙色或橙紅色弦月紋形成之眼狀斑。臀區附近亦有黑斑及橙色或橙紅色紋。翅腹面斑紋隱約可由翅背面透視。緣毛褐色。

生態習性 Behaviors

一年多代。飛行活潑靈活。成蝶好訪花。雌蝶將卵產於花苞附近。

雌、雄蝶之區分 Distinctions between sexes

雄蝶翅背面青藍色部分範圍較雌蝶寬闊、金屬光澤較雌蝶明顯。

近似種比較 Similar species

在臺灣地區僅白雅波灰蝶與本種略為相似。本種前翅腹面中央紋帶於M_3脈分斷，白雅波灰蝶則否。另外，本種背面翅斑紋呈淺青藍色，白雅波灰蝶則近白色。

分布 Distribution

在臺灣地區分布於臺灣本島低、中海拔地區以及離島龜山島、綠島、小琉球，蘭嶼也有記錄。臺灣以外分布涵蓋東洋區及澳洲區許多地區。

棲地環境 Habitats

常綠闊葉林、常綠落葉闊葉混生林、海岸林、都市林、農園。

幼蟲寄主植物 Larval hostplants

月桃*Alpinia speciosa*、臺灣月桃*A. formosana*、烏來月桃*A. uraiensis*、穗花山奈*Hedychium coronarium*等薑科Zingiberaceae植物。利用部位為花苞、花。

1 2 3 4 5 6 7 8 9 10 11 12

14~22mm

0~2500m

140%

1cm

♂

1cm

♀

低溫型（乾季型）

1cm

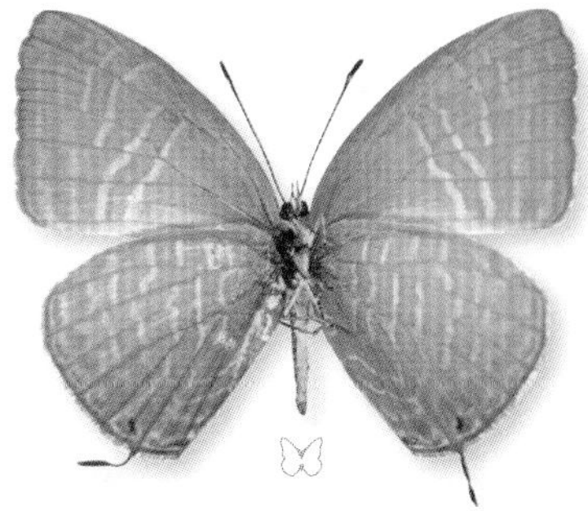

變異 Variations

翅腹面線紋於低溫期個體明顯減退。雌蝶高溫期個體翅背面藍色部分縮減。

豐度／現狀 Status

目前數量豐富。

附記 Remarks

棲息在臺灣地區、翅面有波狀白色線紋的灰蝶中以本種體型最大。

白雅波灰蝶

Jamides celeno celeno (Cramer)

▍模式產地：*celeno* Cramer, 1775：馬來西亞。

英文名	Common Cerulean
別　名	小白波紋小灰蝶、錫冷雅灰蝶、莢白波灰蝶

形態特徵 Diagnostic characters

雌雄斑紋相異。軀體背側暗褐色，腹側白色。前翅翅形接近直角三角形，外緣、前緣呈弧形。後翅近扇形，CuA_2脈末端有一明顯尾突。雄蝶翅背面除外緣有黑邊外呈白色，僅隱約帶青藍色味，後翅沿外緣有白色線紋及暗色斑點組成之紋列；雌蝶前翅黑邊較寬，後翅沿翅外緣暗色斑點列更鮮明。翅腹面底色呈淺褐色，前、後翅中央及亞基部各有一組兩側鑲泛暗黃色白線之帶紋列，中室端亦有類似之短條。前翅腹面中央紋帶於M_3脈不分斷。前、後翅亞外緣均有由暗色紋及重白線組成之帶紋。CuA_1室有由黑斑及橙色弦月紋形成之眼狀斑。臀區附近亦有黑斑及橙色紋。翅腹面斑紋隱約可由翅背面透視。前翅緣毛褐色，後翅褐白相間。

生態習性 Behaviors

一年多代。飛行活潑靈活。成蝶好訪花。雌蝶將卵產於花苞附近。

雌、雄蝶之區分 Distinctions between sexes

雄蝶翅背面外緣黑邊明顯較雌蝶窄。

近似種比較 Similar species

在臺灣地區僅淡青雅波灰蝶與本種略為相似。本種體型通常較小、翅背面呈白色而非淡青色，且前翅腹面中央紋帶於M_3脈不分斷。

分布 Distribution	棲地環境 Habitats	幼蟲寄主植物 Larval hostplants
在臺灣地區分布於臺灣本島低海拔地區以及離島蘭嶼。臺灣以外分布涵蓋東洋區及澳洲區許多地區。	常綠闊葉林、海岸林。	豆科Fabaceae之豇豆屬*Vigna*植物，包括曲毛豇豆*V. reflexo-pilosa*、長葉豇豆*V. luteolu*等。利用部位為花苞、花。

1 2 3 4 5 6 7 8 9 10 11 12

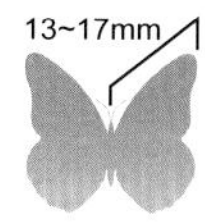

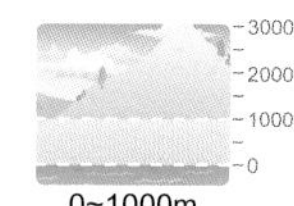

0~1000m

1cm

♂

1cm

變異 Variations

乾季／低溫期個體翅腹面線紋向外擴散，使翅面白化；後翅腹面肛角附近之黑斑及橙色紋減退，有時幾近消失。

豐度／現狀 Status

目前數量尚多。

附記 Remarks

本種不同季節型間斑紋差異大，常造成誤認。

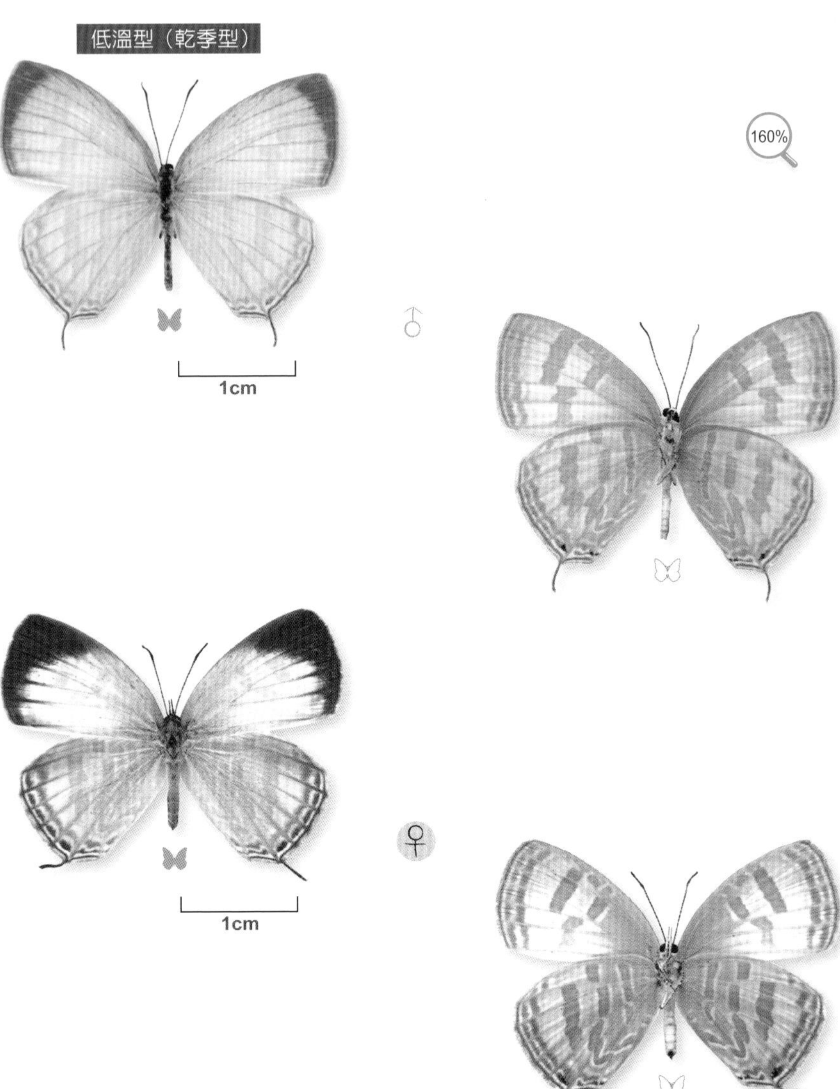
低溫型（乾季型）
160%
♂
1cm
♀
1cm

珈波灰蝶屬 *Catochrysops* Boisduval, 1832

模式種 Type Species | *Hesperia strabo* Fabricius, 1793，即紫珈波灰蝶 *Catochrysops strabo*（Fabricius, 1793）。

形態特徵與相關資料 Diagnosis and other information

中型灰蝶。複眼被毛或光滑。下唇鬚第三節細長。雄蝶前足跗節癒合，末端下彎、尖銳。前翅Sc脈與R_1脈中段接觸。後翅CuA_2脈末端有一細長尾突。雄蝶翅背面覆滿金屬光澤之藍、紫色鱗，雌蝶則藍色紋狹窄而有明顯黑褐色部分及白色小紋。雄蝶翅背面具矩形發香鱗。雌蝶肛乳突（papillae anales）末端特化、尖銳，適於插入花苞間隙。

本屬分布於東洋區及澳洲區，共有6種。

棲息於森林或草原，有訪花性。

幼蟲利用之植物為豆科Fabaceae植物。

臺灣地區有兩種。

- *Catochrysops strabo luzonensis* Tite, 1959（紫珈波灰蝶）
- *Catochrysops panormus exiguus*（Distant, 1886）（青珈波灰蝶）

臺灣地區

檢索表 珈波灰蝶屬

Key to species of the genus *Catochrysops* in Taiwan

❶ 前翅腹面R_1室之小斑點與中央斑帶及中室端條約略等距，雄蝶翅背面紫色 .. .. *strabo*（紫珈波灰蝶）

前翅腹面R_1室之小斑點位置明顯接近中央斑帶，雄蝶翅背面淺藍色............ .... *panormus*（青珈波灰蝶）

青珈波灰蝶

Catochrysops panormus exiguus (Distant)

模式產地：*panormus* C. Felder, 1860：安汶；*exiguus* Distant, 1886：新加坡。

英文名｜Silver Forget-me-not

別　名｜淡青長尾波紋小灰蝶、藍珈灰蝶

形態特徵 Diagnostic characters

雌雄斑紋相異。複眼密被毛。軀體背側暗褐色泛淺藍色，腹側白色，被有長毛。前翅翅形接近直角三角形，外緣、前緣略呈弧形。後翅近扇形，CuA_2脈末端有一明顯尾突。雄蝶翅背面呈淺藍色，有金屬光澤，後翅CuA_2室有一黑色斑點；雌蝶前、後翅亞外緣有白色紋列，後翅沿外緣有鑲白線暗色斑點列。CuA_1室有由黑斑及橙黃色弦月紋形成之斑紋。翅腹面底色呈淺褐色，前、後翅中央有一組兩側鑲白線之帶紋列，中室端亦有類似之短條。前、後翅亞外緣均有由暗色紋及重白線組成之帶紋。CuA_1室有由黑斑及橙黃色弦月紋形成之眼狀斑。臀區附近亦有黑斑及橙黃色紋。前翅腹面R_1室有一小斑點，位於中央斑帶及中室端條間距之偏外側位置。後翅翅基附近有三枚暗色小斑點。$Sc+R_1$室斑點呈黑褐色。緣毛白色及褐色。

生態習性 Behaviors

一年多代。飛行活潑快速。成蝶好訪花。雄蝶會至溼地吸水。雌蝶將卵埋藏於花苞間隙並以透明膠狀物質封合。

雌、雄蝶之區分 Distinctions between sexes

雄蝶翅背面呈淺藍色，雌蝶則為底色褐色，上具藍色及白色紋。

近似種比較 Similar species

在臺灣地區與本種最近似的種類是紫珈波灰蝶。本種翅背面呈淺

分布 Distribution	棲地環境 Habitats	幼蟲寄主植物 Larval hostplants
在臺灣地區分布於臺灣本島低、中海拔地區，北部地區較少見。離島龜山島、綠島、蘭嶼亦有分布。臺灣以外分布涵蓋東洋區及澳洲區許多地區。	常綠闊葉林、海岸林。	山葛*Pueraria montana*及小槐花*Desmodium caudatum*等豆科Fabaceae植物。利用部位為花苞、花。

1 2 3 4 5 6 7 8 9 10 11 12

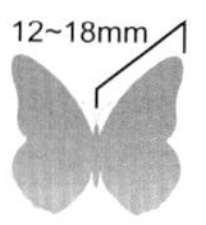

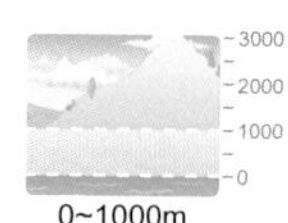

藍色，紫珈波灰蝶則呈紫色。本種前翅腹面R_1室之小斑點位置接近中央斑帶，紫珈波灰蝶則與中央斑帶及中室端條約略等距。

灰蝶科

珈波灰蝶屬

♂

♀

變異 Variations	豐度／現狀 Status	附記 Remarks
高溫期個體翅腹面斑紋較鮮明。雌蝶低溫期個體翅背面藍色及白色紋擴大。	目前數量尚多。	本種的數量因寄主植物花穗供應量豐寡而波動劇烈，通常在秋季數量最多。

紫珈波灰蝶

Catochrysops strabo luzonensis Tite

模式產地：*panormus* Fabricius, 1793：南印度；*luzonensis* Tite, 1959：呂宋。

英文名	Forget-me-not
別　名	紫長尾波紋小灰蝶、珈灰蝶

形態特徵 Diagnostic characters

雌雄斑紋相異。複眼密被毛。軀體背側暗褐色泛淺紫色，腹側白色，被有長毛。前翅翅形接近直角三角形，外緣、前緣略呈弧形。後翅近扇形，CuA_2脈末端有一明顯尾突。雄蝶翅背面呈紫色，有金屬光澤，後翅CuA_2室有一黑色斑點；雌蝶前、後翅亞外緣有白色紋列，後翅沿外緣有鑲白線暗色斑點列。CuA_1室有由黑斑及橙黃色弦月紋形成之斑紋。翅腹面底色呈淺褐色，前、後翅中央有一組兩側鑲色白線之帶紋列，中室端亦有類似之短條。前、後翅亞外緣均有由暗色紋及重白線組成之帶紋。CuA_1室有由黑斑及橙黃色弦月紋形成之眼狀斑。臀區附近亦有黑斑及橙黃色紋。前翅腹面R_1室有一小斑點，位於中央斑帶及中室端條間距之中央位置。$Sc+R_1$室斑點呈黑褐色。緣毛白色及褐色。

生態習性 Behaviors

一年多代。飛行活潑快速。成蝶好訪花。雌蝶將卵埋藏於花苞間隙並以透明膠狀物質封合。

雌、雄蝶之區分 Distinctions between sexes

雄蝶翅背面呈紫色，雌蝶則為底色褐色，上具藍色及白色紋。

近似種比較 Similar species

在臺灣地區與本種最近似的種類是青珈波灰蝶。本種翅背面呈紫色，青珈波灰蝶則呈淺藍色。本種前翅腹面R_1室之小斑點位置與中央斑帶及中室端條約略等距，青珈波灰蝶則接近中央斑帶。

分布 Distribution	棲地環境 Habitats	幼蟲寄主植物 Larval hostplants
在臺灣地區僅見於臺東蘭嶼。臺灣以外分布涵蓋東洋區及澳洲區許多地區。	海岸林。	白木蘇*Dendrolobium umbellatum*及水黃皮*Pongamia pinnata*等豆科Fabaceae植物。利用部位為花苞、花。

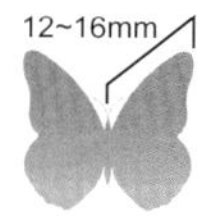

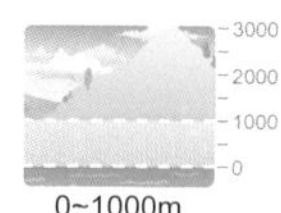

1cm

♂

1cm

♀

變異 Variations

高溫期個體翅腹面斑紋較鮮明。雌蝶低溫期個體翅背面藍色及白色紋擴大。

豐度／現狀 Status

目前數量尚多。

附記 Remarks

本種在蘭嶼與青珈波灰蝶混棲，鑑定上須格外注意，尤其是雌蝶。

奇波灰蝶屬 *Euchrysops* Butler, 1900

模式種 Type Species | *Hesperia cnejus* Fabricius, 1798，即奇波灰蝶 *Euchrysops cnejus*（Fabricius, 1798）。

形態特徵與相關資料 Diagnosis and other information

中小型灰蝶。複眼無毛。下唇鬚第三節細長。雄蝶前足跗節癒合，末端下彎、尖銳。前翅Sc脈與R_1脈中段趨近但不接觸。後翅CuA_2脈末端有一短尾突。雄蝶翅背面覆滿紫色亮鱗，雌蝶則有範圍較窄之藍色亮紋、明顯黑褐色部分及白色小紋。雄蝶翅背面具鑣狀發香鱗。有雌雄二型性。

本屬主要分布於非洲區，約有30種。東洋區及澳洲區僅有1種，但是分布極其廣泛。

主要棲息於開闊環境，如草原、海濱等，有訪花性。

幼蟲利用之植物為豆科Fabaceae植物。

東洋區及澳洲區的唯一代表種臺灣地區有分布。

- *Euchrysops cnejus cnejus*（Fabricius, 1798）（奇波灰蝶）

奇波灰蝶*Euchrysops cnejus*（屏東縣三地門鄉三地門，2011. 03. 26.）。

奇波灰蝶

Euchrysops cnejus cnejus (Fabricius)

模式產地：*cnejus* Fabricius, 1798：南印度。

英文名	Gram Blue
別　名	白尾小灰蝶、棕灰蝶、雞豆蝶

形態特徵 Diagnostic characters

雌雄斑紋相異。軀體背側暗褐色，腹側白色，被有長毛。前翅翅形接近直角三角形，外緣、前緣略呈弧形。後翅近扇形，CuA_2脈末端有一短尾突。雄蝶翅背面呈紫色，有金屬光澤，僅外緣留有細黑邊，後翅CuA_2室有一黑色斑點；雌蝶翅面有藍色亮紋，黑褐色部分寬闊，後翅亞外緣有白色紋列，沿外緣有鑲白線暗色斑點列。CuA_1室及CuA_2室有由黑斑及橙黃色弦月紋形成之斑紋。翅腹面底色呈黃白色，前、後翅中央有一組兩側鑲白線之淺褐色帶紋列，中室端亦有類似之短條，後翅Rs室紋呈黑色。後翅翅基附近有三枚黑色小斑點。前、後翅亞外緣均有由暗色紋及重白線組成之帶紋。CuA_1室及CuA_2室外端有由黑斑、橙黃色弦月紋及淺綠色亮鱗形成之斑紋。緣毛白色及褐色。

生態習性 Behaviors

一年多代。飛行活潑敏捷。成蝶好訪花。

雌、雄蝶之區分 Distinctions between sexes

雄蝶翅背面呈紫色，雌蝶底色則為褐色，上具藍色及白色紋。

近似種比較 Similar species

在臺灣地區與本種外觀最近似的種類是南方燕藍灰蝶。南方燕藍灰蝶翅腹面底色較本種白，而且翅腹面斑紋呈灰色，本種則為褐色。另外，南方燕藍灰蝶翅腹面的橙色斑在M_3及CuA_1室內，位於尾突所

分布 Distribution

在臺灣地區主要分布於南部海濱至低海拔山區，中北部少見。離島澎湖、蘭嶼、綠島、彭佳嶼、花瓶嶼、龜山島、金門、馬祖地區及南沙太平島亦有分布。臺灣以外分布涵蓋東洋區及澳洲區許多地區。

棲地環境 Habitats

海岸林、草原。

幼蟲寄主植物 Larval hostplants

濱豇豆 *Vigna marina*、賽芻豆 *Macroptilinum atropurpureus* 等豆科Fabaceae植物。利用部位為花苞、花、果莢、種子。

在翅脈的前方，本種的橙色斑則位於CuA_1及CuA_2室內，亦即位於尾突所在翅脈的兩邊。南方燕藍灰蝶雄蝶翅背面呈藍色，本種則呈紫色。

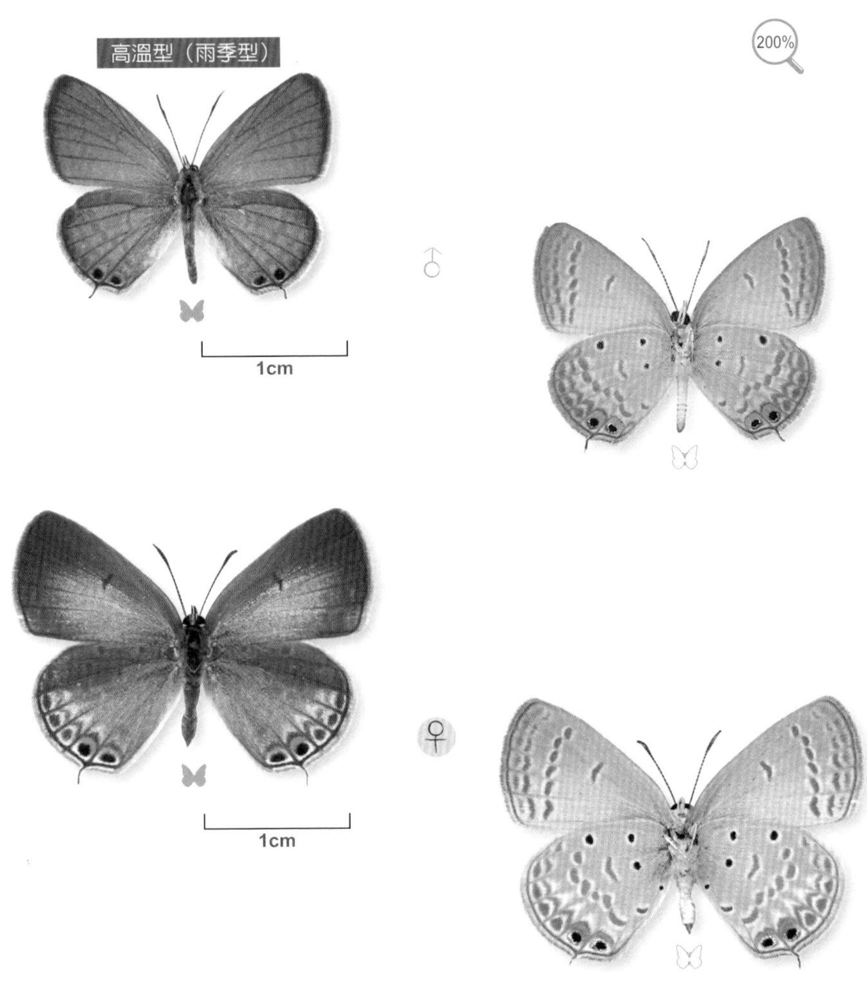

變異 Variations	豐度／現狀 Status	附記 Remarks
乾季／低溫期個體翅腹面臀區附近橙色斑紋減退。雌蝶低溫期個體翅背面藍色及白色紋擴大。	目前數量尚多。	本種是海濱沙灘上最常見的蝴蝶之一。

1 2 3 4 5 6 7 8 9 10 11 12

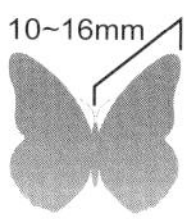

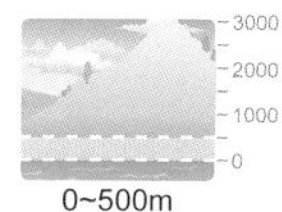

低溫型（乾季型）

♂

1cm

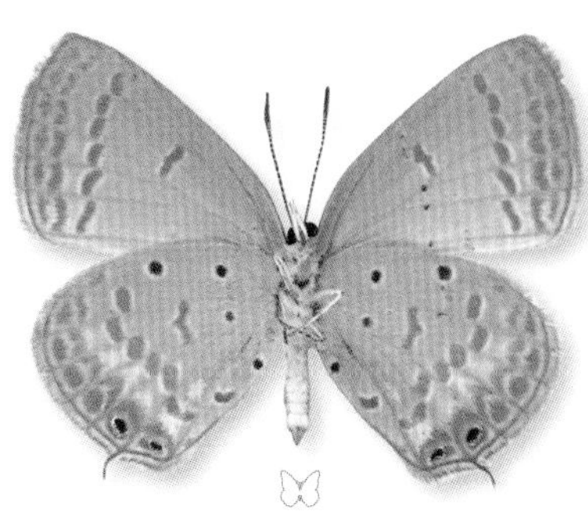

豆波灰蝶屬 *Lampides* Hübner, [1819]

模式種 Type Species | *Papilio boeticus* Linnaeus, 1767，即豆波灰蝶 *Lampides* boeticus（Linnaeus, 1767）。

形態特徵與相關資料 Diagnosis and other information

中型灰蝶。複眼密被毛。下唇鬚腹側密被毛，第三節粗短。雄蝶前足跗節癒合，末端下彎、尖銳。後翅CuA_2脈末端有一細小尾突。雄蝶翅背面具有形態特殊之「長瓶形」發香鱗。雄蝶翅背面呈藍紫色，雌蝶則於黑褐色底色上有藍色紋。

本屬為單種屬，卻是世界上分布最廣泛、最缺乏地理變異的蝴蝶之一，分布遍及舊世界熱帶、亞熱帶、溫帶地區。

棲息於任何有其寄主植物生長的地區。

幼蟲利用之植物為豆科Fabaceae蝶形花類Papilionoideae植物。

唯一代表種臺灣地區有分布。

- *Lampides boeticus*（Linnaeus, 1767）（豆波灰蝶）

豆波灰蝶發香鱗

豆波灰蝶*Lampides boeticus*（屏東縣三地門鄉三地門，2011. 03. 26.）。

豆波灰蝶

Lampides boeticus (Linnaeus)

模式產地：*boeticus* Linnaeus, 1767：阿爾及利亞。

英文名	Pea Blue, Pea-pod Argus, Long-tailed Blue
別名	波紋小灰蝶、亮灰蝶、曲斑灰蝶

形態特徵 Diagnostic characters

雌雄斑紋相異。軀體背側暗褐色，腹側白色，被有長毛。前翅翅形接近直角三角形，前緣略呈弧形、外緣呈弧形。後翅近扇形，CuA_2脈末端有一細小尾突。雄蝶翅背面呈藍紫色，僅外緣留有細黑邊，後翅CuA_2室有一黑色斑點；雌蝶翅面有藍色紋，黑褐色部分寬闊，後翅中央偏外側有模糊白色紋列，後翅沿外緣有鑲白線暗色斑點列。翅腹面底色呈淺褐色，前、後翅中央及亞基部各有一組兩側鑲白線及褐色帶之白色帶紋列，中室端、中室內及翅基附近亦有類似之短條、短帶紋。前、後翅亞外緣均有由暗色紋及重白線組成之帶紋。後翅亞外緣帶紋及中央斑帶間有一明顯白帶。CuA_1室及CuA_2室有由黑斑、橙黃色弦月紋及淺綠色亮鱗形成之斑紋。緣毛白色及褐色。

生態習性 Behaviors

一年多代。飛行活潑快速。成蝶好訪花。

雌、雄蝶之區分 Distinctions between sexes

雄蝶翅背面呈藍紫色，雌蝶則為底色褐色，上具藍色及白色紋。

近似種比較 Similar species

後翅腹面的白色帶紋即足以與臺灣地區分布之其他外觀類似的灰蝶區分。

分布 Distribution

在臺灣地區除了南沙太平島以外，臺灣本島及所有離島均有本種記錄。金門及馬祖地區亦有分布。臺灣以外分布涵蓋舊世界廣大地區，包括東洋區、古北區南部、非洲區及澳洲區，並已於一世紀前便侵入夏威夷群島並成功立足。

棲地環境 Habitats

任何有其寄主植物生長、種植之環境。

幼蟲寄主植物 Larval hostplants

鵲豆（扁豆）*Lablab purpureus*、田菁 *Sesbania cannabiana*、賽芻豆 *Macroptilinum atropurpureus*、太陽麻 *Crotalaria juncea*、南美豬屎豆 *C. zanzibarica*、葛藤 *Pueraria lobata*、山葛 *P. montana*、黃野百合 *C. pallida*、大葉野百合 *C. verrucosa*、濱刀豆 *Canavalis rosea*、波葉山螞蝗 *Desmodium sequax*、小槐花 *D. caudatum* 等多種豆科Fabaceae蝶形花類植物。利用部位為花苞、花、果莢、種子。

1 2 3 4 5 6 7 8 9 10 11 12

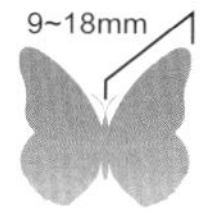

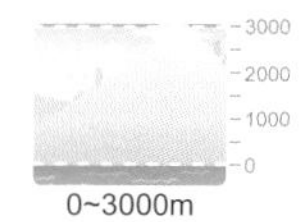

低溫型（乾季型）

1cm

♂

1cm

變異 Variations

乾季／低溫期個體翅腹面肛角附近橙色斑紋減退。雌蝶低溫期個體翅背面藍色及白色紋擴大。

豐度／現狀 Status

數量豐富。

附記 Remarks

本種是世界上著名的豆類作物之害蟲，而且遷移能力甚強。豆類農作物及園藝植物的人為運送也可能助長其分布擴大。

細灰蝶屬 *Leptotes* Scudder, 1876

模式種 Type Species | *Lycaena theonus* Lucas, 1857，該分類單元現被認為是雌白細灰蝶*Leptotes cassius*（Cramer, [1775]）的一亞種。

形態特徵與相關資料 Diagnosis and other information

小型灰蝶。複眼被毛。下唇鬚被毛、第三節細小。雄蝶前足跗節癒合，末端下彎、尖銳。後翅CuA_2脈末端有一細小尾突。雄蝶翅背面具有散漫分布之發香鱗。雄蝶翅背面呈藍紫色，雌蝶則於黑褐色底色上有藍色紋。具雌雄二型性。

本屬呈泛世界熱帶分布，主要分布於非洲及美洲，舊北區、東洋區及澳洲區亦有少數種類，共約有21種。

棲息於有其寄主植物生長的各種環境。

幼蟲利用之植物包括豆科Fabaceae蝶形花類Papilionoideae、藍雪科Plumbaginaceae、黃褥花科Malpighiaceae等植物。

臺灣地區有一種。

- *Leptotes plinius*（Fabricius, 1793）（細灰蝶）

細灰蝶

Leptotes plinius (Fabricius)

模式產地：*plinius* Fabricius, 1793：印度。

英文名	Zebra Blue
別名	角紋小灰蝶

形態特徵 Diagnostic characters

雌雄斑紋相異。軀體背側暗褐色，腹側白色。前翅翅形接近扇形，前緣略呈弧形、外緣明顯作圓弧形。後翅甚圓，CuA_2脈末端有一小尾突。雄蝶翅背面呈暗紫色，僅外緣留有細黑邊，後翅CuA_2室有一模糊黑色斑點；雌蝶翅面有斑駁的白色紋，近翅基處有藍色亮紋，黑褐色部分寬闊，後翅中央偏外側有模糊白色紋列，後翅沿外緣有鑲白線暗色斑點列。翅腹面底色呈淺褐色，前、後翅中央及亞基部各有一組兩側鑲白線及褐色帶之暗褐色帶紋列，中室端、中室內及翅基附近亦有類似之短條、短帶紋。

分布 Distribution	棲地環境 Habitats	幼蟲寄主植物 Larval hostplants
在臺灣地區廣泛分布於臺灣本島、離島龜山島、綠島、蘭嶼、澎湖。金門、馬祖地區亦有記錄。臺灣以外分布涵蓋東洋區及澳洲區許多地區。	常綠闊葉林、常綠落葉闊葉混交林、海岸林、熱帶雨林、草原、崩塌地。	包括藍雪科Plumbaginaceae的烏面馬*Plumbago zeylanica*，豆科Fabaceae之胡枝子*Lespedeza formosa*、闊葉大豆*Glycine tomentella*、野木藍*Indigofera suffruticosa*、田菁*Sesbania cannabiana*等植物。利用部位為花苞、花。

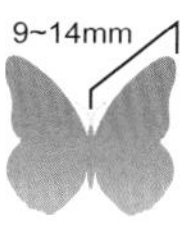

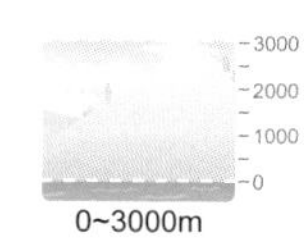

前、後翅亞外緣均有由暗色紋及重白線組成之帶紋。後翅亞外緣帶紋及中央斑帶間有一白色紋列。CuA_1室及CuA_2室有由黑斑、橙黃色弦月紋及銀色亮鱗形成之斑紋。緣毛白色及褐色。

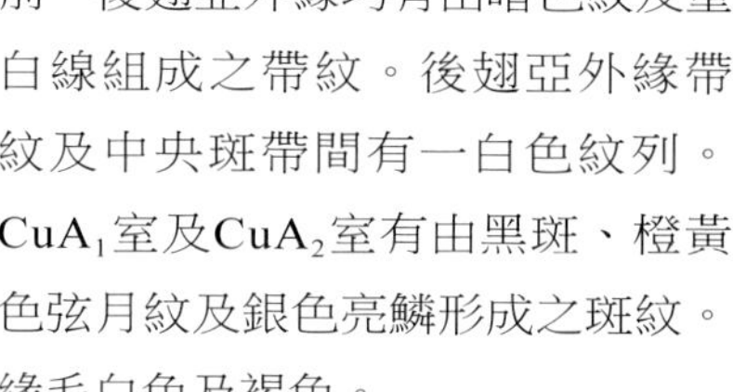

生態習性 Behaviors

一年多代。飛行活潑敏捷。成蝶好訪花。

雌、雄蝶之區分 Distinctions between sexes

雄蝶翅背面呈紫色，雌蝶則為底色褐色，上具藍色及白色紋。

近似種比較 Similar species

在臺灣地區無形態近似的種類。

變異 Variations

雌蝶乾季／低溫期個體翅背面藍色及白色紋擴大。

豐度／現狀 Status

目前數量尚多。

附記 Remarks

本種常被置於*Syntarucus*屬（模式種*Papilio telicanus* Lang, 1789，該分類單元現被認為是褐細灰蝶*Leptotes pirithous*（Linneaus, 1767）的同物異名或其亞種）中，現在一般認為*Syntarucus*是*Leptotes*的主觀同物異名。

藍灰蝶屬 *Zizeeria* Chapman, 1910

模式種 Type Species | *Polyommatus karsandra* Moore, 1865，即莧藍灰蝶 *Zizeeria karsandra*（Moore, 1865）。

形態特徵與相關資料 Diagnosis and other information

小型灰蝶。複眼疏被毛或光滑。雄蝶前足跗節癒合，末端下彎、尖銳。前翅Sc脈與R_1脈中段接近，甚至接觸。雄蝶翅背面具有末端呈截狀之發香鱗。雄蝶翅背面呈藍色，雌蝶則於黑褐色底色上有藍色紋。具雌雄二型性。

本屬呈泛世界性熱帶分布，共有3～4種。

棲息於草原等開闊地。

幼蟲利用之植物包括莧科Amaranthaceae、蒺藜科Zygophyllaceae、酢醬草科Oxalidaceae、豆科Fabaceae、蓼科Polygonaceae、粟米草科Molluginaceae等植物。

臺灣地區有兩種。

- *Zizeeria maha okinawana*（Matsumura, 1929）（藍灰蝶）
- *Zizeeria karsandra*（Moore, 1865）（莧藍灰蝶）

臺灣地區

檢索表 藍灰蝶、折列藍灰蝶、迷你藍灰蝶、單點藍灰蝶屬

Key to species of the genus *Zizeeria*, *Zizina*, *Zizula*, and *Famegana* in Taiwan

❶ 翅腹面除了CuA_1室端有一黑褐色斑點以外無紋.. *Famegana alsulus*（單點藍灰蝶）

雄翅腹面具有明顯黑褐色斑點、紋列 .... ❷

❷ 後翅腹面中央黑褐色斑列於Rs室向基部偏移....... *Zizina otis*（折列藍灰蝶）

後翅腹面中央黑褐色斑列呈圓弧狀排列 .... ❸

❸ 翅腹面沿外緣紋列之內側列連為線狀 .... *Zizula hylax*（迷你藍灰蝶）

翅腹面沿外緣紋列之內側列呈斷線狀 .... ❹

❹ 複眼被毛，翅腹面CuA_2室基部有小黑斑，雄蝶翅背面斑紋淺藍色.. *Zizeeria maha*（藍灰蝶）

複眼光滑，翅腹面CuA_2室基部無小黑斑，雄蝶翅背面斑紋深藍色... *Zizeeria karsandra*（莧藍灰蝶）

藍灰蝶

Zizeeria maha okinawana (Matsumura)

模式產地：*maha* Kollar, [1844]：印度喀什米爾；*okinawana* Matsumura, 1929：琉球群島。

英文名	Pale Grass Blue
別　名	沖繩小灰蝶、酢醬灰蝶、大和小灰蝶、柞灰蝶

形態特徵 Diagnostic characters

雌雄斑紋相異。複眼疏被毛。軀體背側暗褐色，腹側白色，被毛。前翅翅形接近扇形，前緣略呈弧形、外緣明顯作圓弧形。後翅甚圓。雄蝶翅背面呈淺藍色，前翅外緣及後翅前緣有黑邊，後翅沿外緣有黑色斑點列；雌蝶翅背面藍色紋色調較深，通常不如雄蝶發達。翅腹面底色呈淺褐色或近乎白色，前、後翅中央有一組暗褐色斑列，中室端有暗褐色短線紋、中室內及翅基附近有暗褐色小斑點。前、後翅亞外緣均有兩列暗褐色紋。緣毛白色摻褐色，於翅脈端呈褐色。

生態習性 Behaviors

一年多代。飛行活潑敏捷。成蝶好訪花。

雌、雄蝶之區分 Distinctions between sexes

雌蝶翅背面藍色紋範圍窄而色彩較黯淡。

近似種比較 Similar species

在臺灣地區與本種最近似的蝶種是莧藍灰蝶。本種通常較大型、翅腹面CuA_2室基部有小黑斑、雄蝶翅背面藍色紋較淺色。另外，除了乾季／低溫期以外，本種翅腹面沿外緣紋列色調與中央斑列相近，莧藍灰蝶之中央斑列色彩則明顯較外緣紋列深色。

分布 Distribution

在臺灣地區除了東沙島、南沙太平島以外廣泛分布於臺灣本島及所有離島。金門、馬祖地區分布之族群屬於指名亞種。臺灣以外分布於西亞、中亞、南亞、中國大陸、朝鮮半島、日本、中南半島北部等許多地區。近年已侵入菲律賓呂宋島並成功立足。

棲地環境 Habitats

森林林緣、草地、海岸、農田、荒地、都市綠地。

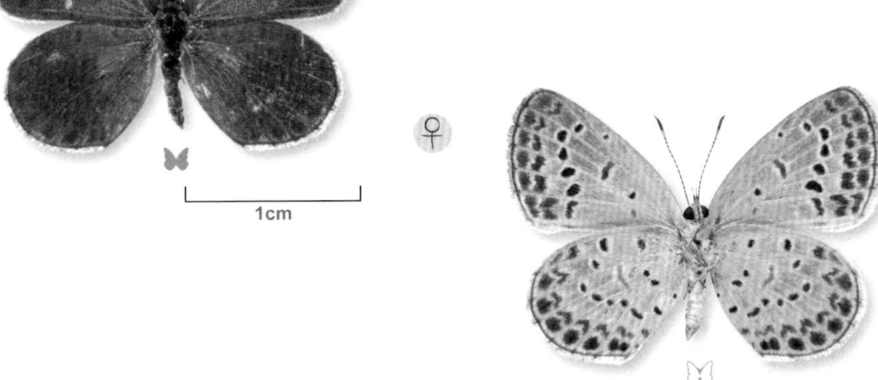

幼蟲寄主植物 Larval hostplants

酢醬草科Oxalidaceae的酢醬草*Oxalis corniculata*。利用部位為葉片。

變異 Variations

乾季／低溫期個體翅腹面底色暗，翅外緣斑列色彩淡。雌蝶雨季／高溫期個體翅背面藍色紋明顯縮減。

豐度／現狀 Status

數量豐富。

1 2 3 4 5 6 7 8 9 10 11 12

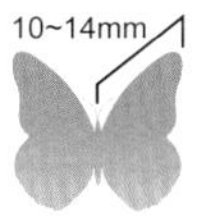

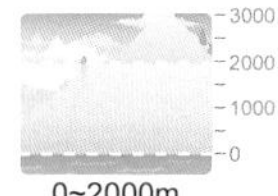

低溫型（乾季型）

1cm

♂

1cm

附記 Remarks

本種常被置於*Pseudozizeeria*屬（模式種*Lycaena maha* Kollar, [1844]，即藍灰蝶）中，藍灰蝶與*Zizeeria*屬模式種莧藍灰蝶在翅脈與交尾器構造上極其相近，僅有複眼被毛之差異。然而，莧藍灰蝶的近緣種非洲藍灰蝶*Z. knysna*（Trimen, 1862）（模式產地：非洲南部）複眼卻被毛，足見此一特徵不足以提供充分的屬區分，從而本書將本種仍置於*Zizeeria*屬內。

莧藍灰蝶

Zizeeria karsandra (Moore)

模式產地：*karsandra* Moore, 1865：北印度。

英文名 Dark Grass Blue

別　名 濱大和小灰蝶、吉灰蝶、臺灣小灰蝶

形態特徵 Diagnostic characters

雌雄斑紋相異。複眼無毛。軀體背側暗褐色，腹側白色。前翅翅形接近扇形，前緣略呈弧形、外緣明顯作圓弧形。後翅甚圓。雄蝶翅背面底色暗褐色，上有寶藍色亮紋，前翅外緣及後翅前、外緣有黑邊；雌蝶翅背面藍色紋不如雄蝶發達。翅腹面底色呈淺褐色，前、後翅中央有一組暗褐色斑列，中室端有暗褐色短線紋、中室內及翅基附近有暗褐色小斑點。前、後翅亞外緣均有兩列暗褐色紋。緣毛淺褐色。

生態習性 Behaviors

一年多代。飛行活潑。成蝶好訪花。

雌、雄蝶之區分 Distinctions between sexes

雌蝶翅背面藍色紋範圍窄而色彩較黯淡。

近似種比較 Similar species

在臺灣地區與本種最近似的蝶種是藍灰蝶。本種通常較小型、翅腹面CuA_2室基部無小黑斑、雄蝶翅背面藍色紋較深色。此外，本種翅腹面中央斑列色彩則明顯較外緣紋列深色，藍灰蝶則除了乾季／低溫期以外，外緣紋列色調與中央斑列相近。

分布 Distribution

在臺灣地區除了南沙太平島以外廣泛分布於臺灣本島平地及低海拔地帶（北部少見）、蘭嶼、綠島、澎湖、東沙島。金門、馬祖地區亦有分布。臺灣以外分布於北非、中東、西亞、南亞、東南亞、華南、日本南西諸島、中南半島、新幾內亞、澳洲等地區。

幼蟲寄主植物 Larval hostplants

莧科Amaranthaceae之刺莧*Amaranthus spinosus*、野莧菜*A. viridis*、凹葉野莧菜*A. lividus*，蒺藜科Zygophyllaceae之臺灣蒺藜*Tribulus taiwanense*、大花蒺藜*T. cistoides*，粟米草科 Molluginaceae之假繁縷*Glinus oppositifolius*，蓼科Polygonaceae的節花路蓼*Polygonum plebeium*等。利用部位為花穗、新芽、幼葉。

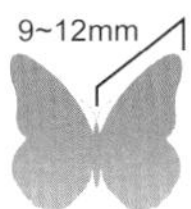

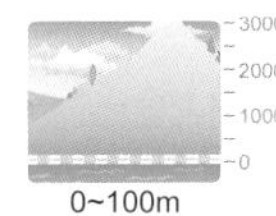

1cm

♂

1cm

棲地環境 Habitats	變異 Variations	豐度／現狀 Status	附記 Remarks
草地、海岸、農田、荒地、都市綠地。	雌蝶雨季／高溫期個體翅背面藍色紋明顯縮減。	目前數量尚多。	本種幼蟲寄主植物頗為多樣化，一般利用的植物為草本植物，利用度最高者似為莧屬及蒺藜屬植物。

折列藍灰蝶屬 *Zizina* Chapman, 1910

模式種 Type Species | *Polyommatus labradus* Godart, [1824]，該分類單元現在被認為係折列藍灰蝶 *Zizina otis*（Fabricius, 1787）的一亞種。

形態特徵與相關資料 Diagnosis and other information

小型灰蝶。複眼被毛。下唇鬚第三節細長。雄蝶前足跗節癒合，末端下彎、尖銳。前翅Sc脈與R_1脈中段接近，甚至接觸。後翅腹面中央黑褐色斑列於Rs室向基部偏移。雄蝶翅背面具有矩形、末端凹陷之發香鱗。雄蝶翅背面呈藍色，雌蝶則於黑褐色底色上有藍色紋。具雌雄二型性。

本屬分布於舊世界熱帶、亞熱帶及溫帶，共有3種。

棲息於草原等開闊地。

幼蟲利用之植物為豆科Fabaceae蝶形花類Papilionoideae植物。

臺灣地區有一種。

- *Zizina otis riukuensis*（Matsumura, 1929）（折列藍灰蝶）

檢索表請參見藍灰蝶屬

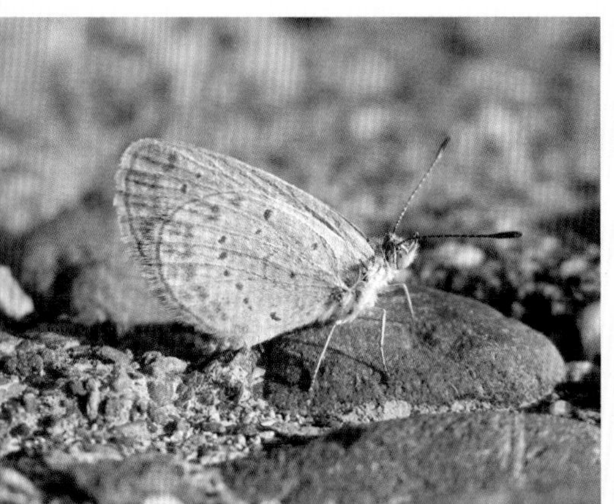

折列藍灰蝶 *Zizina otis riukuensis*（屏東縣車城鄉後壁湖碼頭，2009. 05. 25.）。

交尾中之折列藍灰蝶 *Zizina otis riukuensis* in copulation（高雄市燕巢區燕巢，2009. 07. 17.）。

折列藍灰蝶

Zizina otis riukuensis (Matsumura)

模式產地：*otis* Fabricius, 1787：中國；*riukuensis* Matsumura, 1929：琉球群島。

英文名 Lesser Grass Blue

別　名 毛眼灰蝶、小小灰蝶

形態特徵 Diagnostic characters

雌雄斑紋相異。複眼被毛。軀體背側暗褐色，腹側白色。前翅翅形接近扇形，前緣略呈弧形、外緣明顯作圓弧形。後翅甚圓。雄蝶翅背面呈藍色，前翅外緣及後翅前緣有黑邊；雌蝶翅背面藍色紋不如雄蝶發達。翅腹面底色呈淺褐色，有時泛白，前、後翅中央有一組暗褐色斑列，後翅斑點於Rs室向基部偏移。中室端有暗褐色短線紋、中室內及翅基附近有暗褐色小斑點。前、後翅亞外緣均有兩列暗褐色紋。緣毛淺褐色。

生態習性 Behaviors

一年多代。飛行活潑。成蝶好訪花。

雌、雄蝶之區分 Distinctions between sexes

雌蝶翅背面藍色紋範圍窄。

近似種比較 Similar species

在臺灣地區藍灰蝶屬之種類與本種均頗為相似，但利用本種後翅腹面中央黑褐色斑列於Rs室向基部偏移之特徵即很容易鑑定。

分布 Distribution

在臺灣地區廣泛分布於臺灣本島低海拔地帶、離島蘭嶼、綠島、澎湖、龜山島、彭佳嶼等，但是臺灣本島北部不常見。東沙島、南沙太平島、金門、馬祖等地區有其他亞種分布。臺灣以外分布於東洋區及澳洲區各地。

棲地環境 Habitats

森林林緣、草地、海岸、農田、荒地、都市綠地。

幼蟲寄主植物 Larval hostplants

蠅翼草*Desmodium triflorum*、假地豆*D. heterocarpum*、穗花木藍*Indigofera spicata*、三葉木藍*I. trifoliata*等豆科Fabaceae植物。利用部位主要為花穗，有時也食用幼葉。

高溫型（雨季型）

250%

♂

1cm

♀

1cm

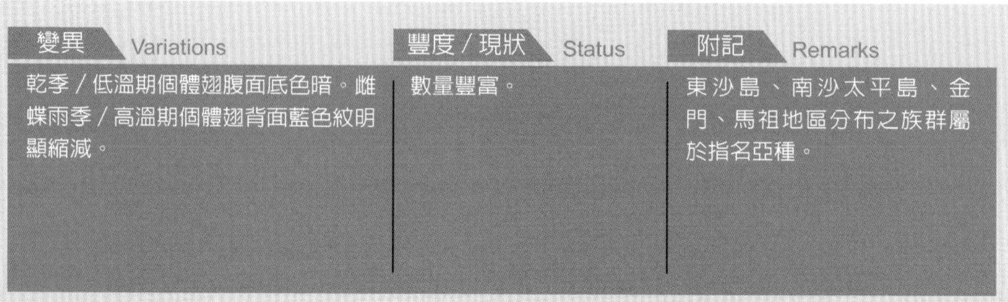

變異 Variations

乾季／低溫期個體翅腹面底色暗。雌蝶雨季／高溫期個體翅背面藍色紋明顯縮減。

豐度／現狀 Status

數量豐富。

附記 Remarks

東沙島、南沙太平島、金門、馬祖地區分布之族群屬於指名亞種。

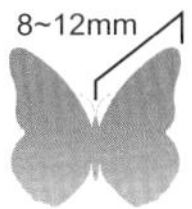

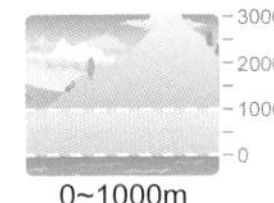

♂

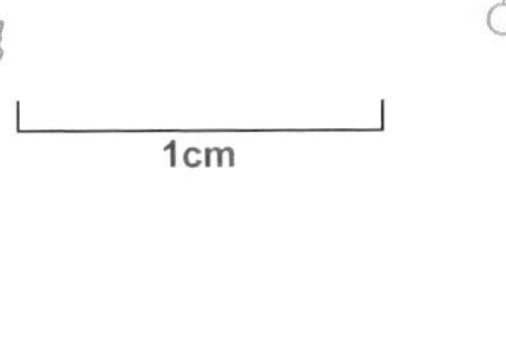

1cm

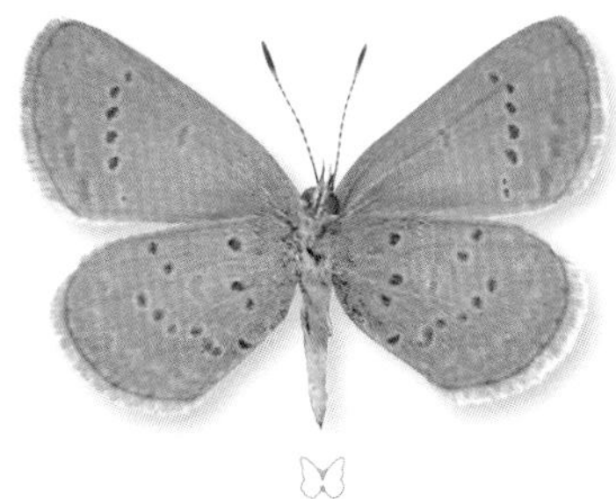

單點藍灰蝶屬 *Famegana* Eliot, 1973

模式種 Type Species | *Lycaena alsulus* Harrich-Shäffer, 1869，即單點藍灰蝶*Famegana alsulus*（Harrich-Shäffer, 1869）。

形態特徵與相關資料 Diagnosis and other information

小型灰蝶。複眼光滑。下唇鬚第三節細長。雄蝶前足跗節癒合，末端下彎、尖銳。前翅Sc脈與R_1脈中段癒合。雄蝶翅背面發香鱗鏟狀。雄蝶翅背面呈藍色，雌蝶則於黑褐色底色上有藍色紋。翅腹面底色灰色，僅有亞外緣紋。具雌雄二型性。

唯一代表種過去置於藍灰蝶或折列藍灰蝶屬內，Eliot於1973年依雄蝶交尾器構造差異分離、創置此屬。

本屬為單種屬，分布於東洋區與澳洲區。

棲息於草原等開闊地。

幼蟲利用之植物為豆科Fabaceae蝶形花類植物。

僅有之代表種臺灣地區曾有記錄。

- *Famegana alsulus taiwana*（Sonan, 1938）（單點藍灰蝶）

檢索表請參見藍灰蝶屬

單點藍灰蝶

Famegana alsulus taiwana (Sonan)

模式產地：*alsulus* Herrich-Schaffer, 1869：澳洲；*taiwana* Sonan, 1938：臺灣。

英文名	Small Grass Blue
別名	黑星姬小灰蝶

形態特徵 Diagnostic characters

雌雄斑紋相異。軀體背側暗褐色，腹側白色。前翅翅形接近扇形，前緣略呈弧形、外緣明顯作圓弧形。後翅甚圓。雄蝶翅背面底色暗褐色，上有藍色亮紋，前翅外緣有明顯黑邊、後翅外緣有細黑邊；雌蝶翅背面則僅有少許藍色鱗。翅腹面底色呈淺灰色，前、後翅外緣有一列模糊淺色弦月紋列，CuA_1室端有一明顯黑褐色斑點。緣毛淺褐色。

分布 Distribution	棲地環境 Habitats	幼蟲寄主植物 Larval hostplants
在臺灣地區僅於臺灣本島中部員林及離島蘭嶼曾有記錄。臺灣以外分布於華南、中南半島、新幾內亞、澳洲、大洋洲西部島嶼等地區。	草地、海岸林。	臺灣地區無記錄，在其他地區以豆科Fabaceae植物為寄主植物。利用部位為花苞。

1 2 3 4 5 6 7 8 9 10 11 12

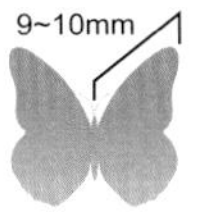

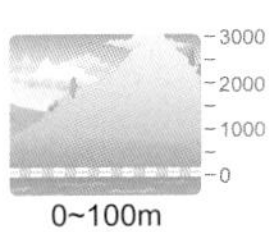

生態習性 Behaviors

應為一年多代。

雌、雄蝶之區分 Distinctions between sexes

雌蝶翅背面藍色紋範圍窄。

近似種比較 Similar species

在臺灣地區有記錄的藍灰蝶類蝶種中，本種是翅腹面斑紋最少的種類，僅於後翅有一黑點，辨識容易。

♂

1cm

♀

1cm

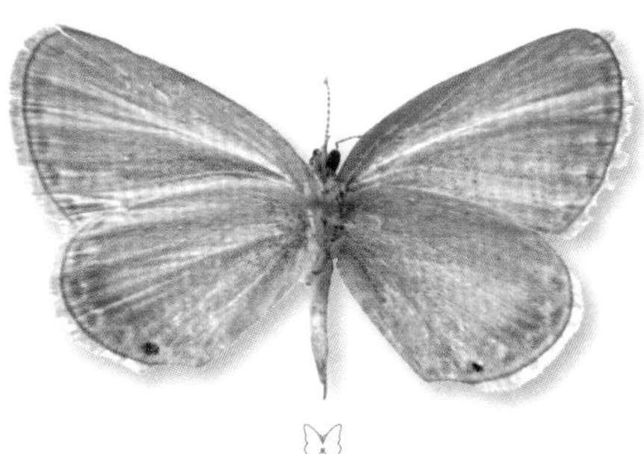

變異 Variations

缺乏資料，其他地區於乾季翅腹面底色較暗、後翅腹面黑點退化。

豐度／現狀 Status

已數十年無觀察、採集記錄。

附記 Remarks

本種在臺灣地區觀察採集記錄非常少，難以判斷是否有原生常駐族群。然而，1932年楚南仁博於員林一次採獲8隻標本，顯示當時應有族群繁衍（本書圖示者即臺灣亞種模式標本之一部分）。在臺灣地區本種目前被視為特有亞種，但其形態與指名亞種殊無二致，只是目前欠缺足夠研究資料與材料，因此本書暫時保留亞種名。

迷你藍灰蝶屬 *Zizula* Chapman, 1910

模式種 Type Species | *Lycaena gaika* Trimen, 1862，該分類單元現在被認為係迷你藍灰蝶*Zizula hylax*（Fabricius, 1775）的同物異名。

形態特徵與相關資料 Diagnosis and other information

小型灰蝶。複眼光滑。下唇鬚第三節向前指，細長、末端尖銳。雄蝶前足跗節癒合，末端下彎、尖銳。前翅Sc脈與R_1脈前半段癒合。雄蝶翅背面無發香鱗。雄蝶翅背面呈藍色，雌蝶則於黑褐色底色上有藍色紋。具雌雄二型性。

本屬呈泛世界性熱帶分布，共有2種。

棲息於草原等開闊地。

幼蟲利用之植物為爵床科Acanthaceae、馬鞭草科Verbenaceae及豆科Fabaceae植物。

臺灣地區有一種。

・*Zizula hylax*（Fabricius, 1775）（迷你藍灰蝶）

檢索表請參見藍灰蝶屬

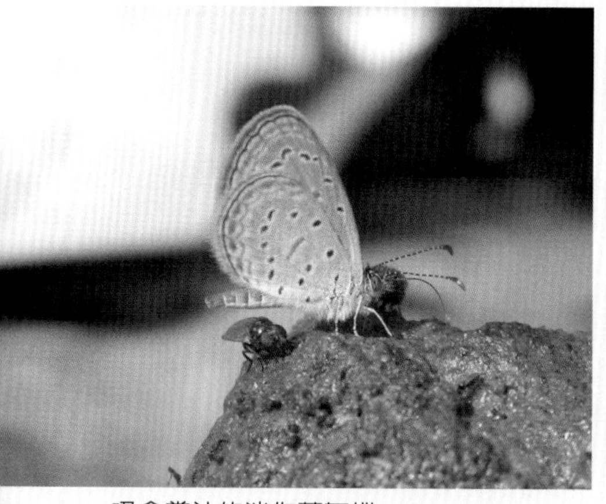

吸食糞汁的迷你藍灰蝶*Zizula hylax* feeding on animal feces（臺南市新化區新化林場，2009. 12. 08.）。

交尾中之迷你藍灰蝶*Zizula hylax* in copulation（高雄市田寮區田寮，100 m，2010. 04. 09.）。

迷你藍灰蝶

Zizula hylax (Fabricius)

▍模式產地：*hylax* Fabricius, 1775：爪哇。

英 文 名	Tiny Grass Blue
別　　名	迷你小灰蝶、長腹灰蝶

形態特徵 Diagnostic characters

雌雄斑紋相異。複眼無毛。軀體細長，超出腹端，背側暗褐色，腹側白色。前翅翅形接近扇形，前緣略呈弧形、外緣明顯作圓弧形。後翅甚圓。雄蝶翅背面底色暗褐色，上有藍色亮紋，前翅外緣及後翅前緣有寬黑邊；雌蝶翅背面藍色紋不如雄蝶發達。翅腹面底色呈淺褐色，前、後翅中央有一組暗褐色斑列，於前翅前側延伸至前緣中央內側。中室端有暗褐色短線紋、中室內及後翅翅基附近有暗褐色小斑點。前、後翅亞外緣均有兩列暗褐色紋，內側列連為線狀。緣毛淺褐色。

生態習性 Behaviors

一年多代。飛行活潑。成蝶好訪花。

雌、雄蝶之區分 Distinctions between sexes

雌蝶翅背面藍色紋範圍窄。

近似種比較 Similar species

利用翅腹面外緣紋列之內側列連為線狀、前翅中央斑列延伸至前緣中央內側、軀體向後超出腹端等特徵即可與臺灣地區其他相似種類區分。

分布 Distribution	棲地環境 Habitats	幼蟲寄主植物 Larval hostplants
在臺灣地區廣泛分布於臺灣本島中、南部低海拔地帶、離島綠島、澎湖、小琉球、太平島等。臺灣以外分布於非洲區、東洋區及澳洲區之廣大地區。	森林林緣、草地、海岸、農田、荒地、都市綠地。	馬鞭草科Verbenaceae之馬纓丹*Lantana camara*；爵床科Acanthaceae之大安水蓑衣*Hygrophila pogonocalyx*、賽山藍*Blechum pyramidatum*、華九頭獅子草*Dicliptera chinensis*、蘆利草*Dipteracanthus repens*、翠蘆利*Ruellia brittoniana*等。利用部位為花穗。

1 2 3 4 5 6 7 8 9 10 11 12

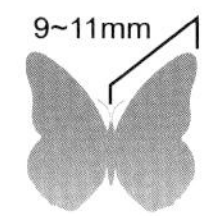

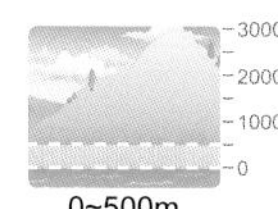

300%

♂

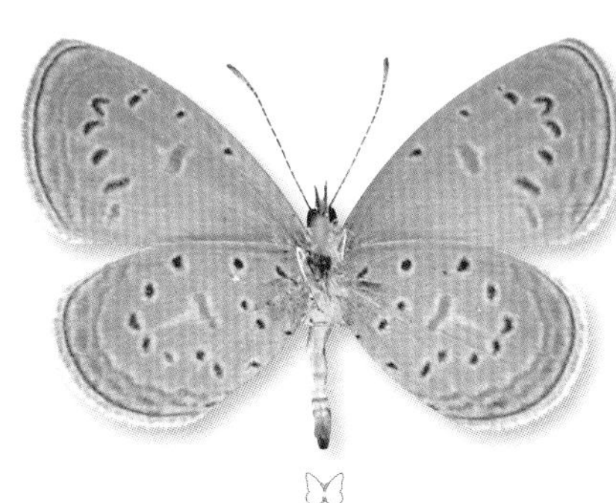

♀

變異 Variations	豐度／現狀 Status	附記 Remarks
乾季／低溫期個體翅腹面底色暗。雌蝶雨季／高溫期個體翅背面藍色紋明顯縮減。	數量豐富。	本種與晶灰蝶屬 *Freyeria* 的種類被認為是世界上最小型的蝴蝶，但兩者均分布於廣大的地區且均鮮少地理變異，說明其遷移能力甚強。

燕藍灰蝶屬 *Everes* Hübner, [1819]

模式種 Type Species | *Papilio amyntas* [Denis & Schiffermüller], 1775，該分類單元係*Papilio argiades* Pallas, 1771(即燕藍灰蝶*Everes argiades*（Pallas, 1771））之同物異名。

形態特徵與相關資料 Diagnosis and other information

小型灰蝶。複眼光滑。下唇鬚長、表面光滑，第3節針狀。雄蝶前足跗節癒合，末端下彎、尖銳。前翅Sc脈與R_1脈中段癒合。後翅於CuA_2室末端有細尾突。雄蝶翅背面通常有鑝狀發香鱗。後翅腹面M_3及CuA_2室末端有橙色紋。雄蝶翅背面呈藍色，雌蝶則於黑褐色底色上有藍色紋。具雌雄二型性。

本屬約有5種，分布於舊北區、新北區、東洋區與澳洲區。

棲息於草原等開闊地。

幼蟲利用之植物為豆科Fabaceae蝶形花類Papilionoideae植物。

臺灣地區有兩種。

- *Everes argiades hellotia*（Ménétriès, 1857）（燕藍灰蝶）
- *Everes lacturnus rileyi*（Godfrey, 1916）（南方燕藍灰蝶）

臺灣地區

檢索表 燕藍灰蝶屬

Key to species of the genus *Everes* in Taiwan

❶ 翅腹面斑紋黑褐色 .... *argiades*（燕藍灰蝶）
翅腹面斑紋灰褐色 .... *lacturnus*（南方燕藍灰蝶）

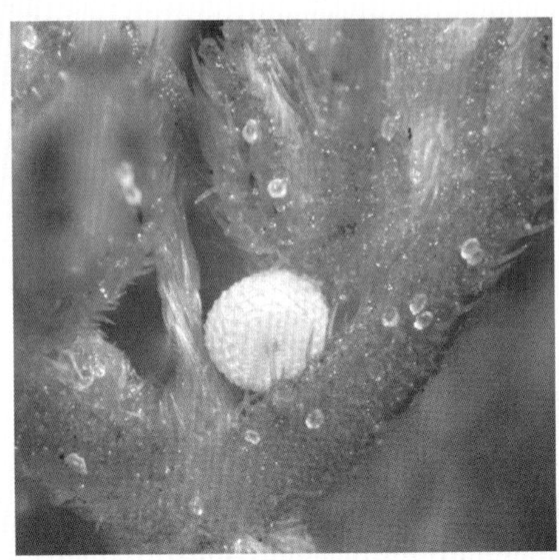

葎草花序上之燕藍灰蝶卵Egg of *Everes argiades hellotia* on inflorescens of *Humulus scandens*（嘉義縣阿里山鄉達邦，1000m，2010. 05. 02.）。

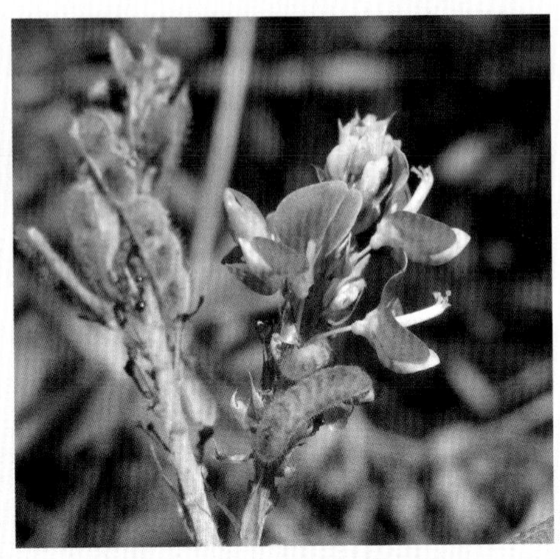

假地豆花序上之南方燕藍灰蝶幼蟲 Larva of *Everes lacturnus rileyi* on *inflorescens* of *Desmodium heterocarpon*（臺東縣延平鄉紅葉，300m，2010. 09. 13.）。

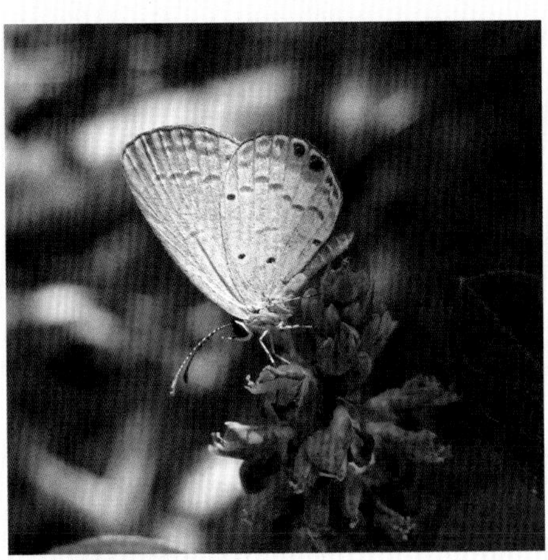

南方燕藍灰蝶*Everes lacturnus rileyi*（臺東縣延平鄉紅葉，300m，2009. 09. 07.）。

假地豆葉上之南方燕藍灰蝶蛹Pupa of *Everes lacturnus rileyi*（臺東縣延平鄉紅葉，300m，2010. 09. 16.）。

燕藍灰蝶

Everes argiades hellotia (Ménétriès)

模式產地：*argiades* Pallas, 1771：歐洲（俄國南部）；*hellotia* Ménétriès, 1857：日本。

英文名 Chapma' s Cupid

別　名 霧社燕小灰蝶

形態特徵 Diagnostic characters

雌雄斑紋相異。軀體背側暗褐色，腹側白色。前翅翅形接近扇形，前緣略呈弧形、外緣明顯作圓弧形。後翅甚圓，CuA_2脈末端有一小尾突。雄蝶翅背面呈藍色，前翅外緣有黑邊，後翅外緣有黑褐色點列；雌蝶翅背面藍色紋遠不如雄蝶發達。翅腹面底色呈白色，前、後翅中央有一組黑褐色斑列，後翅斑點於Rs室向基部偏移。中室端有暗褐色短線紋、後翅中室內及翅基附近有暗褐色小斑點。前、後翅亞外緣均有兩列暗褐色紋，於後翅M_3及CuA_1室有橙色弦月紋。緣毛白色雜有褐色。

生態習性 Behaviors

一年多代。飛行緩慢。成蝶好訪花。

雌、雄蝶之區分 Distinctions between sexes

雌蝶翅背面藍色紋範圍窄。

近似種比較 Similar species

在臺灣地區與本種最相似的種類是南方燕藍灰蝶，但本種翅腹面斑紋呈黑褐色，南方燕藍灰蝶斑紋主要則呈灰褐色。

分布 Distribution

在臺灣地區分布於臺灣本島中、南部中、高海拔地帶以及外島金門、馬祖地區。臺灣以外廣泛分布於西起歐洲，東至日本之廣大地區。

棲地環境 Habitats

常綠闊葉林、落葉闊葉林之林緣、林間空地。

幼蟲寄主植物 Larval hostplants

豆科Fabaceae之鐵掃帚*Lespedeza cuneata*、大麻科Cannabaceae之葎草*Humulus scandens*。利用部位在鐵掃帚為花穗及幼葉，在葎草只利用花穗。

1 2 3 4 5 6 7 8 9 10 11 12

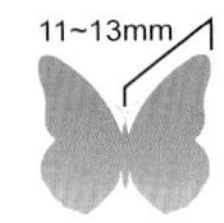

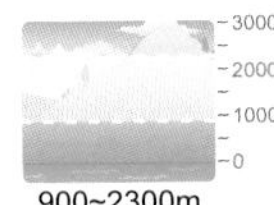

♂

♀

變異 Variations	豐度／現狀 Status	附記 Remarks
低溫期個體翅腹面黑褐色斑紋消退、後翅橙色紋縮減，雌蝶翅背面藍色紋較明顯。	分布局限而數量少。	臺灣地區的族群曾被認為係特有亞種，稱為 *seidakkadaya* Miyashita & Uemura, 1976 (模式產地：臺灣)，Shirôzu & Ueda (1992)則認為臺灣地區的族群與亞洲其他地區之族群並無分別。

南方燕藍灰蝶

Everes lacturnus rileyi (Godfrey)

模式產地：*lacturnus* Godart, 1823：印尼帝汶；*rileyi* Godfrey, 1916：泰國。

英文名 Indian Cupid

別　名 臺灣燕小灰蝶、長尾藍灰蝶

形態特徵 Diagnostic characters

雌雄斑紋相異。軀體背側暗褐色，腹側白色。前翅翅形接近扇形，前緣略呈弧形、外緣明顯作圓弧形。後翅甚圓，CuA_2脈末端有一小尾突。雄蝶翅背面呈藍色，前翅外緣有黑邊，後翅外緣有黑褐色點列；雌蝶翅背面於後翅外緣有白色環形紋紋列，M_3及CuA_1室有橙黃色弦月紋，翅面有時有藍白紋。翅腹面底色呈略泛灰色之白色，前、後翅中央有一組灰褐色斑列，後翅斑點於Rs室向基部偏移。中室端有灰褐色短線紋、後翅中室內及翅基附近有黑褐色小斑點。前、後翅亞外緣均有兩列灰褐色紋，於後翅M_3及CuA_1室有橙黃色弦月紋。緣毛白色雜有褐色。

生態習性 Behaviors

一年多代。飛行緩慢。成蝶好訪花。冬季以老熟幼蟲休眠越冬。

雌、雄蝶之區分 Distinctions between sexes

雌蝶翅背面無藍色紋或斑紋泛白色，且後翅有鮮明橙黃色弦月紋。

近似種比較 Similar species

在臺灣地區與本種最為相似的種類是燕藍灰蝶，燕藍灰蝶翅腹面斑紋呈黑褐色，本種則僅有後翅$Sc+R_1$室及翅內側數枚小斑點呈黑褐色，其餘則呈灰褐色。

分布 Distribution

在臺灣地區分布於臺灣本島低海拔地帶，離島蘭嶼亦有記錄。臺灣以外廣泛分布於東洋區及澳洲區之廣大範圍，並向北延伸至日本南部。

棲地環境 Habitats

常綠闊葉林林緣、林間空地。

幼蟲寄主植物 Larval hostplants

豆科Fabaceae之假地豆*Desmodium heterocarpum*、大葉山螞蝗*D. gangeticum*、鐘萼豆*Codariocalyx motorius*。幼蟲蛀食花穗及豆莢內之種子。

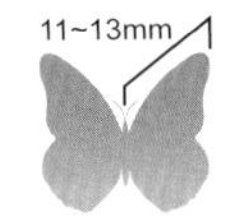

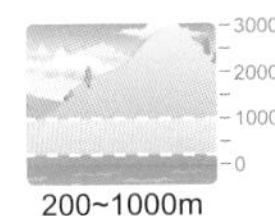

1cm

♂

1cm

♀

變異 Variations

雌蝶翅背面淺色紋多寡變異大。

豐度／現狀 Status

本種在臺灣地區原為常見種，遲至1960、1970年代仍不罕見。然而，近年來本種族群數量急遽減少，恐有滅絕之虞。

附記 Remarks

近年來本種在鄰近臺灣的日本地區族群亦激減，疑與人為開發、氣候變化等因素有關。

玄灰蝶屬 *Tongeia* Tutt, [1908]

模式種 Type Species | *Lycaena fischeri* Eversmann, 1843，即玄灰蝶 *Tongeia fischeri*（Eversmann, 1843）。

形態特徵與相關資料 Diagnosis and other information

小型灰蝶。複眼光滑。下唇鬚長、表面光滑，第3節針狀。雄蝶前足跗節癒合，末端下彎、尖銳。前翅Sc脈與R_1脈中段癒合。後翅於CuA_2室末端有細尾突。雄蝶翅背面無發香鱗。翅背面呈黑褐色。缺乏雌雄二型性。

本屬約有十餘種，分布於舊北區東部與東洋區北部。

棲息於崩塌地、山坡、森林邊緣等場所。

幼蟲利用之植物為景天科Crassulaceae植物。

臺灣地區有兩種。

- *Tongeia hainani*（Bethune-Baker, 1914）（臺灣玄灰蝶）
- *Tongeia filicaudis mushanus*（Tanikawa, 1940）（密點玄灰蝶）

臺灣地區

檢索表 玄灰蝶屬

Key to species of the genus *Tongeia* in Taiwan

❶ 前翅腹面翅基附近無紋.. *hainani*（臺灣玄灰蝶）
前翅腹面翅基附近有兩枚黑褐色斑........................ *filicaudis*（密點玄灰蝶）

密點玄灰蝶*Tongeia filicaudis mushanus*（南投縣仁愛鄉能高越嶺道，1600m，2012. 07. 24.）。

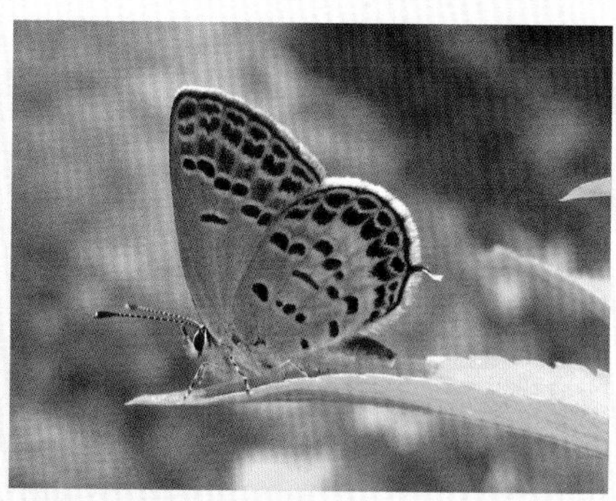

臺灣玄灰蝶*Tongeia hainani*（桃園縣復興鄉蘇樂，700m，2012. 08. 21.）。

臺灣玄灰蝶

Tongeia hainani (Bethune-Baker)

▍模式產地：*hainani* Bethune-Baker, 1914：臺灣。

英 文 名	Taiwan Black Cupid
別　　名	臺灣黑燕小灰蝶、海南玄灰蝶

形態特徵 Diagnostic characters

雌雄斑紋相同。軀體背側暗褐色，腹側白色。前翅翅形接近三角形，前緣略呈弧形、外緣作圓弧形。後翅甚圓，CuA_2脈末端有一小尾突。翅背面呈黑褐色，後翅外緣、亞外緣有模糊白線及短弧線組成之紋列。翅腹面底色為帶褐色的白色或淺灰色，前、後翅中央有一組帶黃褐色之褐色斑列。中室端有同色短線紋、後翅中室內及翅基附近有暗褐色小斑點。前、後翅亞外緣均有兩列暗褐色紋，於後翅M_3及CuA_1室末端常有不發達的橙色弦月紋。緣毛白、褐色相間。

生態習性 Behaviors

一年多代。飛行緩慢。成蝶好訪花。

雌、雄蝶之區分 Distinctions between sexes

除了雄蝶前翅外緣較直以外，雌、雄蝶難於區分。

近似種比較 Similar species

在臺灣地區與本種最相似的種類是密點玄灰蝶，最明顯的區別在於本種前翅腹面近基部部分無斑紋，而密點玄灰蝶則有兩枚黑褐色小斑點。

分布 Distribution	棲地環境 Habitats	幼蟲寄主植物 Larval hostplants
分布於臺灣本島低、中海拔地帶。	常綠闊葉林、海岸林、崩塌地等有寄主植物群落存在的場所。	景天科Crassulaceae之倒吊蓮*Kalanchoe spathulata*、鵝鑾鼻燈籠草*K. garambiensis*、銳葉掌上珠*K. daigremontiana*及落地生根*Bryophyllum pinnatum*等。利用部位包括葉片、花、花苞等肉質植物組織。

1 2 3 4 5 6 7 8 9 10 11 12

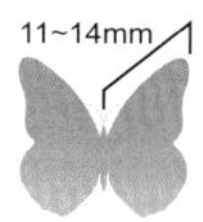

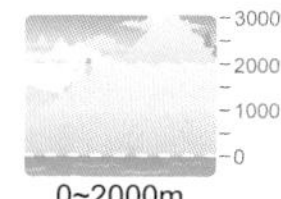

灰蝶科

玄灰蝶屬

1cm

♂

1cm

♀

變異 Variations

低溫期／乾季個體翅腹面黑褐色斑紋有淡化為紅褐色的傾向。

豐度／現狀 Status

目前數量尚多。

附記 Remarks

本種最初命名時原作者將海南島和臺灣相互混淆，而使用*hainani*（海南）作為種小名，致使後來許多研究者誤以為本種亦分布於海南島。

密點玄灰蝶

Tongeia filicaudis mushanus (Tanikawa)

模式產地：*filicaudis* Pryer, 1877：華北；*mushanus* Tanikawa, 1940：臺灣。

英文名 Black Cupid

別　名 霧社黑燕小灰蝶

形態特徵 Diagnostic characters

雌雄斑紋相同。軀體背側暗褐色，腹側白色。前翅翅形接近三角形，前緣略呈弧形、外緣作圓弧形。後翅甚圓，CuA_2脈末端有一小尾突。翅背面呈黑褐色，後翅外緣、亞外緣有十分模糊的白線及短弧線組成之紋列。翅腹面底色為帶褐色的白色或淺灰色，前、後翅中央有一暗褐色之褐色斑列。中室端有同色短線紋。前、後翅中室內及翅基附近有暗褐色小斑點。前、後翅亞外緣均有暗褐色重紋列，於後翅M_3及CuA_1室末端有橙色弦月紋。緣毛白、褐色相混。

生態習性 Behaviors

一年多代。飛行緩慢。成蝶好訪花。

雌、雄蝶之區分 Distinctions between sexes

除了雄蝶前翅外緣較直以外，雌雄蝶難於區分。

近似種比較 Similar species

在臺灣地區與本種最相似的種類是臺灣玄灰蝶，本種前翅腹面近基部處有兩枚黑褐色小斑點，臺灣玄灰蝶則無。

分布 Distribution

在臺灣地區分布於臺灣本島低、中海拔地帶，外島馬祖亦有分布，但當地族群屬於指名亞種。臺灣以外於中國大陸分布廣泛。

棲地環境 Habitats

常綠闊葉林、崩塌地等有寄主植物群落存在的場所。

幼蟲寄主植物 Larval hostplants

在臺灣地區是景天科Crassulaceae之佛甲草屬*Sedum*植物，包括星果佛甲草*Sedum actinocarpum*、玉山佛甲草*S. morrisonense*等。利用部位包括葉片、花、花苞等肉質植物組織。

1 2 3 4 5 6 7 8 9 10 11 12

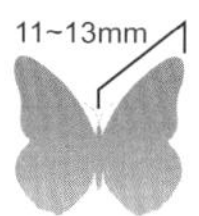

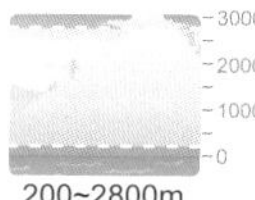

240%

1cm

♂

1cm

♀

變異 Variations

翅腹面黑褐色斑紋大小、形狀、排列多個體變異。

豐度／現狀 Status

目前數量尚多，但生存與其寄主植物群落的存在緊密相關。低海拔棲地有可能因開發而消失。

附記 Remarks

亞種名*mushana*指臺灣中部南投縣仁愛鄉霧社。

森灰蝶屬 *Shijimia* Matsumura, 1919

模式種 Type Species | *Lycaena moorei* Leech, 1889，即森灰蝶*Shijimia moorei*（Leech, 1889）。

形態特徵與相關資料 Diagnosis and other information

小型灰蝶。複眼光滑。雄蝶前足跗節癒合，末端下彎、尖銳。下唇鬚長、表面光滑，第3節針狀。前翅Sc脈與R_1脈中段癒合。後翅無尾突。雄蝶翅背面無發香鱗。翅背面呈黑褐色。缺乏雌雄二型性。

本屬與燕藍灰蝶屬近緣，兩者形態構造非常接近。

本屬為單種屬，分布於舊北區東部。

棲息於崩塌地、山坡、森林邊緣等場所。

幼蟲利用之植物為唇形科Lamiaceae及苦苣苔科Gesneriaceae植物。

唯一代表種臺灣地區有分布。

- *Shijimia moorei taiwana* Matsumura, 1919（森灰蝶）

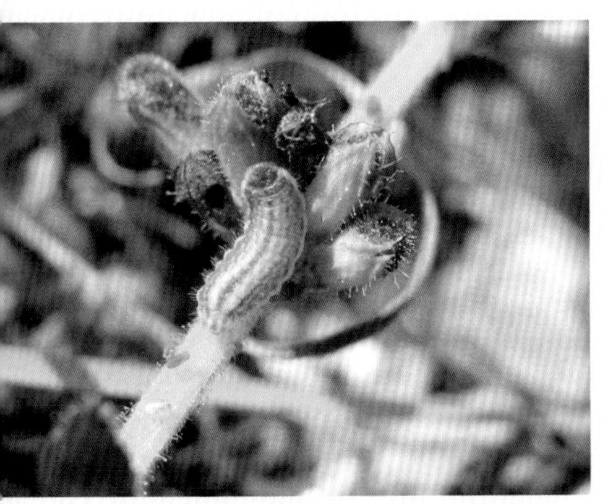

阿里山紫花鼠尾草上之森灰蝶幼蟲 Larva of *Shijimia moorei taiwana* on *Salvia arisanensis*（宜蘭縣大同鄉明池，1200m，2011. 07. 26.）。

正產卵於阿里山紫花鼠尾草花序之森灰蝶雌蝶Female *Shijimia moorei taiwana* ovipositing upon inflorescens of *Salvia arisanensis*（宜蘭縣大同鄉明池，1200m，2011. 07. 26.）。

森灰蝶

Shijimia moorei taiwana Matsumura

模式產地：*moorei* Leech, 1889：江西；*taiwana* Matsumura, 1919：臺灣。

英文名	Moore' s Cupid
別　名	棋石燕小灰蝶、臺灣棋石小灰蝶、山灰蝶

形態特徵 Diagnostic characters

雌雄斑紋相同。軀體背側暗褐色，腹側白色。前翅翅形接近三角形，前緣、外緣略呈弧形。後翅近扇形。翅背面呈黑褐色，翅腹面斑紋隱約可透視。翅腹面底色為白色或灰白色，前、後翅中央有一組彎曲排列之黑褐色斑列，後翅M_2斑長而呈桿狀、$Sc+R_1$室斑點大而鮮明，呈丸狀、CuA_1室末端黑斑點特別大而常冠有橙紅色紋。中室端有同色短條紋。後翅中室內及翅基附近有黑褐色斑點。前、後翅亞外緣均有兩列黑褐色紋。緣毛白、褐色相間。

生態習性 Behaviors

可能一年多代。飛行緩慢。成蝶有訪花習性、雄蝶會至溼地吸水。冬季以幼蟲態休眠越冬。

雌、雄蝶之區分 Distinctions between sexes

除了雄蝶前翅外緣較直以外，雌雄蝶難於區分。

近似種比較 Similar species

在臺灣地區外觀上與本種最相似的種類是寬邊琉灰蝶雌蝶，區別在於本種翅腹面底色呈白色，寬邊琉灰蝶則帶灰色。另外，本種後翅腹面M_2斑呈桿狀而醒目，寬邊琉灰蝶則否。

分布 Distribution	棲地環境 Habitats	幼蟲寄主植物 Larval hostplants
在臺灣地區分布於臺灣本島中海拔地帶。臺灣以外分布於華西、華南、華東、印度阿薩密、日本南部等地區。	常綠闊葉林。	唇形科Lamiaceae之臺灣紫花鼠尾草*Salvia formosana*及阿里山紫花鼠尾草*S. arisanensis*；苦苣苔科Gesneriaceae之臺灣石吊蘭*Lysionotus pauciflorus*等植物。利用部位為花、花苞。

1 2 3 4 5 6 7 8 9 10 11 12

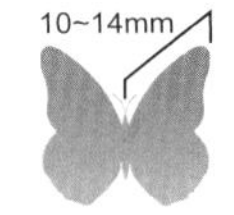

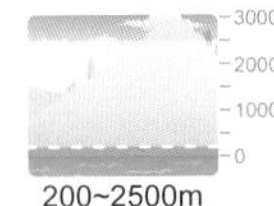

1cm

♂

1cm

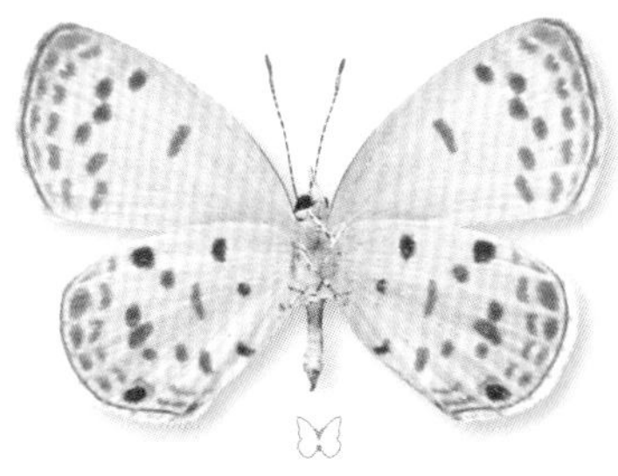

變異 Variations	豐度／現狀 Status	附記 Remarks
翅腹面黑褐色斑紋大小、形狀、排列多個體變異。	數量稀少。	本種一般只見於環境溼度足夠之原生林，不見於環境乾燥之次生、人工林。 部分研究者認為本種臺灣族群與華南族群沒有分別，視為同一亞種。本書暫持保留態度，仍視臺灣族群為特有亞種。

丸灰蝶屬 *Pithecops* Horsfield, 1828

模式種 Type Species | *Pithecops hylax* Horsfield, [1828]，該分類單元目前視為係黑丸灰蝶*Pithecops corvus* Fruhstorfer, 1919的首同物異名。

形態特徵與相關資料 Diagnosis and other information

小型灰蝶。複眼光滑。下唇鬚長、表面光滑，第3節針狀，左右常不對稱。雄蝶前足跗節癒合，末端下彎、尖銳。翅輪廓甚圓，後翅無尾突。前翅Sc脈與R_1脈近末端部分癒合。後翅腹面前緣外側有一鮮明黑圓斑。雄蝶翅背面無發香鱗。雌雄二型性不甚顯著。

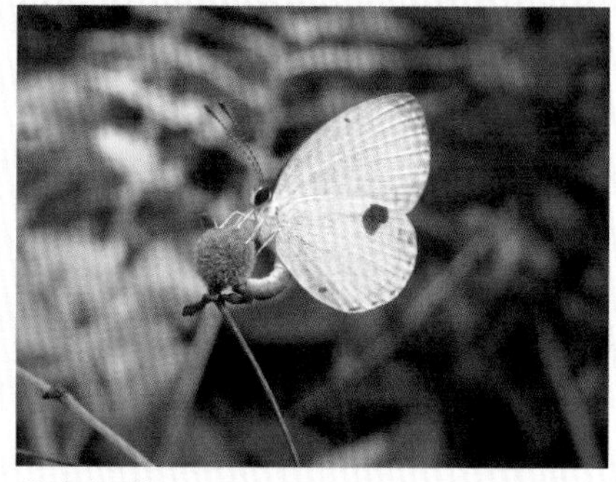

藍丸灰蝶*Pithecops fulgens urai*（新北市烏來區福山，500m，2012. 06. 29.）。

本屬約有五種，分布於東洋區及澳洲區。

棲息於闊葉林林內。

幼蟲利用之植物為豆科Fabaceae植物。

臺灣地區有兩種。

- *Pithecops fulgens urai* Bethune-Baker, 1913（藍丸灰蝶）
- *Pithecops corvus cornix* Cowan, 1966（黑丸灰蝶）

臺灣地區

檢索表 丸灰蝶屬

Key to species of the genus *Pithecops* in Taiwan

❶ 雄蝶翅背面有藍色亮紋，亞外緣Rs室黑斑點大於M室斑點.. *fulgens*（藍丸灰蝶）

雄蝶翅背面無藍色亮紋，亞外緣Rs室黑斑點與其他室斑點大小相仿 .... *corvus*（黑丸灰蝶）

藍丸灰蝶

Pithecops fulgens urai Bethune-Baker

模式產地：*fulgens* Doherty, 1889：印度；*urai* Bethune-Baker, 1913：臺灣。

英文名	Blue Quaker
別名	烏來黑星小灰蝶、對馬黑星小灰蝶

形態特徵 Diagnostic characters

雌雄斑紋相異。軀體背側暗褐色，腹側白色。前翅長、翅形接近扇形，前緣、外緣呈弧形。後翅甚圓。翅背面呈黑褐色，前、後翅翅基至翅中央各有一片靛藍色亮紋。翅腹面底色為白色，前翅前緣中央偏外側常有一小黑點。後翅前緣外側有一鮮明黑圓斑，形似中藥藥丸。前、後翅亞外緣均有一列外側黑點列及內側橙色線紋，其內側時有橙色斷線紋，而於後翅內緣附近呈黑褐色。前翅緣毛白、褐色相混，後翅緣毛白色而於翅脈端呈褐色。

生態習性 Behaviors

一年多代。成蝶多棲息在幽暗潮溼的森林內，飛行緩慢優雅。

雌、雄蝶之區分 Distinctions between sexes

雄蝶翅背面有靛藍色亮紋，雌蝶則否。

近似種比較 Similar species

在臺灣地區與本種最相似的種類是黑丸灰蝶，但黑丸灰蝶雄蝶無本種所擁有的藍色亮紋。黑丸灰蝶後翅腹面亞外緣橙色斷線紋通常較本種發達。另外，亞外緣外側黑點列於Rs室之斑點通常大於M室斑點。

分布 Distribution	棲地環境 Habitats	幼蟲寄主植物 Larval hostplants
在臺灣地區分布於臺灣本島北部低海拔地帶。臺灣以外分布於華南、華東、越南、北印度、日本對馬島等地區。	常綠闊葉林。	豆科之細梗山螞蝗 *Desmodium laxum* subsp. *leptopum* 及琉球山螞蝗 *D. laxum* subsp. *laterale*。利用部位為花、花苞、豆莢、新芽、幼葉。

1 2 3 4 5 6 7 8 9 10 11 12

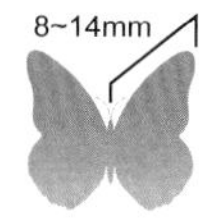

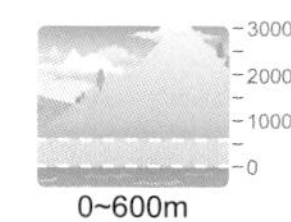

♂

1cm

1cm

變異 Variations

後翅腹面亞外緣橙色斷線紋發達程度變化大，經常減退而幾近消失。

豐度／現狀 Status

目前數量尚多，但是分布頗為局限。

附記 Remarks

本種過去與黑丸灰蝶相混淆，以致早期觀察記錄多不可靠，最近的調查顯示本種在臺灣可能主要分布於北部低地。
臺灣亞種之亞種名*urai*意指烏來地區。

黑丸灰蝶

Pithecops corvus cornix Cowan

模式產地：*corvus* Fruhstorfer, 1919：北婆羅洲；*cornix* Cowan, 1966：海南。

英文名 | Forest Quaker

別　名 | 琉球黑星小灰蝶

形態特徵 Diagnostic characters

雌雄斑紋相同。軀體背側暗褐色，腹側白色。前翅長、翅形接近扇形，前緣、外緣呈弧形。後翅甚圓。翅背面呈黑褐色。翅腹面底色為白色，前翅前緣中央有兩只小黑點。後翅前緣外側有一鮮明黑圓斑，形似中藥藥丸。前、後翅亞外緣均有一列外側黑點列及內側橙色線紋，其內側則有橙色斷線紋。前翅緣毛白、褐色相混，後翅緣毛白色而於翅脈端略呈褐色。

生態習性 Behaviors

一年多代。成蝶多棲息在潮溼的森林內、林緣，飛行緩慢優雅。

雌、雄蝶之區分 Distinctions between sexes

除了雌蝶翅表面底色略較雄蝶淺以外，雌雄難以區分。

近似種比較 Similar species

在臺灣地區與本種最相似的種類是藍丸灰蝶，但藍丸灰蝶雄蝶有藍色亮紋，本種則無。本種翅腹面亞外緣橙色斷線紋通常較發達。另外，亞外緣外側黑點列於Rs室之斑點與其他翅室斑點大小相仿。

分布 Distribution	棲地環境 Habitats	幼蟲寄主植物 Larval hostplants
在臺灣地區分布於臺灣本島低海拔地帶。臺灣以外分布於華南、中南半島、東南亞等地區。	常綠闊葉林。	豆科之細梗山螞蝗*Desmodium laxum* subsp. *leptopum*及疏花山螞蝗*D. laxiflorum*。利用部位為花、花苞、豆莢。

1 2 3 4 5 6 7 8 9 10 11 12

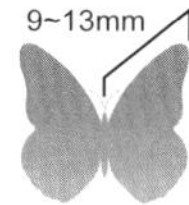

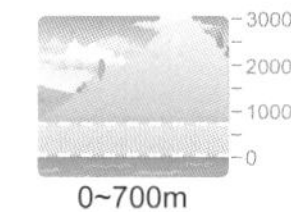

灰蝶科

丸灰蝶屬

210%

♂

1cm

♀

1cm

變異 Variations	豐度／現狀 Status	附記 Remarks
後翅腹面亞外緣橙色斷線紋發達程度變化頗著。	目前數量尚多，但是分布局限而破碎。	臺灣中、南部的藍丸灰蝶記錄可能多係本種之誤。本種的族群數量常變動劇烈，且許多有其寄主植物群落存在的地方無本種族群棲息。

黑點灰蝶屬 *Neopithecops* Distant, 1884

模式種 Type Species | *Pithecops dharma* Moore, [1881]，該分類單元目前視為係黑點灰蝶 *Neopithecops zalmora* Butler, 1869的同物異名。

形態特徵與相關資料 Diagnosis and other information

小型灰蝶。複眼光滑。下唇鬚第三節細長，針狀。雄蝶前足跗節癒合，末端下彎、尖銳。後翅無尾突。前翅Sc脈與R_1脈分離。翅背面黑褐色，翅面常有白紋，尤其是雌蝶。雄蝶翅背面無發香鱗。雌雄二型性不顯著。

本屬約有五種，分布於東洋區及澳洲區。

棲息於闊葉林林內。

幼蟲利用之植物為芸香科Rutaceae植物。

臺灣地區有一種。

・*Neopithecops zalmora*（Butler, [1870]）（黑點灰蝶）

黑點灰蝶、黑星灰蝶、琉灰蝶、寬邊琉灰蝶、靛色琉灰蝶、白紋琉灰蝶、嫵琉灰蝶等屬被認為關係近緣而置於同一分類單元Lycaenopsis section中，泛稱琉灰蝶群Lycaenopsis Group，這些屬不但外形相似，事實上有些種類翅紋與屬外成員更為相似，鑑定困難。本書整理一份琉灰蝶類檢索表於此，希望有助於鑑定。

黑點灰蝶*Neopithecops zalmora*（嘉義縣阿里山鄉達娜伊谷，500m，2011. 05. 10.）。

臺灣地區

檢索表　琉灰蝶類

Key to species of the Lycaenopsis Group in Taiwan

❶ 複眼光滑 .... ❷
複眼被毛 .... ❸

❷ 後翅腹面中室內有黑斑點 .... *Megisba malaya*（黑星灰蝶）
後翅腹面中室內無黑斑點 .... *Neopithecops zalmora*（黑點灰蝶）

❸ 前翅Sc脈長於中室或與之等長；雄蝶無發香鱗 .... ❹
前翅Sc脈短於中室；雄蝶具發香鱗 .... ❺

❹ 後翅M_2室中央斑點桿狀 .... *Acytolepis puspa*（靛色琉灰蝶）
後翅M_2室中央斑點非桿狀 .... *Callenya melaena*（寬邊琉灰蝶）

❺ 翅腹面R_5紋以外中央斑列排成一列 .... ❻
腹面R_5紋以外中央斑列不排成一列 .... ❿

❻ 翅腹面無亞外緣線 .... *Udara albocaerulea*（白斑嫵琉灰蝶）
翅腹面有亞外緣線 .... ❼

❼ 翅背面亮紋紫色 .... *Celastrina oreas*（大紫琉灰蝶）
翅背面亮紋藍色 .... ❽

❽ 後翅腹面CuA_2室兩只黑紋分離 .... *Celastrina argiolus*（琉灰蝶）
後翅腹面CuA_2室兩只黑紋相連 .... ❾

❾ 後翅腹面$Sc+R_1$室斑點色彩明顯較Rs室斑點深 ....
.... *Celastrina lavendularis*（細邊琉灰蝶）
後翅腹面$Sc+R_1$室斑點色彩與Rs室斑同色.......... *Udara dilecta*（嫵琉灰蝶）

❿ 前翅腹面M_3室斑點位於M_2室斑點內側..
.... *Celastrina sugitanii*（杉谷琉灰蝶）
前翅腹面M_3室斑點位於M_2室斑點外側 ....
.... *Celatoxia marginata*（白紋琉灰蝶）

黑點灰蝶

Neopithecops zalmora (Butler)

▍模式產地：*zalmora* Butler, [1870]；緬甸。

英文名｜Quaker

別　名｜姬黑星小灰蝶、一點灰蝶

形態特徵 Diagnostic characters

雌雄斑紋相似。軀體背側暗褐色，腹側白色。前翅翅形接近扇形，前緣、外緣呈弧形。後翅甚圓。翅背面呈黑褐色，前翅常有模糊白紋。翅腹面底色為白色。前、後翅偏外側處各有一列由黑褐色短線構成的曲紋列。中室端亦有同色短線紋。後翅前緣外側有一鮮明黑圓斑。前、後翅外緣均有一列外側黑點列及內側黑線紋。緣毛白色而於翅脈端呈褐色。

生態習性 Behaviors

一年多代。成蝶翔姿羸弱，通常於林內較陰暗的場所活動，有訪花習性，雄蝶會至溼地吸水。

雌、雄蝶之區分 Distinctions between sexes

除了雌蝶翅表面白紋通常較發達以外，雌雄難以區分。

近似種比較 Similar species

在臺灣地區與本種外觀最為近似的是黑星灰蝶，主要區別在於本種後翅無尾突，而黑星灰蝶則於 CuA_2 脈末端有一小尾突。另外，黑星灰蝶後翅腹面近翅基處有數只小黑點，本種則無。再者，黑星灰蝶前翅前緣近直線狀，本種則突出而呈弧形。

分布 Distribution	棲地環境 Habitats	幼蟲寄主植物 Larval hostplants
在臺灣地區分布於臺灣本島低、中海拔地帶。臺灣以外分布於華南、中南半島、印度、東南亞等地區。	常綠闊葉林。	芸香科Rutaceae之石苓舅*Glycosmis pentaphylla*。利用部位為新芽、幼葉。

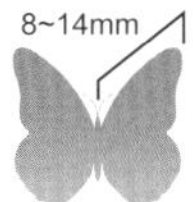

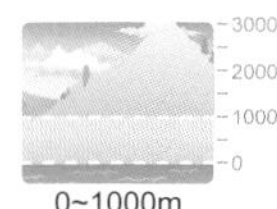

1cm

♂

1cm

變異 Variations	豐度／現狀 Status	附記 Remarks
低溫期／乾季個體翅腹面黑褐色斑紋減退。	目前數量尚多。	由於本種棲息在幽暗森林中，與寬邊琉灰蝶棲地相似，有時易與後者的雌蝶混淆。

黑星灰蝶屬 *Megisba* Moore, [1881]

模式種 Type Species | *Megisba thwaitesi* Moore, [1881]，該分類單元目前視為係黑星灰蝶*Megisba malaya*（Horsfield, [1828]）的同物異名。

形態特徵與相關資料 Diagnosis and other information

小型灰蝶。複眼光滑。下唇鬚第三節細長。觸角長，長度超過前翅長1／2。雄蝶前足跗節癒合，末端下彎、尖銳。前翅Sc脈與R_1脈分離但互相靠近。翅背面黑褐色，翅面常有白紋，尤其是雌蝶。雄蝶翅背面無發香鱗。雌雄二型性不顯著。

本屬有2種，分布於東洋區及澳洲區。

本屬2種成員均有具尾突與不具尾突之族群，頗為奇特。

棲息於闊葉林林內。

幼蟲利用之植物為大戟科Euphorbiaceae、鼠李科Rhamnaceae、朴樹科Celtidaceae、無患子科Sapindaceae等植物。

臺灣地區有一種。

- *Megisba malaya sikkima* Moore, 1884（黑星灰蝶）

請參照黑點灰蝶屬說明頁附帶之臺灣地區「琉灰蝶類」檢索表

吸食死蟹體液之黑星灰蝶*Megisba malaya sikkima* feeding upon a dead crab（臺南市東山區崁頭山，600m，2011. 10. 15.）。

黑星灰蝶

Megisba malaya sikkima Moore

▍模式產地：*malaya*（Horsfield, [1828]）：爪哇；*sikkima* Moore, 1884：錫金。

英文名	Malayan
別　名	臺灣黑星小灰蝶、美姬灰蝶

形態特徵 Diagnostic characters

雌雄斑紋相似。軀體背側暗褐色，腹側白色。前翅翅形接近三角形，外緣呈弧形。後翅呈扇形，CuA_2脈末端有一小尾突。翅背面呈黑褐色，前翅常有模糊白紋。翅腹面底色為白色。前、後翅偏外側處各有一列由黑褐色短線構成的曲紋列。中室端亦有同色短線紋。後翅前緣外側有一鮮明黑圓斑。前、後翅外緣均有一列外側黑點列及內側波狀黑線紋。後翅腹面近翅基處有數只小黑點。緣毛白色與褐色。

生態習性 Behaviors

一年多代。成蝶飛行活潑靈敏，有訪花習性，雄蝶會至溼地吸水。

雌、雄蝶之區分 Distinctions between sexes

雌蝶翅表面白紋通常較發達、前翅外緣較突出。另外，雄蝶翅腹面底色常泛褐色，尤其在高溫期個體。

近似種比較 Similar species

在臺灣地區與本種外觀最為近似的是黑點灰蝶，區別在於本種後翅CuA_2脈末端有尾突（但是國外部分地區之黑星灰蝶族群無尾突），黑點灰蝶則無尾突。本種後翅腹面近翅基處有數只小黑點，黑點灰蝶則無。另外，本種前翅前緣近直線狀，黑點灰蝶則突出而呈弧形。

分布 Distribution	棲地環境 Habitats	幼蟲寄主植物 Larval hostplants
在臺灣地區分布於臺灣本島低、中海拔地帶及離島龜山島與蘭嶼。臺灣以外分布於華南、中南半島、印度、東南亞、日本南西諸島等地區。	常綠闊葉林。	在臺灣地區包括大戟科Euphorbiaceae之野桐*Mallotus japonicus*、白匏子*Ma. paniculatus*、扛香藤*Ma. repandus*、血桐*Macaranga tanarius*；鼠李科Rhamnaceae之桶鉤藤*Rhamnus formosans*；無患子科Sapindaceae之止宮樹*Allophylus timorensis*；朴樹科Celtidaceae之山黃麻*Trema orientalis*等。利用部位主要為花、花苞，有時也利用新芽、幼葉。

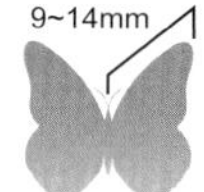

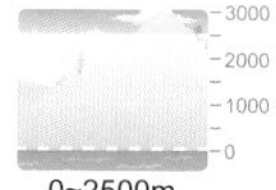

灰蝶科 黑星灰蝶屬

240%

高溫型（雨季型）

♂

♀

低溫型（乾季型）

♀

變異 Variations

低溫期／乾季個體翅腹面黑褐色斑紋減退。

豐度／現狀 Status

目前數量尚多。

附記 Remarks

本種種小名*malaya*意指馬來亞，但是實際的模式產地卻在印尼的爪哇。

嫵琉灰蝶屬 *Udara* Toxopeus, 1928

模式種 Type Species | *Polyommatus dilectus* Moore, 1879，即嫵琉灰蝶 *Udara dilectus*（Moore, 1879）。

形態特徵與相關資料 Diagnosis and other information

中、小型灰蝶。複眼被毛。下唇鬚第三節細長，末端尖。雄蝶前足跗節癒合，末端下彎、尖銳。前翅背面有藍紫色亮紋。大部分種類雄蝶翅背面無發香鱗。雌雄二型性顯著。

本屬有37種，分布於東洋區、澳洲區及西太平洋。

棲息於闊葉林林內。

幼蟲利用之植物為忍冬科Caprifoliaceae、灰木科Symplocaceae、殼斗科Fagaceae等植物。

臺灣地區有兩種。

- *Udara dilecta*（Moore, 1879）（嫵琉灰蝶）
- *Udara albocaerulea*（Moore, 1879）（白斑嫵琉灰蝶）

臺灣地區

檢索表 嫵琉灰蝶屬

Key to species of the genus *Udara* in Taiwan (see also the diagnostic key given for the Lycaenopsis Group at the page for the genus *Neopithecops*)

❶ 翅腹面有亞外緣波狀線紋 .... *dilecta*（嫵琉灰蝶）
翅腹面無亞外緣波狀線紋 .... *albocaerulea*（白斑嫵琉灰蝶）

（亦請參照黑點灰蝶屬說明頁附帶之臺灣地區「琉灰蝶類」檢索表）

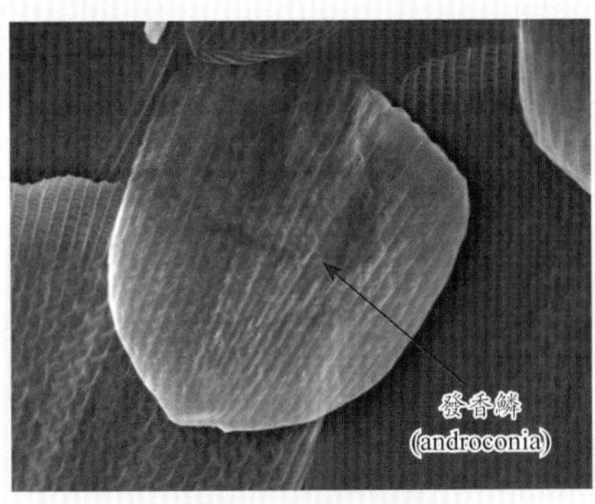

嫵琉灰蝶雄蝶發香鱗

嫵琉灰蝶

Udara dilecta (Moore)

模式產地：*dilecta* Moore, 1879：尼泊爾。

英文名	Pale Hedge Blue
別名	珍貴嫵灰蝶、達邦琉璃小灰蝶

形態特徵 Diagnostic characters

雌雄斑紋相異。軀體背側暗褐色，腹側白色。前翅翅形接近三角形，外緣呈弧形。後翅扇狀。雄蝶翅背面覆藍色亮鱗，僅外緣留有細黑邊，前、後翅均常有白紋。雌蝶翅背面僅翅基至翅中央有藍色紋，於前、外緣有寬黑邊，白紋鮮明而位於藍色紋外側。後翅大部有模糊的藍灰色紋。翅腹面底色為白色。前、後翅中央暗褐色紋列於前翅近直線排列，後翅則斑點於Rs室向基部偏移。中室端亦有同色細線紋。前、後翅沿外緣均有一列外側黑點列及內側波狀黑線紋。後翅中室內及翅基附近有暗褐色小點。緣毛白色於翅脈端呈褐色。

生態習性 Behaviors

一年多代。成蝶飛行不快，有訪花習性，雄蝶常群聚溼地吸水及鳥糞。

雌、雄蝶之區分 Distinctions between sexes

雌蝶翅背面斑紋與雄蝶迥異，不難區分。

近似種比較 Similar species

在臺灣地區與本種外觀最為接近的是琉灰蝶屬的細邊琉灰蝶，區別在於細邊琉灰蝶後翅腹面$Sc+R_1$室外側及CuA_1室外緣斑點比翅面其他斑點來得鮮明而深色，在本種則與其他斑點同色調。另外，本種雄蝶翅背面有白紋，細邊琉灰蝶則無。

分布 Distribution	棲地環境 Habitats	幼蟲寄主植物 Larval hostplants
在臺灣地區分布於臺灣本島低、中海拔地帶，北部較少見。臺灣以外分布於華南、華西、華東、中南半島、印度、東南亞、新幾內亞等地區。	常綠闊葉林。	殼斗科Fagaceae植物。利用部位為花穗。

1 2 3 4 5 6 7 8 9 10 11 12

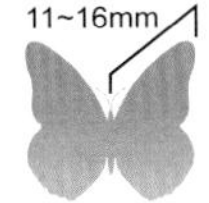

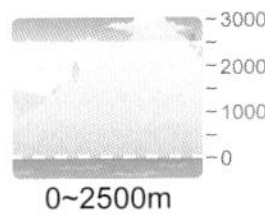

200%

1cm

♂

1cm

♀

變異 Variations	豐度／現狀 Status	附記 Remarks
翅背面白紋大小變異大。	目前數量尚多。	本種在北部地區雖有記錄，但十分少見，原因有待探討。

白斑嫵琉灰蝶

Udara albocaerulea (Moore)

▌模式產地：*albocaerulea* Moore, 1879：印度。

英文名	Albocaerulean
別　名	白斑琉璃小灰蝶、白斑嫵灰蝶

形態特徵 Diagnostic characters

雌雄斑紋相異。軀體背側暗褐色，腹側白色。前翅翅形接近三角形，外緣呈弧形。後翅扇狀。雄蝶翅背面覆藍色亮鱗，外緣有寬黑邊，前、後翅均有發達之白紋。雌蝶翅背面僅翅基至翅中央有藍色紋，於前、外緣有寬黑邊，白紋位於藍色紋外側。後翅有模糊的白色與藍灰色紋。翅腹面底色為白色。前、後翅中央暗褐色紋列於前翅呈弧形排列，後翅斑點則於Rs室向基部偏移。中室端亦有同色細線紋。前、後翅沿外緣均有一列外側黑點列。後翅中室內及翅基附近有暗褐色小點。緣毛白色而於翅脈端呈褐色。

生態習性 Behaviors

一年多代。成蝶飛行不快，有訪花習性，雄蝶常至溼地吸水。

雌、雄蝶之區分 Distinctions between sexes

雌蝶前翅背面黑褐色邊較雄蝶寬闊，藍色紋部分則明顯遜於雄蝶。

近似種比較 Similar species

臺灣地區產琉灰蝶類中，僅有本種翅腹面完全缺少亞外緣波狀線，不難辨識。

分布 Distribution	棲地環境 Habitats	幼蟲寄主植物 Larval hostplants
在臺灣地區分布於臺灣本島低、中海拔地帶。臺灣以外分布於華南、華西、華東、中南半島、印度、喜馬拉雅、馬來半島、日本等地區。	常綠闊葉林。	在臺灣地區的已知寄主是忍冬科Caprifoliaceae的呂宋莢蒾*Viburnum luzonicum*。利用部位為花穗。

1 2 3 4 5 6 7 8 9 10 11 12

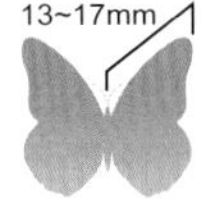

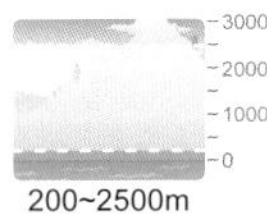

1cm

♂

1cm

變異 Variations

低溫期個體翅背面白斑擴大、翅腹面黑褐色斑紋減退。

豐度／現狀 Status

通常數量少。

附記 Remarks

本種在其他地區多以灰木科植物為主要寄主植物，然而臺灣的灰木科植物種類繁多，目前卻未發現本種利用。

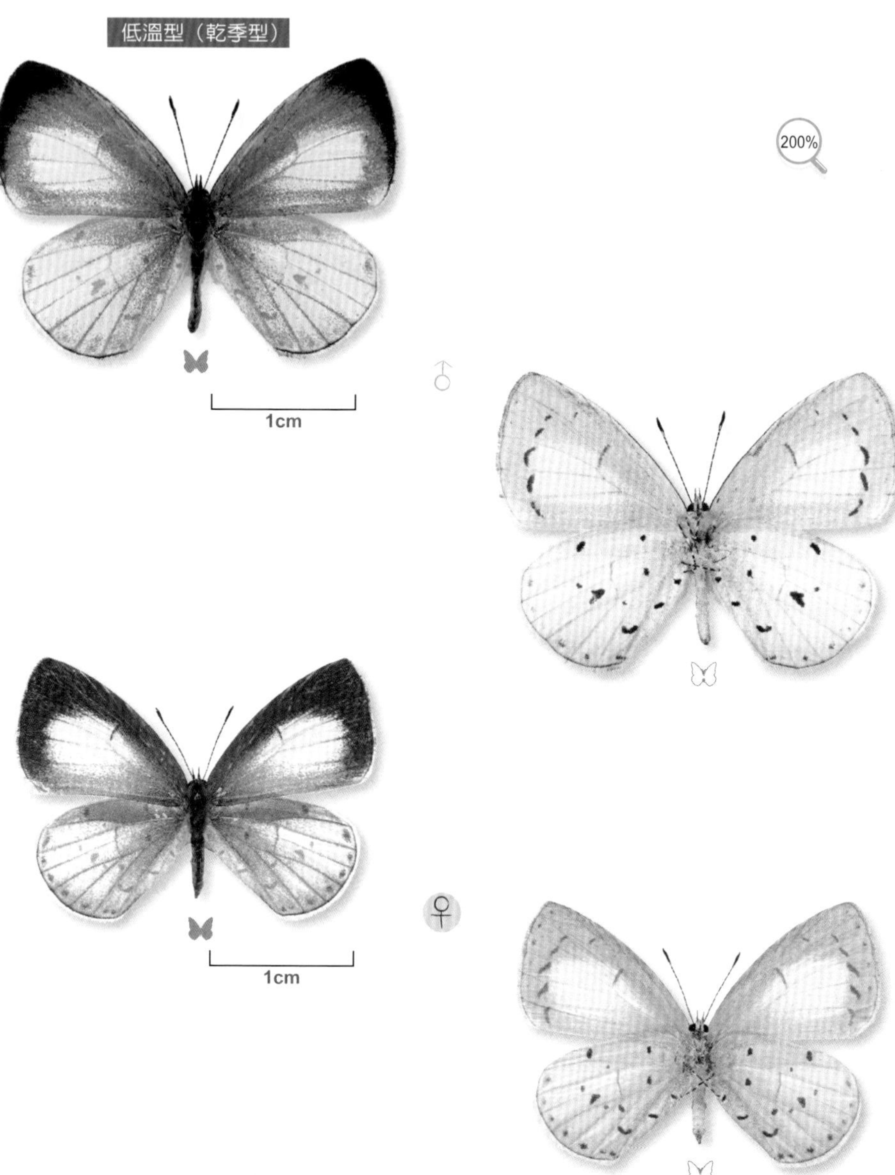
低溫型（乾季型）
200%
♂
1cm
♀
1cm

靛色琉灰蝶屬 *Acytolepis* Toxopeus, 1927

模式種 Type Species | *Polyommatus puspa* Horsfield, [1828]，即靛色琉灰蝶 *Acytolepis puspa*（Horsfield, [1828]）。

形態特徵與相關資料 Diagnosis and other information

中、小型灰蝶。複眼被毛。觸角鍾部近末端處外側有白紋。下唇鬚第三節短，尤其是雄蝶。雄蝶前足跗節癒合，末端下彎、尖銳。翅背面有藍紫色亮紋。雄蝶交尾器背兜側突（socius）缺少鉤狀突起。雄蝶翅背面無發香鱗。雌雄二型性顯著。

本屬有5種，主要分布於東洋區。

棲息於闊葉林。

幼蟲食性雜，利用之植物包括蘇鐵科Cycadaceae、薔薇科Rosaceae、大戟科Euphorbiaceae、黃褥花科Malpighiaceae、無患子科Sapindaceae（包括原先的槭樹科Aceraceae）、朴樹科Celtidaceae、錦葵科Malvaceae、豆科Fabaceae、殼斗科Fagaceae等許多不同科植物。

臺灣地區有一種。

- *Acytolepis puspa myla*（Fruhstorfer, 1909）（靛色琉灰蝶）

請參照黑點灰蝶屬說明頁附帶之臺灣地區「琉灰蝶類」檢索表

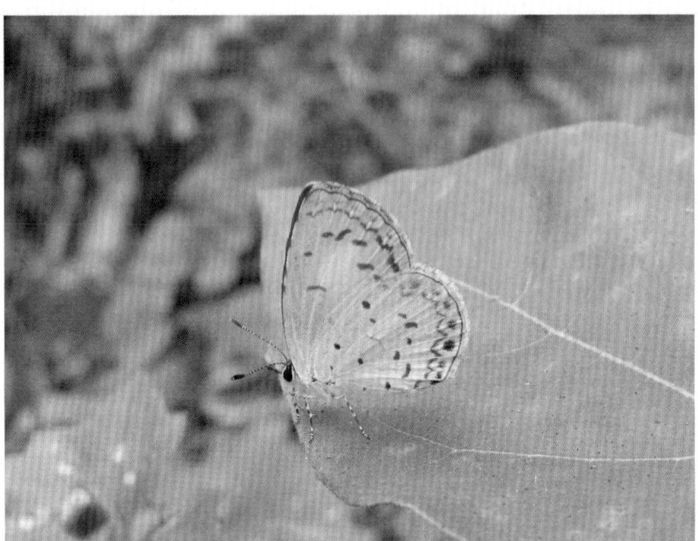

靛色琉灰蝶雌蝶Female of *Acytolepis puspa myla*（嘉義縣番路鄉觸口，300m，2011. 05. 10.）。

靛色琉灰蝶雄蝶Male of *Acytolepis puspa myla*（新北市新店區翡翠水庫，2011. 09. 09.）。

靛色琉灰蝶

Acytolepis puspa myla (Fruhstorfer)

模式產地：*puspa* Horsfield, [1828]：爪哇；*puspa myla* Fruhstorfer, 1909：臺灣。

英文名 Common Hedge Blue

別名 鈕灰蝶、臺灣琉璃小灰蝶

形態特徵 Diagnostic characters

雌雄斑紋相異。軀體背側暗褐色，腹側白色。前翅翅形接近三角形，前緣、外緣略呈弧形。後翅扇狀。雄蝶翅背面覆靛藍色亮鱗，前翅外緣及後翅前、外緣有明顯黑邊，後翅亞外緣有一列黑斑點。前、後翅均常有白紋。雌蝶前翅背面僅翅基至翅中央有藍色紋，於前、外緣有寬黑邊，白紋鮮明而位於藍色紋外側。後翅有藍色、藍灰色及白色紋，亞外緣斑列更為鮮明。翅腹面底色為白色或灰白色，於翅基略泛青色。前翅中央暗褐色紋列於M_1、M_2、M_3室向外側偏移，後翅則斑點於Rs室向基部偏移。中室端亦有同色細線紋。前、後翅沿外緣均有一列外側黑點列及內側波狀黑線紋。後翅中室內及翅基附近有暗褐色小點。緣毛白色而於翅脈端呈褐色。

生態習性 Behaviors

一年多代。成蝶飛行活潑敏捷，有訪花習性，雄蝶常群聚溼地吸水。

雌、雄蝶之區分 Distinctions between sexes

雌蝶翅背面斑紋與雄蝶迥異，不難區分。

近似種比較 Similar species

在臺灣地區與本種外觀最為接近的是白紋琉灰蝶，區別在於白紋琉灰蝶前翅腹面M_3室外側斑點明顯偏向外側，且雄蝶翅背面黑邊較本種寬闊。

分布 Distribution

在臺灣地區分布於臺灣本島低、中海拔地帶，離島龜山島及綠島亦有記錄。臺灣以外分布於華南、華西、華東、日本南部、中南半島、印度、喜馬拉雅、東南亞、新幾內亞等地區。

棲地環境 Habitats

常綠闊葉林、海岸林、都市林。

幼蟲寄主植物 Larval hostplants

食性廣，臺灣地區已知寄主包括蘇鐵科Cycadaceae之臺東蘇鐵*Cycas taitungensis*；薔薇科Rosaceae山櫻花*Prunus campanulata*、山白櫻*P. takasagomontana*、桃樹*P. persica*、月季花*Rosa chinensis*；大戟科Euphorbiaceae之刺杜密

高溫型（雨季型）

200%

♂

1cm

♀

1cm

Bridelia balansae、細葉饅頭果*Glochidion rubrum*、菲律賓饅頭果*G. philippicum*、錫蘭饅頭果*G. zeylanicum*；黃褥花科Malpighiaceae之猿尾藤*Hiptage benghalensis*；無患子科Sapindaceae（包括原先的槭樹科Aceraceae）之龍眼*Euphoria longana*、荔枝*Litchi chinensis*、無患子*Sapindus mukorossi*、樟葉槭*Acer albopurpurascens*、臺灣紅榨槭*A. rubescens*；錦葵科Malvaceae之朱槿*Hibiscus rosa-sinensis*；朴樹科Celtidaceae之石朴*Celtis formosana*；豆科Fabaceae之盾柱木*Peltophorum inerme*；殼斗科Fagaceae之麻櫟*Quercus acutissima*、三斗石櫟*Lithocarpus hancei*等許多不同科植物。利用部位主要為新芽、幼葉，但在特定植物如桃樹及朱槿等則會利用花。

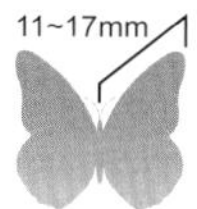
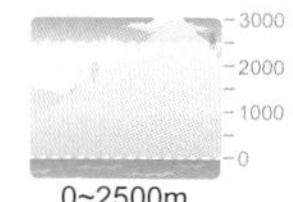

低溫型（乾季型）

♂

♀

變異 Variations

低溫期個體翅背面白斑擴大、翅腹面黑褐色斑紋減退。

豐度／現狀 Status

目前數量尚多。

附記 Remarks

本種在日本地區近年北上傾向明顯，疑與氣候暖化趨勢有關。

白紋琉灰蝶屬 *Celatoxia* Eliot & Kawazoé, 1983

模式種 Type Species | *Cyaniris albidisca* Moore, 1884，即南亞白紋琉灰蝶 *Celatoxia albidisca*（Moore, 1884）。

形態特徵與相關資料 Diagnosis and other information

中、小型灰蝶。複眼被毛。觸角錘部近末端處外側有白紋。下唇鬚第三節細長。雄蝶前足跗節癒合，末端下彎、尖銳。翅背面有藍色亮紋及明顯白紋。雄蝶翅背面發香鱗細小。雌雄二型性顯著。

本屬有3種，分布於東洋區。

棲息於闊葉林。

寄主植物為殼斗科Fagaceae植物。

臺灣地區有一種。

- *Celatoxia marginata*（Nicéville, 1884）（白紋琉灰蝶）

請參照黑點灰蝶屬說明頁附帶之臺灣地區「琉灰蝶類」檢索表

白紋琉灰蝶

Celatoxia marginata (Nicéville)

模式產地：*marginata* Nicéville, 1884：錫金。

英文名｜Margined Hedge Blue

別　名｜韞灰蝶、白紋琉璃小灰蝶

形態特徵 Diagnostic characters

雌雄斑紋相異。軀體背側暗褐色，腹側白色。前翅翅形接近三角形，前緣、外緣略呈弧形。後翅扇狀。雄蝶翅背面覆靛藍色亮鱗，前翅及後翅前、外緣均有明顯黑邊。前翅中央及後翅前側均有明顯白紋。雌蝶翅背面黑邊與白斑更鮮明，而僅翅基有少許藍色紋。翅腹面底色為白色。前翅中央暗褐色紋列呈弧形排列，於M_3室向外側偏移，後翅則斑點於Rs室向基部偏移。中室端亦有同色細線紋。前、後翅沿外緣均有一列外側黑點列及內側波狀黑線紋。後翅中室內及翅基附近有暗褐色小點。緣毛白色，於翅脈端呈褐色。

生態習性 Behaviors

一年至少有兩代。成蝶飛行活潑敏捷，有訪花習性，雄蝶會至溼地吸水。

雌、雄蝶之區分 Distinctions between sexes

雌蝶翅背面斑紋與雄蝶迥異，不難區分。

近似種比較 Similar species

在臺灣地區與本種外觀最為接近的是靛色琉灰蝶，區別在於本種前翅腹面M_3室外側斑點明顯偏向外緣，且雄蝶翅背面黑邊以本種較寬闊。另外，若本種前翅腹面CuA_1及CuA_2斑點均存在時，其假想連結線向前延伸至前翅翅端或翅外緣，靛色琉灰蝶則延伸至前翅前緣。

分布 Distribution

在臺灣地區分布於臺灣本島低、中海拔地帶。臺灣以外分布於華南、華西、華東、中南半島、巽他陸塊、喜馬拉雅等地區。

棲地環境 Habitats

常綠闊葉林。

幼蟲寄主植物 Larval hostplants

臺灣地區已知寄主為大葉石櫟 *Lithocarpus kawakamii*、森氏櫟 *Quercus morii*、銳葉高山櫟*Q. tatakaensis*等殼斗科Fagaceae植物。利用部位為新芽、幼葉。

1 2 3 4 5 6 7 8 9 10 11 12

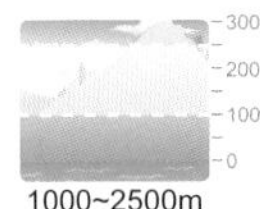

180%

1cm

♂

1cm

♀

變異 Variations	豐度／現狀 Status	附記 Remarks
低溫期個體翅背面白斑擴大、翅腹面黑褐色斑紋減退。	通常數量少。	過去本種被認為是稀有種，但是近年來調查顯示本種在臺灣中海拔樟櫧林帶分布廣泛。

琉灰蝶屬

Celastrina Tutt, 1906

模式種 Type Species | *Papilio argiolus* Linnaeus, 1758，即琉灰蝶 *Celastrina argiolus*（Linnaeus, 1758）。

形態特徵與相關資料 Diagnosis and other information

中、小型灰蝶。複眼被毛。觸角錘部近末端處外側有白紋。下唇鬚第二節密被毛，第三節短。雄蝶前足跗節癒合，末端下彎、尖銳。翅背面有藍色亮紋。絕大多數種類雄蝶翅背面有鑣狀發香鱗。雌雄二型性顯著。

本屬至少有15種，分布於全北區、東洋區與澳洲區北部。

棲息於闊葉林。

寄主植物包括豆科Fabaceae、無患子科Sapindaceae、薔薇科Rosaceae、殼斗科Fagaceae、芸香科Rutaceae、山茱萸科Cornaceae等植物。

臺灣地區有四種。

- *Celastrina argiolus caphis*（Fruhstorfer, 1922）（琉灰蝶）
- *Celastrina sugitanii shirozui* Hsu, 1987（杉谷琉灰蝶）
- *Celastrina oreas arisana*（Matsumura, 1910）（大紫琉灰蝶）
- *Celastrina lavendularis himilcon*（Fruhstorfer, 1909）（細邊琉灰蝶）

臺灣地區

檢索表　琉灰蝶屬

Key to species of the genus *Celastrina* in Taiwan (see also the diagnostic key given for the Lycaenopsis Group at the page for the genus *Neopithecops*)

❶ 後翅腹面CuA_2室兩只黑紋分離 .... *argiolus*（琉灰蝶）
　後翅腹面CuA_2室兩只黑紋相連 .... ❷
❷ 前翅腹面中央斑列之M_1與M_2黑紋明顯偏向外側 ..... *sugitanii*（杉谷琉灰蝶）
　前翅腹面中央斑列呈直線排列 .... ❸
　後翅腹面基部明顯泛青色，雄蝶翅背面深紫色........... *oreas*（大紫琉灰蝶）
　後翅腹面基部不泛青色，雄蝶翅背面藍紫色 ....
　.. *lavendularis*（細邊琉波灰蝶）

（亦請參照黑點灰蝶屬說明頁附帶之臺灣地區「琉灰蝶類」檢索表）

琉灰蝶

Celastrina argiolus caphis (Fruhstorfer)

▍模式產地：*argiolus* Linnaeus, 1758：歐洲；*caphis* Fruhstorfer, 1922：中國。

英文名｜Hill Hedge Blue

別　名｜琉璃小灰蝶、琉璃灰蝶

形態特徵 Diagnostic characters

雌雄斑紋相異。軀體背側暗褐色，腹側白色。前翅翅形接近三角形，外緣呈弧形。後翅頗圓。雄蝶翅背面覆淺藍色亮鱗，前翅外緣及後翅前緣有黑邊，後翅亞外緣有一列模糊黑斑點。雌蝶翅背面藍色紋範圍較小並泛灰色，於前翅前、外緣有寬黑邊，後翅亞外緣黑斑點更為鮮明。翅腹面底色為白色，上綴細小暗褐色紋。前翅中央暗褐色紋列偏外側，除R_5紋外約略呈直線排列，後翅則斑點於Rs室向基部偏移。中室端亦有同色細線紋。前、後翅沿外緣均有一列外側黑點列及內側波狀黑線紋。後翅中室內及翅基附近有暗褐色小點。緣毛白色而於翅脈端呈褐色。

生態習性 Behaviors

一年多代。成蝶飛行活潑敏捷，有訪花習性。

雌、雄蝶之區分 Distinctions between sexes

雌蝶翅背面黑邊遠較雄蝶寬闊。

近似種比較 Similar species

在臺灣地區的琉灰蝶類當中，本種最顯著的特徵是後翅腹面CuA_2室的兩只黑紋分離。

分布 Distribution

在臺灣地區分布於臺灣本島中海拔地帶，外島馬祖地區亦有發現。臺灣以外廣泛分布於歐亞大陸北部。

棲地環境 Habitats

常綠闊葉林。

幼蟲寄主植物 Larval hostplants

臺灣地區已知寄主為豆科Fabaceae之脈葉木藍*Indigofera venulosa*。利用部位為花與花苞。

1 2 3 4 5 6 7 8 9 10 11 12

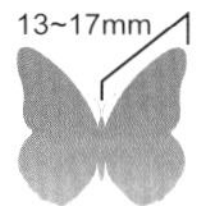

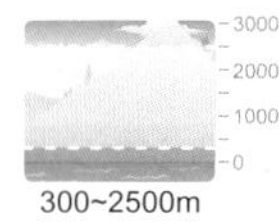

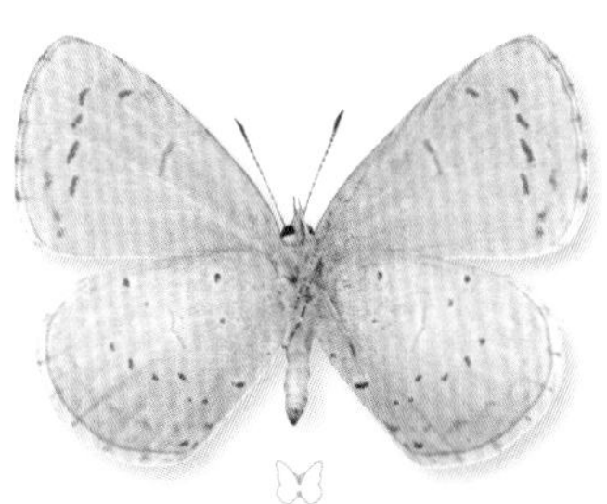

變異 Variations	豐度／現狀 Status	附記 Remarks
翅腹面黑褐色斑紋減退。	在臺灣本島數量稀少。	部分研究者認為北美洲的美洲琉灰蝶*Celastrina ladon*（Cramer, [1780]）（模式產地：「好望角」（錯誤））是本種的亞種。

杉谷琉灰蝶

Celastrina sugitanii shirozui Hsu

▍模式產地：*sugitanii* Matsumura, 1919：日本；*shirozui* Hsu, 1987：臺灣。

英文名｜Sugitani' s Hedge Blue

別　名｜杉谷琉璃小灰蝶

形態特徵 Diagnostic characters

雌雄斑紋相異。軀體背側暗褐色，腹側白色。前翅翅形接近三角形，外緣呈弧形。後翅頗圓。雄蝶翅背面覆藍色亮鱗，前翅外緣有窄黑邊，後翅前緣有灰邊，後翅亞外緣有一列模糊黑斑點。雌蝶翅背面藍色紋範圍較小且外側泛白，於前翅前、外緣及翅端有寬黑邊。翅腹面底色為白色，上綴明顯黑褐色紋。前翅腹面中央斑列之M_1與M_2黑褐紋明顯偏向外側，後翅則斑點於Rs室向基部偏移，M_2斑呈桿狀，CuA_2兩只黑褐紋結合。中室端亦有黑褐色細線紋。前、後翅沿外緣均有一列外側黑點列及內側波狀黑線紋，後者有時減退，幾近消失。後翅中室內及翅基附近有暗褐色小點。緣毛白色而於翅脈端呈褐色。

生態習性 Behaviors

一年一代，成蝶於春季出現。成蝶飛行活潑敏捷，有訪花習性，雄蝶會至溼地吸水。冬季以蛹態休眠越冬。

雌、雄蝶之區分 Distinctions between sexes

雌蝶翅背面黑邊遠較雄蝶寬闊，且翅背面有白紋。

近似種比較 Similar species

在臺灣地區的琉灰蝶類當中，本種最顯著的特徵是將前翅腹面M_1及M_2室以及M_3與CuA_1室黑褐紋分別作假想線相連時會形成兩平行線。

分布 Distribution	棲地環境 Habitats	幼蟲寄主植物 Larval hostplants
在臺灣地區已知分布於臺灣本島中、北部低、中海拔地帶。臺灣以外分布於華西、華南、朝鮮半島、日本等地區。	常綠闊葉林。	臺灣地區已知寄主為山茱萸科Cornaceae之燈臺樹*Swida controversa*。利用部位為花與花苞。

1 2 3 4 5 6 7 8 9 10 11 12

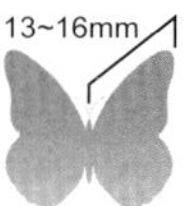

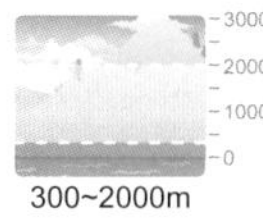

♂

變異 Variations	豐度／現狀 Status	附記 Remarks
後翅腹面黑褐色斑紋富變異，Rs及M_3室斑點有時消失。	通常數量頗少。	本種亞種名係紀念對臺灣蝶類研究貢獻卓著之日籍學者白水隆博士。

大紫琉灰蝶

Celastrina oreas arisana (Matsumura)

▌模式產地：*oreas* Leech, 1893：中國[四川]；*arisana* Matsumura, 1910：臺灣。

英文名｜Eastern Large Hedge Blue

別　名｜阿里山琉璃小灰蝶

形態特徵 Diagnostic characters

雌雄斑紋相異。軀體背側暗褐色，腹側白色。前翅翅形接近三角形，外緣呈弧形。後翅頗圓。雄蝶翅背面覆紫色亮鱗，翅外緣有細黑邊。雌蝶翅背面紫色紋色淺而範圍較小，於前翅前、外緣有寬黑邊，後翅亞外緣有黑斑點列。翅腹面底色為白色，上綴細小暗褐色紋，後翅基部明顯泛青色。前翅中央暗褐色紋列偏外側，除R_5紋外約略呈直線排列，後翅則斑點於Rs室向基部偏移。中室端亦有同色細線紋。前、後翅沿外緣均有一列外側黑點列及內側波狀黑線紋。後翅中室內及翅基附近有暗褐色小點。緣毛白色而於翅脈端呈褐色。

生態習性 Behaviors

一年多代。成蝶飛行活潑敏捷，有訪花習性。

雌、雄蝶之區分 Distinctions between sexes

雌蝶翅背面黑邊遠較雄蝶寬闊。

近似種比較 Similar species

在臺灣地區的琉灰蝶類當中，本種體型最大，且翅背面斑紋呈紫色而無其他種類之藍色調。

分布 Distribution

在臺灣地區分布於臺灣本島中、高海拔地帶。臺灣以外分布於華西、華東、西藏、緬甸、印度阿薩密、朝鮮半島等地區。

棲地環境 Habitats

常綠闊葉林、亞高山常綠灌叢、針葉林。

幼蟲寄主植物 Larval hostplants

臺灣地區已知寄主為薔薇科Rosaceae之假皂莢*Prinsepia scandens*。利用部位為新芽、幼葉。

1 2 3 4 5 6 7 8 9 10 11 12

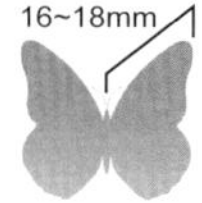

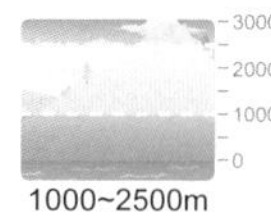

灰蝶科

琉灰蝶屬

1cm

♂

1cm

變異 Variations	豐度／現狀 Status	附記 Remarks
雌蝶後翅背面紫色紋發達程度多變異。	目前數量尚多。	本種在早期文獻中有一些低海拔之採集、觀察記錄，疑係其他種類之誤鑑定。

細邊琉灰蝶

Celastrina lavendularis himilcon (Fruhstorfer)

▌模式產地：*lavendularis* Moore, 1877：斯里蘭卡；*himilcon* Fruhstorfer, 1909：臺灣。

英文名　Plain Hedge Blue

別　名　薰衣琉璃灰蝶、埔里琉璃小灰蝶

形態特徵 Diagnostic characters

雌雄斑紋相異。軀體背側暗褐色，腹側白色。前翅翅形接近三角形，外緣呈弧形。後翅頗圓。雄蝶翅背面覆深藍色亮鱗，翅外緣有細黑邊。雌蝶翅背面藍色紋色淺而外側泛灰白色，於前翅前、外緣有寬黑邊，後翅亞外緣有明顯黑斑點列及灰白色弦月紋，前翅CuA_2室外端有灰白紋。翅腹面底色為白色，上綴暗褐色紋。前翅中央暗褐色紋列偏外側，除R_5紋外約略呈直線排列，於後翅則斑點於Rs室向基部偏移，且$Sc+R_1$外側紋色彩特別深。中室端亦有同色細線紋。前、後翅沿外緣均有一列外側黑點列及內側波狀黑線紋。後翅中室內及翅基附近有黑褐色小點。緣毛白色而於翅脈端呈褐色。

生態習性 Behaviors

一年多代。成蝶飛行不快，有訪花習性，雄蝶常群聚溼地吸水及鳥糞。

雌、雄蝶之區分 Distinctions between sexes

雌蝶翅背面黑邊遠較雄蝶寬闊。

近似種比較 Similar species

在臺灣地區與本種斑紋最容易混淆的蝶種是嫵琉灰蝶，本種後翅腹面中央斑列之$Sc+R_1$室外側斑點大而呈黑褐色，斑列的其他斑紋則呈淺褐色，嫵琉灰蝶則斑列的所有斑紋均呈淺褐色。另外，嫵琉灰蝶雄蝶翅背面有白紋，本種則無。

分布 Distribution

在臺灣地區分布於臺灣本島低、中海拔地帶，離島龜山島、綠島、蘭嶼亦有記錄。臺灣以外分布於華南、華西、華東、中南半島、印度、東南亞、新幾內亞等地區。

棲地環境 Habitats

常綠闊葉林、海岸林。

幼蟲寄主植物 Larval hostplants

臺灣地區已知寄主為無患子科Sapindaceae之賽欒華*Eucorymbus cavaleriei*；豆科Fabaceae之鹿藿*Rhynchosia volubilis*及山黑扁豆*Dumasia villosa*等。

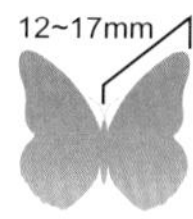

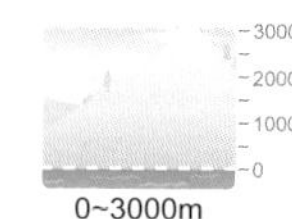

♂

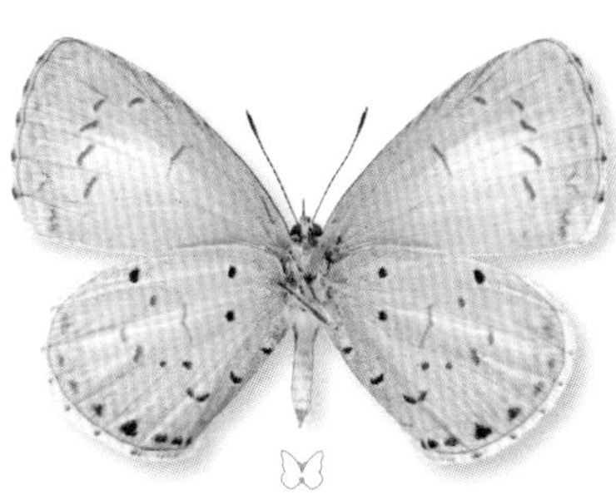

變異 Variations	豐度／現狀 Status
高溫期雌蝶翅背面藍色紋面積較小。	目前是數量豐富的常見種。

寬邊琉灰蝶屬 *Callenya* Eliot & Kawazoé, 1983

模式種 Type Species | *Cyaniris melaena* Doherty, 1889，即寬邊琉灰蝶 *Callenya melaena*（Doherty, 1889）。

形態特徵與相關資料 Diagnosis and other information

中、小型灰蝶。複眼被毛。觸角錘部近末端處外側有白紋。下唇鬚第二節有細黑鱗穿出白色鱗間，第三節細長、末端尖。雄蝶前足跗節癒合，末端下彎、尖銳。雄蝶翅背面寬黑邊由翅基沿前緣及外緣延伸。無發香鱗。雌雄二型性顯著。

本屬有3種，分布於東洋區。

棲息於闊葉林。

寄主植物為殼斗科Fagaceae植物。

臺灣地區有一種。

- *Callenya melaena shonen*（Esaki, 1932）（寬邊琉灰蝶）

請參照黑點灰蝶屬說明頁附帶之臺灣地區「琉灰蝶類」檢索表

寬邊琉灰蝶

Callenya melaena shonen (Esaki)

模式產地：*melaena* Doherty, 1889：緬甸；*shonen* Esaki, 1932：臺灣。

英 文 名｜Metallic Hedge Blue

別　　名｜寬邊琉璃小灰蝶

形態特徵 Diagnostic characters

雌雄斑紋相異。軀體背側暗褐色，腹側白色。前翅翅形接近三角形，前、外緣呈弧形。後翅頗圓，面積明顯小於前翅。雄蝶翅背面覆寶藍色亮鱗，前翅前、外緣有明顯黑邊，後翅則僅翅基至翅中央有藍斑而有寬黑邊。雌蝶翅形較圓，翅背面底色黑褐色而有模糊白紋。翅腹面底色為白色，上綴暗褐色紋。前翅中央暗褐色紋列偏外側，除R_5紋外約略呈直線排列，於後翅則斑點於Rs室向基部偏移，且$Sc+R_1$外側紋特別大型且色彩特別深。中室端亦有褐色細線紋。前、後翅沿外緣均有一列外側黑點列及內側波狀黑線紋。後翅中室內及翅基附近有黑褐色小點。緣毛白色而於翅脈端呈褐色。

生態習性 Behaviors

一年多代。成蝶飛行緩慢，有訪花習性，雄蝶會至溼地吸水。

雌、雄蝶之區分 Distinctions between sexes

雌蝶前後翅大小差距不如雄蝶明顯，且翅背面缺乏雄蝶翅背面之藍色亮斑。

近似種比較 Similar species

本種的雄蝶在臺灣地區沒有類似種類，雌蝶則與黑點灰蝶雌蝶有些相似，不過黑點灰蝶後翅翅基附近沒有黑褐色小斑點。

分布 Distribution	棲地環境 Habitats	幼蟲寄主植物 Larval hostplants
在臺灣地區分布於臺灣本島中部低、中海拔地帶。臺灣以外分布於海南及中南半島。	常綠闊葉林。	殼斗科Fagaceae之捲斗櫟 *Quercus pachyloma*。

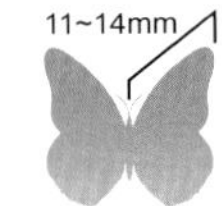

♂

變異 Variations

低溫期個體翅腹面黑褐色斑紋減退、雌蝶翅背面白紋擴大。

豐度／現狀 Status

由於本種只以捲斗櫟為寄主植物，因此分布範圍狹窄而數量稀少，應格外注意其存續。

雀斑灰蝶屬 *Phengaris* Doherty, 1891

模式種 Type Species | *Lycaena atroguttata* Oberthür, 1876，即青雀斑灰蝶 *Phengaris atroguttata*（Oberthür, 1876）。

形態特徵與相關資料 Diagnosis and other information

中型灰蝶。複眼被短毛。下唇鬚第三節細長。雄蝶前足跗節癒合，末端下彎、尖銳。翅腹面底色白色，其上布滿黑色斑點。雄蝶翅背面有鏟狀發香鱗。雌雄二型性顯著。

本屬原被認為包含4種東洋區灰蝶，但近年研究多指出本屬與廣泛分布於歐亞大陸的大藍灰蝶屬（霾灰蝶屬）*Maculinia* van Eecke, 1915（模式種 *Papilio alcon* [Denis & Schiffermuller], 1775）近緣，而且親緣關係研究顯示兩者應當合併。Fric et al.（2007）正式將兩屬合併，合併後的雀斑灰蝶則有15～16種，廣分布於舊北區，僅略延伸入東洋區北部。

棲息於闊葉林。

本種幼蟲期前段為植食性，以唇形科Lamiaceae與龍膽科Gentianaceae植物花器為食，後半段則與家蟻屬*Myrmica*螞蟻間形成專性交互作用，取食螞蟻幼蟲或由螞蟻哺育。

臺灣地區有兩種。

- *Phengaris atroguttata formosana*（Matsumura, 1926）（青雀斑灰蝶）
- *Phengaris daitozana*（Wileman, 1908）（白雀斑灰蝶）

臺灣地區

檢索表 雀斑灰蝶屬

Key to species of the genus *Phengaris* in Taiwan

❶ 翅背面泛藍色；前翅腹面CuA_1室基部有明顯黑色斑點 .... *atroguttata*（青雀斑灰蝶）

翅背面白色；前翅腹面CuA_1室基部無黑色斑點或黑色斑點減退模糊 .... *daitozana*（白雀斑灰蝶）

白雀斑灰蝶

Phengaris daitozana (Wileman)

模式產地：*daitozana* Wileman, 1908：臺灣。

英文名	Formosan Spotted Blue
別名	白雀斑小灰蝶、臺灣白灰蝶

形態特徵 Diagnostic characters

雌雄斑紋相異。軀體背側暗褐色，腹側白色。前翅翅形接近三角形，前、外緣呈弧形。後翅頗圓。雄蝶翅背面白色，前翅外緣有明顯黑邊，中室端有一小黑紋。翅腹面斑點可隱約透視。雌蝶翅背面斑紋較雄蝶發達，前、後翅均有黑色斑紋。翅腹面底色為白色，上綴排列整齊之黑色斑點。前翅中央斑列明顯呈弧形排列，後翅中央斑列更作大角度之轉折。中室端及中室內亦有同色斑點。前、後翅沿外緣均有黑色重紋列。後翅翅基附近另有數枚黑色斑點。緣毛白色而於翅脈端呈褐色。

生態習性 Behaviors

一年一代。成蝶飛行活潑敏捷，有訪花習性。

雌、雄蝶之區分 Distinctions between sexes

雌蝶前翅背面外緣黑邊較雄蝶寬闊，附近多數枚黑斑，且後翅背面有明顯的外緣及亞外緣黑色線紋列。

近似種比較 Similar species

在臺灣地區與本種最相似的種類是青雀斑灰蝶，後者翅背面有明顯青藍色調，且翅腹面斑點較密集。

分布 Distribution	棲地環境 Habitats	幼蟲寄主植物 Larval hostplants
特產於臺灣本島中海拔地帶。	常綠闊葉林。	臺灣地區已知之植物寄主為龍膽科Gentianaceae之臺灣肺形草 *Tripterospermum taiwanese*，利用部位為花與花苞。後期（四齡）幼蟲共棲蟻種為蓬萊家蟻 *Myrmica formosae*。

1 2 3 4 5 6 7 8 9 10 11 12

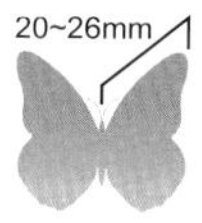

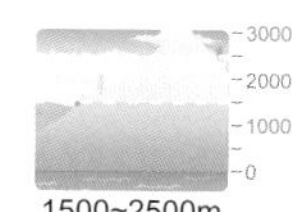

1cm

♂

1cm

♀

變異 Variations

體型大小變化大，可能因幼蟲期營養良寙有關。雌蝶後翅背面斑點發達程度多變化。

豐度／現狀 Status

由於完成生活史有賴良好的寄主植物及共棲蟻族群同時存在，本種族群易因棲地環境改變而受威脅，應予密切注意。

附記 Remarks

目前認為本種進入蟻巢後以螞蟻幼蟲及蛹為食物。

青雀斑灰蝶

Phengaris atroguttata formosana (Matsumura)

模式產地：*atroguttata* Oberthur, 1876：四川；*formosana* Matsumura, 1926：臺灣。

英 文 名 | Great Spotted Blue

別　　名 | 淡青雀斑小灰蝶、白灰蝶

形態特徵 Diagnostic characters

雌雄斑紋相異。軀體背側暗褐色，腹側白色。前翅翅形接近三角形，前、外緣呈弧形。後翅頗圓。雄蝶翅背面白色而泛藍色金屬光澤，前翅外緣有明顯黑邊，中室端有一小黑紋。翅腹面斑點可隱約透視。雌蝶翅背面斑紋較雄蝶發達，前、後翅均有鮮明黑色斑點。翅腹面底色為白色，上綴排列整齊之黑色斑點。前翅中央斑列明顯呈弧形排列，後翅中央斑列更作大角度之轉折。中室端及中室內亦有同色斑點。前、後翅沿外緣均有黑色重紋列。後翅翅基附近另有數枚黑色斑點。緣毛白色而於翅脈端呈褐色。

生態習性 Behaviors

一年一代。成蝶飛行活潑敏捷，有訪花習性。

雌、雄蝶之區分 Distinctions between sexes

雌蝶翅背面外側較白、前翅外緣黑邊較雄蝶寬闊，且翅面有雄蝶缺少的黑色斑點。

近似種比較 Similar species

在臺灣地區與本種最相似的種類是白雀斑灰蝶，後者翅背面缺少青藍色調，且翅腹面斑點較稀疏，尤其是前翅。

分布 Distribution	棲地環境 Habitats	幼蟲寄主植物 Larval hostplants
在臺灣地區分布於臺灣本島中海拔地帶。臺灣以外分布於華西地區。	常綠闊葉林。	臺灣地區已知之寄主植物為唇形科Lamiaceae之疏花塔花*Clinopodium laxiflorum*、風輪菜*C. chinense*、蜂草*Melissa axillaris*及毛果延命草*Rabdosia lasiocarpa*，利用部位為花與花苞。後期(三至四齡)幼蟲共棲蟻種為蓬萊家蟻*Myrmica formosae*及阿里山家蟻*M. rugosa arisana*。

1 2 3 4 5 6 7 8 9 10 11 12

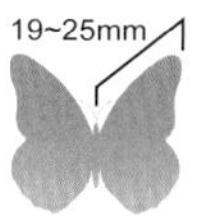

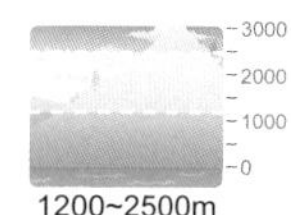

♂

1cm

♀

1cm

變異 Variations

體型大小變化大，可能因幼蟲期營養良窳有關。雌蝶後翅背面斑點發達程度多變化。

豐度／現狀 Status

由於完成生活史有賴良好的寄主植物及共棲蟻族群同時存在，本種族群易因棲地環境改變而受威脅，應予密切注意。

附記 Remarks

目前認為本種進入蟻巢後除了以螞蟻幼蟲及蛹為食物之外，尚由螞蟻哺餵供食。

綺灰蝶屬 *Chilades* Moore, [1881]

模式種 Type Species | *Papilio lajus* Stoll, [1780]，即綺灰蝶*Chilades lajus*（Stoll, [1780]）。

形態特徵與相關資料 Diagnosis and other information

小、中型灰蝶。複眼疏被短毛或光滑。下唇鬚第三節細長。雄蝶前足跗節癒合，末端下彎、尖銳。翅背面底色黑褐色，上有藍、紫色亮紋。翅腹面底色白色或灰色，上有白色線紋或黑褐色斑點。雄蝶翅背面有鑲狀發香鱗。雌雄二型性顯著。

本屬與*Luthrodes*屬（模式種：*Polyommatus cleotas* Guérin-Méněville, [1831]，即紅紋綺灰蝶*Chilades cleotas*（Guérin-Méněville, [1831]））關係密切，常被置於同一屬，本書傾向同意此說。

本屬種類數依不同意見而有異，分布於非洲區、東洋區及澳洲區。

棲息於海岸林、草原及闊葉林。

幼蟲利用之植物為豆科Fabaceae、蘇鐵科Cycadaceae與芸香科Rutaceae植物。

臺灣地區有兩種。

- *Chilades lajus koshuensis* Matsumura, 1919（綺灰蝶）
- *Chilades pandava peripatria* Hsu, 1989（蘇鐵綺灰蝶）

臺灣地區

檢索表 綺灰蝶屬

Key to species of the genus *Chilades* in Taiwan

❶ 後翅無尾突；後翅腹面肛角附近無橙色紋 .... *lajus*（綺灰蝶）
後翅CuA_2脈末端有尾突；後翅腹面肛角附近有橙色紋 .... *pandava*（蘇鐵綺灰蝶）

綺灰蝶

Chilades lajus koshuensis Matsumura

▍模式產地：*lajus* Stoll, [1780]：北印度；*koshuensis* Matsumura, 1919：臺灣。

英文名｜Lime Blue

別　名｜恆春琉璃小灰蝶、紫灰蝶

形態特徵 Diagnostic characters

雌雄斑紋相異。軀體背側暗褐色，腹側白色。前翅翅形接近直角三角形，外緣呈弧形。後翅頗圓。雄蝶翅背面呈紫色，有金屬光澤，前翅外緣留有細黑邊。後翅前緣有黑邊，沿外緣有一列黑褐色斑點，以CuA_2室斑點色彩最深；雌蝶翅面黑褐色部分寬闊，有藍紫色亮紋，後翅亞外緣有白色圈紋列。翅腹面底色呈灰白色，前、後翅中央有一組兩側鑲白線之淺褐色帶紋列，中室端亦有類似之短條，後翅Rs室紋呈黑色。後翅翅基附近有數枚黑色小斑點。前、後翅亞外緣均有由暗色紋及重白線組成之帶紋。緣毛白色及褐色。

生態習性 Behaviors

一年多代。飛行活潑敏捷。成蝶好訪花。

雌、雄蝶之區分 Distinctions between sexes

雄蝶翅背面大部分呈紫色，雌蝶則紫色部分較少而翅面明顯呈褐色。

近似種比較 Similar species

在臺灣地區與本種外觀最近似的種類是蘇鐵綺灰蝶。蘇鐵綺灰蝶後翅CuA_2脈末端有尾突，本種則無。另外，蘇鐵綺灰蝶後翅腹面肛角附近有橙色紋，本種則否。

分布 Distribution	棲地環境 Habitats	幼蟲寄主植物 Larval hostplants
在臺灣地區分布於臺灣南部本島低海拔地區，離島小琉球亦有分布。臺灣以外分布於華南、南亞、中南半島、菲律賓等地區。	海岸林、高位珊瑚礁林。	芸香科Rutaceae之烏柑仔*Atalantia buxifolia*。利用部位為新芽、幼葉。

高溫型（雨季型）

♂

變異 Variations

乾季／低溫期個體翅腹面斑紋模糊，後翅後半部常有一片暗色紋。雌蝶低溫期個體翅背面紫色紋擴大。

豐度／現狀 Status

目前數量尚多，但分布頗為局限。

附記 Remarks

本種亞種名*koshuensis*發音接近「高雄」，但實指屏東縣恆春地區。

1 2 3 4 5 6 7 8 9 10 11 12

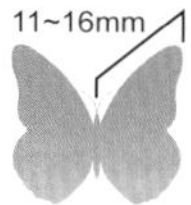

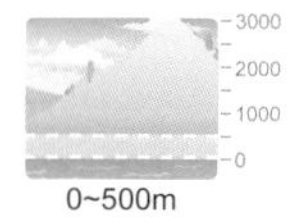

1cm

♂

1cm

蘇鐵綺灰蝶

Chilades pandava peripatria Hsu

▍模式產地：*pandava* Horsfield, [1829]：爪哇；*peripatria* Hsu, 1989：臺灣。

英文名 | Cycad Blue, Plains Cupid

別　名 | 東陸蘇鐵小灰蝶、曲紋紫灰蝶

形態特徵 Diagnostic characters

雌雄斑紋相異。軀體背側暗褐色，腹側白色。前翅翅形接近直角三角形，外緣呈弧形。後翅頗圓，CuA_2脈末端有一明顯尾突。雄蝶翅背面呈紫色，有金屬光澤，前翅外緣留有細黑邊。後翅前緣有黑邊，沿外緣有一列黑褐色斑點，以CuA_2室斑點色彩最深；雌蝶翅面黑褐色部分寬闊，有藍色亮紋，後翅亞外緣有白色圈紋列，其內側有一列白紋。翅腹面底色呈灰白色，前、後翅中央有一組兩側鑲白線之淺褐色帶紋列，中室端亦有類似之短條，後翅Rs室紋呈黑色。後翅翅基附近有數枚黑色小斑點。前、後翅亞外緣均有由暗色紋及重白線組成之帶紋。CuA_1室及CuA_2室有由黑斑、橙黃或橙紅色弦月紋及少許亮鱗形成之斑紋。緣毛白色及褐色。

生態習性 Behaviors

一年多代。飛行活潑敏捷。成蝶好訪花。

雌、雄蝶之區分 Distinctions between sexes

雄蝶翅背面大部分呈紫色，雌蝶則翅面主要呈褐色而有藍色亮鱗散布。

近似種比較 Similar species

在臺灣地區與本種最近似的種類是綺灰蝶。本種後翅CuA_2脈末端有尾突，綺灰蝶則無。另外，本種後翅腹面肛角附近有橙色紋，綺灰蝶則缺少橙色紋。

分布 Distribution

現今於臺灣地區分布臺灣本島平地、低海拔地區。離島澎湖、蘭嶼、綠島、彭佳嶼以及外島金門、馬祖地區亦有記錄，但是部分離、外島發現之個體可能屬於指名亞種。臺灣以外原本僅分布於東洋區各地區，但近年已侵入非洲區、舊北區東部及太平洋西部許多地區。

棲地環境 Habitats

海岸林、都市綠地。

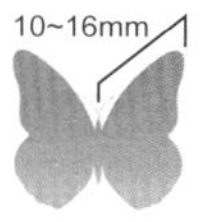

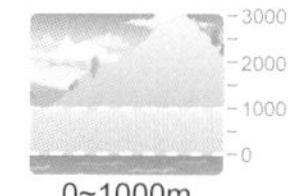

1cm

♂

♀

1cm

幼蟲寄主植物 Larval hostplants

蘇鐵科Cycadaceae之蘇鐵屬*Cycas*植物，在臺灣主要利用臺東蘇鐵*Cycas taitungensis*及蘇鐵*C. revoluta*。利用部位為新芽、幼葉等柔軟組織。

變異 Variations

乾季／低溫期個體翅腹面底色較淺、斑紋較模糊，雌蝶翅背面藍色紋擴大。

豐度／現狀 Status

過去數量稀少，現已成為常見蘇鐵類園藝植物害蟲。

低溫型（乾季型）

210%

♂

1cm

♀

1cm

附記 Remarks

本種在臺灣的發現與發生經過均十分戲劇化，最早的文獻記錄僅回溯至1976年，相當晚近，而且在1980年代後半葉以前記錄稀少，因此曾被懷疑是外來種。後來發現臺灣族群在形態與遺傳上均有獨特特徵，因此視為獨立亞種。本種的原始分布原限於華萊士線以西的東洋區地區，然而，由於蘇鐵類的栽植、交易與氣候影響，本種已侵入非洲區東南部、華北、韓國、日本及太平洋西部的關島、塞班島等地，部分侵入族群係源自臺灣族群。

晶灰蝶屬 *Freyeria* Courvoisier, 1920

模式種 Type Species | *Lycaena trochylus* Freyer, 1845，即西方晶灰蝶 *Freyeria trochylus*（Freyer, 1845）。

形態特徵與相關資料 Diagnosis and other information

小型灰蝶。複眼光滑。下唇鬚第三節細長，針狀。雄蝶前足跗節癒合，末端下彎、尖銳。翅背面底色暗褐色，後翅沿外緣有4枚黑色斑點。翅腹面底色褐色，上有鑲白線之斑帶，後翅沿外緣有數枚外側鑲銀紋的黑色斑點。雄蝶翅背面有鏟狀發香鱗。缺乏雌雄二型性。

由於雄蝶交尾器構造與綺灰蝶屬*Chilades*相似，本屬有時被置於該屬內。另外，本屬外觀上類似棲息於美洲的微灰蝶屬*Brephidium* Scudder, 1876（模式種：*Lycaena exilis* Boisduval, 1852，即美西微灰蝶*Brephidium exilis* Boisduval, 1852），但是目前一般認為兩者關係並不近緣。

本屬有2~3種，分布於非洲區、東洋區及澳洲區。

棲息於海岸、草原、荒地等開闊環境。

幼蟲利用之植物為豆科Fabaceae與紫草科Boraginaceae植物。

臺灣地區有一種。

- *Freyeria putli formosanus*（Matsumura, 1919）（東方晶灰蝶）

排錢樹上之東方晶灰蝶幼蟲Larva of *Freyeria putli formosanus* on *Desmodium pulchellum*（屏東縣滿州鄉永靖，200m，2008. 10. 20.）。

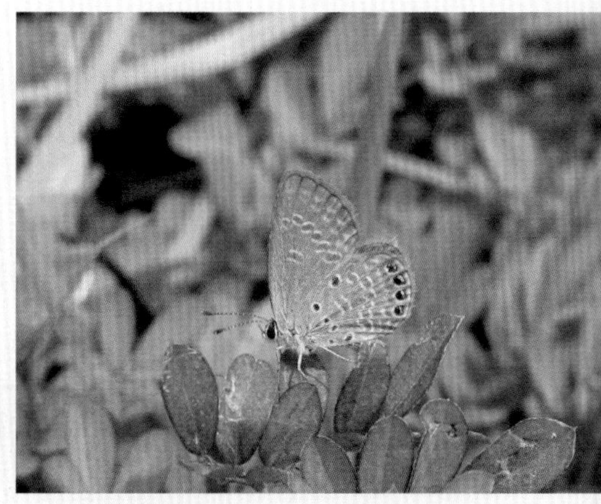

東方晶灰蝶*Freyeria putli formosanus*（南投縣集集鎮集集，200m，2010. 03. 20.）。

東方晶灰蝶

Freyeria putli formosanus (Matsumura)

▍模式產地：*putli* Kollar, [1844]：北印度；*formosanus* Matsumura, 1919：臺灣。

英文名 Grass Jewel

別　名 臺灣姬小灰蝶、普福來灰蝶

形態特徵 Diagnostic characters

雌雄斑紋相同。軀體背側暗褐色，腹側白色。前翅翅形接近直角三角形，外緣明顯呈弧形，前緣長於後緣。後翅頗圓。翅背面呈暗褐色，後翅沿外緣有4枚模糊黑色斑點。翅腹面底色呈褐色，前、後翅中央有一組兩側鑲白線之暗褐色帶紋列，中室端亦有類似之短條，後翅Rs室紋呈黑色。後翅翅基附近有數枚鑲白線之黑色小斑點。前翅亞外緣有由暗色紋及重白線組成之帶紋，後翅之外側帶紋為黑色斑點與銀紋取代。緣毛褐色。

生態習性 Behaviors

一年多代。成蝶於陽光充足的開闊地活潑飛行。成蝶選擇草本或小灌木花朵訪花。

雌、雄蝶之區分 Distinctions between sexes

從外觀上難以區分，宜利用顯微鏡檢查腹端確定。

近似種比較 Similar species

在臺灣地區無類似種，利用後翅沿外緣有4枚鑲銀紋的黑色斑點特徵即可鑑定無誤。

分布 Distribution

在臺灣地區分布於臺灣本島平地及低海拔地區，北部地區較少見。離島綠島及小琉球亦有分布。臺灣以外分布於華南、南亞、中南半島、東南亞、新幾內亞、澳洲北部等地區。

棲地環境 Habitats

海岸、草地、荒地、河岸、都市綠地。

幼蟲寄主植物 Larval hostplants

在臺灣地區利用之寄主植物包括豆科Fabaceae之穗花木藍*Indigofera spicata*、毛木藍*I. hirsuta*及排錢樹*Desmodium pulchellum*，以及紫草科Boraginaceae之伏毛天芹菜*Heliotropium procumbens*等植物。利用部位為花、花苞，有時也嚙食新芽。

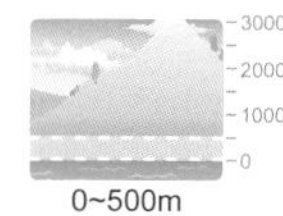

330%

♂

1cm

♀

1cm

變異 Variations	豐度／現狀 Status	附記 Remarks
不顯著。	目前數量尚多。	本種在臺灣的族群形態特徵與鄰近地區族群實無二致，可能毋須作亞種區分。

褐蜆蝶屬 *Abisara* C. & R. Felder, 1860

模式種 Type Species｜褐蜆蝶*Abisara kausambi* C. & R. Felder, 1860。

形態特徵與相關資料 Diagnosis and other information

中型蜆蝶。複眼被毛。下唇鬚第三節非常短小。雄蝶前足跗節癒合，密被毛。翅面底色通常呈褐色，而於後翅前側翅室有亞外緣黑斑。後翅外緣輪廓多變化，呈圓弧狀、波狀、凸出成齒形，甚至具有長尾突。

本屬目前約有30種，分布於非洲區及東洋區。

棲息於闊葉林。

幼蟲利用之植物為紫金牛科Myrsinaceae植物。

臺灣地區有一種。

- *Abisara burnii etymander*（Fruhstorfer, 1908）（白點褐蜆蝶）

白點褐蜆蝶

Abisara burnii etymander (Fruhstorfer)

模式產地：*burnii* Nicéville, 1895：緬甸；*etymander* Fruhstorfer, 1908：臺灣。

英文名｜White-Spot Judy

別　名｜阿里山小灰蛺蝶

形態特徵 Diagnostic characters

雌雄斑紋相似。軀體背側暗褐色，腹側白色。前翅翅形接近直角三角形，前緣明顯呈弧形。後翅近扇形，外緣呈波狀。翅背面呈暗紅褐色，沿翅外緣有橙褐色細條紋，其內側鑲白色短線紋。前翅外側有白色點列作直線排列。前翅內側及後翅內、外側各有模糊暗色線紋。後翅M_1及M_2室外端各有一枚內側鑲橙色線紋的子彈形黑斑。翅腹面底色略淺，前、後翅內側形成一曲折之白線紋，前翅外側亦有白色點列作直線排列。後翅亞外緣除M_1及M_2室外端子彈形黑斑外，其餘各室外端則有灰色弦月形或拱門形細紋。緣毛褐色。

分布 Distribution

在臺灣地區分布於臺灣本島低、中海拔地區，北部地區少見。臺灣以外分布於華南、華西、華東、印度阿薩密、中南半島北部等地區。

棲地環境 Habitats

常綠闊葉林。

幼蟲寄主植物 Larval hostplants

在臺灣地區之已知寄主植物為紫金牛科Myrsinaceae之賽山椒*Embelia lenticellata*。利用部位為葉片。

1 2 3 4 5 6 7 8 9 10 11 12

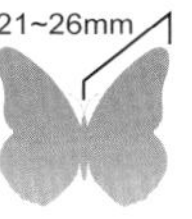

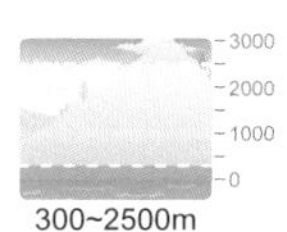

生態習性 Behaviors

一年多代。成蝶棲息在林床、林緣、溪流邊等陰暗處。

雌、雄蝶之區分 Distinctions between sexes

雌蝶翅形較圓。

近似種比較 Similar species

在臺灣地區無類似種。

♂

♀

變異 Variations	豐度／現狀 Status
不顯著。	一般數量不多。

尾蜆蝶屬 *Dodona* Hewitson, [1861]

模式種 Type Species | *Melitaea durga* Kollar, [1844]，即無尾蜆蝶 *Dodona durga*（Kollar, [1844]）。

形態特徵與相關資料 Diagnosis and other information

中型蜆蝶。複眼被毛。下唇鬚第三節短小。雄蝶前足跗節癒合，密被毛。前翅明顯呈三角形，後翅向後突出，並具明顯臀區葉狀突，大部分種類並於CuA_2室末端有尾狀突。翅面底色通常呈暗褐色，上有白、黃、橙色斑點與條紋。

本屬約有18種，分布於東洋區。

棲息於闊葉林。

幼蟲利用之植物為紫金牛科Myrsinaceae植物。過去文獻常記載竹類植物亦為本屬之寄主植物，顯係誤記。

臺灣地區有一種，但目前分為兩亞種。

- *Dodona eugenes formosana* Matsumura, 1919（銀紋尾蜆蝶 北臺灣亞種）
- *Dodona eugenes esakii* Shirôzu, 1952（銀紋尾蜆蝶 中／南臺灣亞種）

銀紋尾蜆蝶*Dodona eugenes*（新竹縣尖石鄉鎮西堡，1600m，2010. 03. 02.）。

銀紋尾蜆蝶*Dodona eugenes*（新北市烏來區福山，500m，2012. 05. 25.）。

銀紋尾蜆蝶

Dodona eugenes formosana Matsumura / *Dodona eugenes esakii* Shirôzu

模式產地：*eugenes* Bates, [1868]：印度；*formosana* Matsumura, 1919：北臺灣；*esakii* Shirôzu, 1952：中臺灣。

英文名 Tailed Punch

別　名 臺灣小灰蛺蝶、小灰蛺蝶、江崎小灰蛺蝶

形態特徵 Diagnostic characters

雌雄斑紋相似。軀體背側暗褐色，腹側白色。前翅翅形接近直角三角形。後翅近橢圓形，外緣呈波狀，臀區具葉狀突，CuA_2室末端有尾狀突。翅背面底色呈暗褐色，上綴橙色斑點及細紋，前翅翅端附近有數只小白點。翅腹面底色呈暗褐色，上綴鮮明銀白色斑點及條紋，後翅條紋向臀區方向趨近。後翅M_1及M_2室外端各有一枚黑斑點。臀區葉狀突及尾狀突呈黑色，前方有一小片灰色紋。緣毛褐色。

生態習性 Behaviors

一年多代。成蝶棲息在林床、林緣等場所。有訪花、吸水習性。

雌、雄蝶之區分 Distinctions between sexes

雌蝶翅形較圓。

近似種比較 Similar species

在臺灣地區無類似種。

分布 Distribution	棲地環境 Habitats	幼蟲寄主植物 Larval hostplants
在臺灣地區分布於臺灣本島低、中海拔地區。臺灣以外分布於華南、華西、華東、西藏、印度阿薩密、中南半島北部等地區。	常綠闊葉林。	臺灣地區之已知寄主植物在北部為紫金牛科Myrsinaceae之大明橘*Myrsine sequinii*，中、南部則為同科的小葉鐵仔*M. africana*。利用部位為葉片。

變異 Variations

北部族群個體體型較中部族群個體大型，目前視為不同亞種。

豐度／現狀 Status

一般數量不多。

附記 Remarks

白水（1960）認為桃園縣以北族群分布海拔較低、體型較大，視為北部亞種，臺中線以南族群分布海拔較高、體型較小，視為中南部亞種。然而，兩者除了體型大小及寄主植物利用有差異以外，外部形態上似無明顯差別，兩者間關係有待進一步研究。

1 2 3 4 5 6 7 8 9 10 11 12

北臺灣亞種

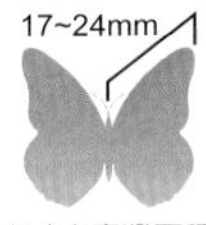

中／南臺灣亞種

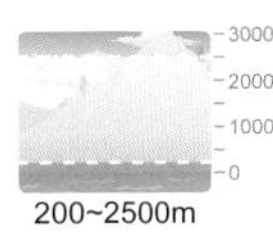

200~2500m

中／南部亞種

1cm

♂

1cm

♀

中名索引

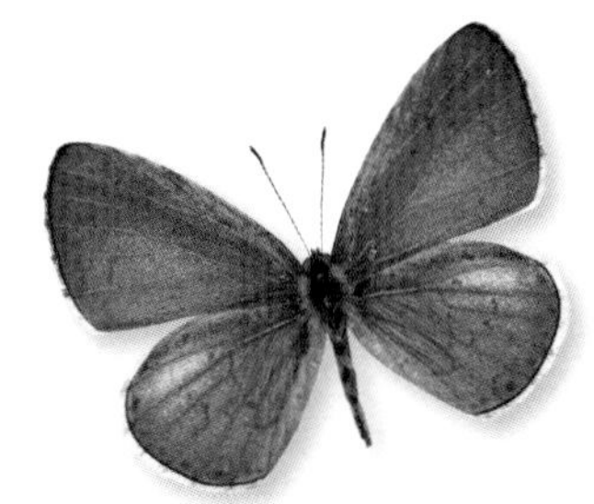

學名索引

A

C

D

E

F

H

I

J

L

M

N

O

P

U

S

T

U

W

Z

臺灣自然圖鑑 026

臺灣蝴蝶圖鑑・中【灰蝶】

作者	徐堉峰
主編	徐惠雅
執行編輯	許裕苗
校對	徐堉峰、許裕苗、陳昭英
美術編輯	李敏慧、張仕昇
創辦人	陳銘民
發行所	晨星出版有限公司 臺中市407工業區30路1號 TEL：04-23595820　FAX：04-23550581 E-mail：service@morningstar.com.tw http：//www.morningstar.com.tw 行政院新聞局局版臺業字第2500號
法律顧問	陳思成律師
初版	西元 2013 年2月 10 日 西元 2017 年9月 23 日（三刷）
郵政劃撥	22326758（晨星出版有限公司）
讀者服務專線	（04）23595819 # 230
印刷	上好印刷股份有限公司

定價 590 元

ISBN　978-986-177-670-5

Published by Morning Star Publishing Inc.

Printed in Taiwan

國家圖書館出版品預行編目資料

臺灣蝴蝶圖鑑・中【灰蝶】／徐堉峰作. -- 初版. --
臺中市：晨星, 2013.02
　面；　公分.－－（臺灣自然圖鑑；26）

ISBN 978-986-177-670-5（平裝）

1.蝴蝶 2.動物圖鑑 3.臺灣

387.793025　　　　101024113

◆讀者回函卡◆

以下資料或許太過繁瑣，但卻是我們瞭解您的唯一途徑，

誠摯期待能與您在下一本書中相逢，讓我們一起從閱讀中尋找樂趣吧！

姓名：＿＿＿＿＿＿＿＿　性別：□男　□女　生日：　／　／

教育程度：＿＿＿＿＿＿

職業：□學生　□教師　□內勤職員　□家庭主婦

□企業主管　□服務業　□製造業　□醫藥護理

□軍警　□資訊業　□銷售業務　□其他＿＿＿＿＿＿

E-mail：＿＿＿＿＿＿＿＿＿＿　聯絡電話：＿＿＿＿＿＿＿＿

聯絡地址：□□□＿＿＿＿＿＿＿＿＿＿＿＿＿＿＿＿

購買書名： 臺灣蝴蝶圖鑑・中【灰蝶】

・誘使您購買此書的原因？

□於＿＿＿＿書店尋找新知時　□看＿＿＿＿報時瞄到　□受海報或文案吸引

□翻閱＿＿＿＿雜誌時　□親朋好友拍胸脯保證　□＿＿＿＿電臺DJ熱情推薦

□電子報的新書資訊看起來很有趣　□對晨星自然FB的分享有興趣　□瀏覽晨星網站時看到的

□其他編輯萬萬想不到的過程：＿＿＿＿＿＿＿＿＿＿＿＿

・您覺得本書在哪些規劃上需要再加強或是改進呢？

□封面設計＿＿＿＿　□尺寸規格＿＿＿＿　□版面編排＿＿＿＿　□字體大小＿＿＿＿

□內容＿＿＿＿　□文／譯筆＿＿＿＿　□其他＿＿＿＿

・下列出版品中，哪個題材最能引起您的興趣呢？

臺灣自然圖鑑：□植物 □哺乳類 □魚類 □鳥類 □蝴蝶 □昆蟲 □爬蟲類 □其他＿＿＿＿

飼養&觀察：□植物 □哺乳類 □魚類 □鳥類 □蝴蝶 □昆蟲 □爬蟲類 □其他＿＿＿＿

臺灣地圖：□自然 □昆蟲 □兩棲動物 □地形 □人文 □其他＿＿＿＿

自然公園：□自然文學 □環境關懷 □環境議題 □自然觀點 □人物傳記 □其他＿＿＿＿

生態館：□植物生態 □動物生態 □生態攝影 □地形景觀 □其他＿＿＿＿

臺灣原住民文學：□史地 □傳記 □宗教祭典 □文化 □傳說 □音樂 □其他＿＿＿＿

自然生活家：□自然風DIY手作 □登山 □園藝 □觀星 □其他＿＿＿＿

・除上述系列外，您還希望編輯們規畫哪些和自然人文題材有關的書籍呢？＿＿＿＿＿＿

・您最常到哪個通路購買書籍呢？□博客來 □誠品書店 □金石堂 □其他＿＿＿＿＿＿

很高興您選擇了晨星出版社，陪伴您一同享受閱讀及學習的樂趣。只要您將此回函郵寄回本社，或傳眞至（04）2355-0581，我們將不定期提供最新的出版及優惠訊息給您，謝謝！

若行有餘力，也請不吝賜教，好讓我們可以出版更多更好的書！

・其他意見：＿＿＿＿＿＿＿＿＿＿＿＿＿＿＿＿

晨星出版有限公司 編輯群，感謝您！

請填妥對折裝訂，直接投郵即可，免貼郵票

廣告回函
臺灣中區郵政管理局
登記證第267號
免貼郵票

407
臺中市工業區30路1號

晨星出版有限公司

請沿虛線摺下裝訂，謝謝！

填問卷，送好書

凡**填妥問卷後寄回**，只要附上**50元郵票**（工本費），我們即贈送您**自然公園系列《驚奇之心：瑞秋卡森的自然體驗》**一書。

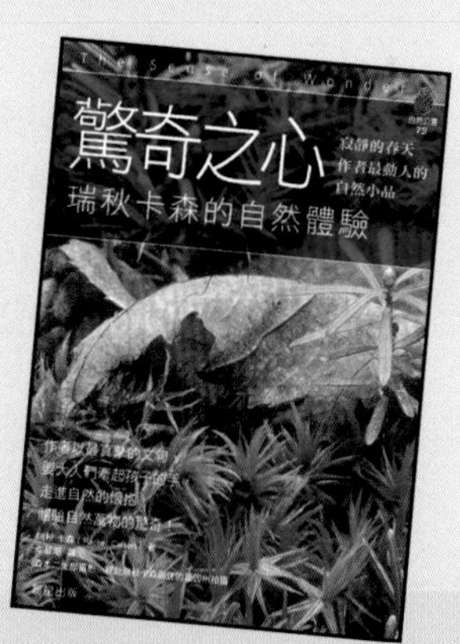

搜尋 / **晨星自然**

天文、動物、植物、登山、生態攝影、自然風DIY……各種最新最夯的自然大小事，盡在「**晨星自然**」臉書，快點加入吧！

晨星出版有限公司 編輯群，感謝您！

贈書洽詢專線：04-23595820#112